青海东北部岩溶及其水资源

QINGHAI DONGBEIBU YANRONG JIQI SHUIZIYUAN

彭红明　毛绪美　王凤林　等编著

图书在版编目(CIP)数据

青海东北部岩溶及其水资源 / 彭红明等编著. —武汉:中国地质大学出版社,2023.10
ISBN 978-7-5625-5542-1

Ⅰ.①青… Ⅱ.①彭… Ⅲ.①岩溶地貌-研究-青海 ②水资源-研究-青海
Ⅳ.①P931.5②TV211

中国国家版本馆 CIP 数据核字(2023)第 208262 号

青海东北部岩溶及其水资源	彭红明	毛绪美 王凤林	等编著
责任编辑:王凤林			责任校对:宋巧娥
出版发行:中国地质大学出版社(武汉市洪山区鲁磨路388号)			邮编:430074
电　　话:(027)67883511	传　　真:(027)67883580		E-mail:cbb@cug.edu.cn
经　　销:全国新华书店			http://cugp.cug.edu.cn
开本:787 毫米×1092 毫米　1/16		字数:385 千字	印张:15
版次:2023 年 10 月第 1 版		印次:2023 年 10 月第 1 次印刷	
印刷:湖北睿智印务有限公司			
ISBN 978-7-5625-5542-1			定价:128.00 元

如有印装质量问题请与印刷厂联系调换

《青海东北部岩溶及其水资源》
编委会

主　　编：彭红明　　毛绪美　　王凤林
　　　　　袁有靖　　巴瑞寿
副主编：刘　毅　　吴艳军　　王占巍
　　　　　赵　振　　王万平　　柴晓然
参　　编：雷玉德　　徐得臻　　潘佩翀
　　　　　汪生斌　　吴　萍　　董高峰
　　　　　朱　飞　　彭　亮　　张　磊
　　　　　王　俊

序

PREFACE

  青藏高原的多期次构造隆升和高海拔、高寒气候条件,使得青藏高原地区岩溶发育特征与国内外其他地区明显不同。本书作者针对全球高海拔、高寒地区岩溶研究的薄弱领域,研究了青海东北部岩溶发育规律与岩溶水资源分布规律,建立了岩溶找水原则和方法。本书对高原-高寒地区岩溶发育规律的总结,是对世界岩溶研究的重要补充;对青海东北部岩溶水资源特性和利用原则的系统总结,是对高原-高寒地区岩溶水资源利用的有益探索。

  青海东北部岩溶是青藏高原的强烈构造隆升、物理风化以及典型的冻融、冰劈等共同作用的结果。由于构造隆升剥蚀速率高于岩溶溶蚀作用,现代溶蚀作用有限。地表岩溶形态有峰丛、峰林为主的组合地貌,也有部分石柱、石墙、石林式石芽、残峰、小型洞穴、穿洞等为主的单体岩溶地貌,岩溶漏斗、落水洞等垂直岩溶形态比较少见。由于地处干旱高寒地区,降水入渗的深度有限,地下岩溶不甚发育,仅仅在一些构造及其影响范围内发育不连续的地下岩溶,形态上主要为溶隙、溶孔、地下溶洞等,少见地下暗河。笔者利用岩溶风化生成的黏土封存水的氢氧同位素组成,初步探索了古岩溶的发育规律:自元古代到新生代气候由干旱温暖转变为干旱寒冷,岩溶发育微弱;新生代是青藏高原快速隆升时期,也是青海东北部岩溶发育的主要时期。新生代时期青海东部寒冷干旱,水动力条件不足,岩溶发育的强度和深度不大,青海东北部的岩溶形态多以小型溶洞、岩溶裂隙为主。岩溶水的氢氧同位素组成表明:在末次冰盛期,青海东部气候寒冷,但降水量偏多,岩溶较为发育;进入全新世冰后期,气温开始回升,但降水量减少,限制了青海东部岩溶发育强度和深度。末次冰盛期是青海东部地区地表岩溶发育的强烈时期,岩溶发育方式主要以冻融、冰劈作用为主。基于作者多年来在青海东北部开展的岩溶地质调查工作,结合青藏高原构造隆升历史,从古气候记录档案中解读过去的气候变化,探索古岩溶发育规律,构建古岩溶发育历史框架,对深刻认知高原-高寒地区岩溶发育具有重要意义。

  青藏高原水资源丰富,但是分布不均,特别是湟水河谷的丘陵区,资源型和工程型缺水的现象较为典型,适合人类生存和生产的地下水资源较为匮乏,岩溶水成为生活和生产用水的重要来源之一。作者总结出：青海东北部溶蚀作用主要沿构造裂隙发育，冻融裂隙和构造裂隙交互沟通，岩溶富水性不均一，表现为典型的"岩溶裂隙型"特征，部分构造区的水资源较丰富，水质优良。作者进而提出高海拔高寒地区岩溶找水应遵循的原则：地表和地下岩溶裂隙定范围；岩溶泉定系统；水质水量动态定资源量；物探钻探结合定井位。这为高原-高寒地区岩溶找水提供了重要参考。

在高原-高寒地区开展岩溶找水，是一项困难而复杂的工作，需要健康的体魄、顽强的作风、奉献的精神和专业的知识。本书不仅承载着我国岩溶地质的新成果，而且彰显了作者"艰苦朴素、求真务实"的精神，诚为难得，可喜可贺。

中国科学院院士、中国地质大学（武汉）校长

2023 年 5 月 27 日南望山麓

前言

PREFACE

  为应对全球气候变化,国际社会提出在21世纪中叶实现碳中和,在第七十五届联合国大会一般性辩论上国家主席习近平发表重要讲话指出,中国将于2030年前达到CO_2排放峰值并争取在2060年前实现碳中和。碳酸盐岩的形成和岩溶作用下的碳汇是生态系统重要的固碳作用之一,对碳循环具有重要的作用和影响。开展碳酸盐岩的分布和岩溶发育特征等岩溶地质研究工作是推动岩溶碳循环研究、实现岩溶碳汇开发利用的基础性工作之一,对实现"双碳"目标具有重要的意义。

  我国的碳酸盐岩分布面积广泛,各省均有面积不等的碳酸盐岩分布,岩溶现象发育较为广泛,岩溶发育类型多样。其中,云南、贵州、广西等西南地区岩溶发育程度较高;北方和西北地区出露有灰岩地层,但是岩溶发育程度较低。青藏高原具有高海拔的地貌特征和高寒的气候特点,与两极一样对全球气候变化进行了良好记录。青海省内的唐古拉山、巴颜喀拉山、昆仑山、祁连山等主要的山系均有碳酸盐岩分布,其中绝大部分的碳酸盐岩分布于海拔3000m以上的中高山区。在青藏高原隆升多期次、非均匀的强烈隆升作用下和高寒气候背景条件下,青海省内岩溶作用远不及隆升剥蚀作用,现代溶蚀作用有限,岩溶发育不够充分,岩溶发育强度受到构造、地质历史演化和自然地理等多重因素的影响。总体的岩溶发育特征与国内其他地区的明显不同,具有十分典型的高原-高寒干旱特色。

  青海省内开展的专门性岩溶研究工作较少,但是为支持湟水流域重点城镇的社会经济发展的水资源需求,科学保障青海湖流域的生态环境良性发展,相关地质单位在不同时期所开展的一系列1∶20万及1∶5万区域地质水文地质普查工作成果,为开展岩溶碳汇研究提供了基础。特别是近年来由青海省地质勘查基金资助,青海省地质调查局组织实施,青海省环境地质勘查局、青海省水文地质工程地质环境地质调查院等相关地质单位和科研院在湟水流域的达坂山和拉脊山、青海湖流域的关角日吉山等部分碳酸盐岩集中分布地区开展了"青海省湟水流域北部山区岩溶水勘查""青海南山关角日吉山地区岩溶水勘查""青海省互助县松多地区岩溶水供水水文地质勘查"及"青海省东部城市群后备水源地(湟源—民和)水文地质勘查"等基岩山区找水工作，基本查明了这些地区的岩溶出露条件和岩溶水富水性，为总结分析高原高寒-干旱特色的岩溶发育分布特征，剖析岩溶发育与青藏高原演化的关系，圈定水质优良的岩溶富水区作为供水水源靶区，优化总结提出高原高寒-干旱岩溶找水技术方法体系提供了重要的地质资料。

全书共分为6个章节，第一章绪论由彭红明、王凤林、赵振、王万平、雷玉德编写；第二章岩溶形成的自然环境条件由袁有靖、彭红明、王凤林、吴艳军、王万平、汪生斌、吴萍编写；第三章岩溶形成的区域地质背景由袁有靖、王凤林、彭红明、吴艳军、赵振、朱飞编写；第四章岩溶发育及分布规律由彭红明、王凤林、毛绪美、袁有靖、吴艳军、王占巍、李翠明、查希茜、董亚群、叶建桥编写；第五章岩溶水资源概况由彭红明、袁有靖、吴艳军、巴瑞寿、刘毅、彭亮、张磊、王俊编写；第六章岩溶找水前景区及技术方法由巴瑞寿、彭红明、毛绪美、柴晓然、刘毅、董高峰编写。全文图件由袁有靖、刘毅、徐得臻、潘佩翀、巴瑞寿、邵誉炜、赵桐、郑灏帆、刘佳敏、刘子龙、张小艳绘制，全书由彭红明、毛绪美统稿。

本书在编著过程中得到了青海省地质调查局、青海省环境地质勘查局、青海省水文地质工程地质环境地质调查院等相关单位的支持，高学忠、王恒刚、刘红星、赵家绪、安勇胜、郭宏业、于漂罗等专家给予了悉心指导，在此一并表示感谢。尤其是，中国地质大学（武汉）梁杏教授对本书的构思、编写及出版都给予了指导和帮助，在此一并表示衷心的感谢！

目录

CONTENTS

第一章　绪　论 ………………………………………………………………………… (1)
　第一节　世界岩溶的分布概况 ………………………………………………………… (1)
　第二节　中国岩溶分布与研究历史 …………………………………………………… (7)
　第三节　青海岩溶的分布概况及研究概况 …………………………………………… (9)

第二章　岩溶形成的自然环境条件 …………………………………………………… (12)
　第一节　地理位置与行政区划 ………………………………………………………… (12)
　第二节　社会经济概况 ………………………………………………………………… (13)
　第三节　地形地貌 ……………………………………………………………………… (14)
　第四节　气象水文 ……………………………………………………………………… (25)

第三章　岩溶形成的区域地质背景 …………………………………………………… (33)
　第一节　地层岩性 ……………………………………………………………………… (33)
　第二节　地质构造 ……………………………………………………………………… (40)
　第三节　区域水文地质条件 …………………………………………………………… (48)

第四章　岩溶发育及分布规律 ………………………………………………………… (64)
　第一节　碳酸盐岩沉积历史 …………………………………………………………… (64)
　第二节　碳酸盐岩地层的分布 ………………………………………………………… (66)
　第三节　主要岩溶形态及规律 ………………………………………………………… (72)
　第四节　岩溶发育的主要影响因素 …………………………………………………… (84)
　第五节　古岩溶发育特征 ……………………………………………………………… (92)

第五章　岩溶水资源概况 ……………………………………………………………… (107)
　第一节　岩溶水的赋存条件与分布规律 ……………………………………………… (107)
　第二节　岩溶水富水性 ………………………………………………………………… (109)
　第三节　岩溶水的富水性影响因素 …………………………………………………… (159)
　第四节　岩溶水资源量评价 …………………………………………………………… (163)

· V ·

第六章　岩溶找水前景区及技术方法 …………………………………………（178）
　第一节　岩溶供水前景区 ………………………………………………………（178）
　第二节　岩溶找水技术方法 ……………………………………………………（198）
主要参考文献 ……………………………………………………………………（221）

第一章 绪 论

第一节 世界岩溶的分布概况

岩溶主要是水对碳酸盐岩、石膏、岩盐等可溶性岩石发生的以化学溶蚀作用为主的溶解和沉淀作用,以及由这些作用所产生的现象的总称,是一种特殊的地质地貌。岩溶的分布与可溶性岩的分布密切相关,全世界40个国家中均有岩溶分布,世界1/6的人口都生活在岩溶地区,全球岩溶分布面积达2200万 km^2,约占全球陆地面积的15%(袁道先,1997;Ford and Williams,2007)。从地貌来说,31.1%的碳酸盐岩分布于平原,28.1%的碳酸盐岩分布于丘陵,40.8%的碳酸盐岩分布于山地,另外5.7%的海岸带上为碳酸盐岩(Nico Goldscheider et al.,2020)。地域跨度上,从热带到寒带、由大陆到海岛都有岩溶地貌发育(图1-1)。岩溶区主要分布于地中海盆地、北美、中美洲、加勒比海盆地、东南亚、中国、俄罗斯、乌克兰和大洋洲。其中,以中国的云贵高原与湘桂丘陵盆地、中南欧的迪纳拉山区、法国的中央高原、俄罗斯的乌拉尔山、澳大利亚南部、美国中东部的肯塔基州和印第安纳州、越南北部、加勒比海盆地等地区岩溶发育最为集中,岩溶地貌特征明显(Liu et al.,2010;李朝君等,2019)。

根据岩溶发育区的自然地理背景,以岩溶形态作为区划依据,将世界岩溶分为冰川岩溶区、欧亚板块岩溶区、北美板块岩溶区、冈瓦纳大陆岩溶区,结合气候条件、地形、区域构造、岩性的差别,划分出11个亚区和2个小区(袁道先,2016)。从面积占比来说,约34.2%的碳酸盐岩产于干旱地区,28.2%的碳酸盐岩产于寒冷地区,15.9%的碳酸盐岩产于温带地区,而13.1%和8.6%的碳酸盐岩分别产于热带和极地地区。

一、欧洲地区

法国、德国、英国、爱尔兰、意大利、奥地利、俄罗斯、立陶宛、乌克兰、挪威、西班牙、塞尔维亚、黑山、斯洛文尼亚、克罗地亚、马其顿、波黑、阿尔巴尼亚、希腊、土耳其、瑞士、瑞典、匈牙利、捷克、波兰、罗马尼亚等国家发育有程度不一的岩溶地貌。根据气候条件,欧洲地区大部分为温带海洋性气候,也有地中海气候、温带大陆性气候、极地气候和高原山地气候等。自然地理环境的多样性使得欧洲不同地区所形成的岩溶也不尽相同(图1-2)。

欧洲大陆北部和西北部的爱尔兰、俄罗斯西北部、那维亚半岛等地区受到了末次冰期大陆冰盖覆盖刨蚀作用的影响,之前的岩溶地貌被刨蚀殆尽,地表岩溶形态单一,现保留的岩溶较年轻,为冰川岩溶区;德国、法国北部、英国南部、俄罗斯西部、荷兰、波兰等东欧西部、中欧,

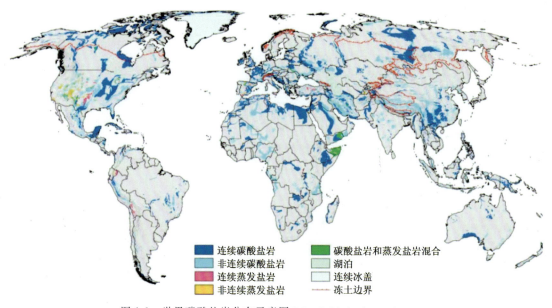

图 1-1　世界碳酸盐岩分布示意图(Nico Goldscheider et al.,2020)

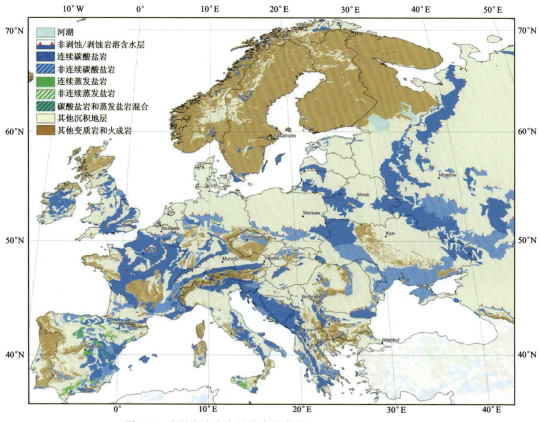

图 1-2　欧洲岩溶含水层分布示意图(Zhao Chen et al.,2017)

南欧部分地区和波罗的海东岸为典型的欧洲地台型岩溶区,可溶岩以古生代、中生代碳酸盐岩为主,其类型以覆盖型岩溶为主,其岩溶形态以落水洞、漏斗、干谷、洼地为主。比利牛斯山-阿尔卑斯山脉-南喀尔巴阡山脉-高加索山脉以南的西班牙、意大利等地区岩溶的发育受到地中海气候的影响,为地中海气候特提斯构造带岩溶区,区域碳酸盐岩以中新生代地层为主,多属裸露型岩溶,地表岩溶形态发育较差,以坡立谷、洼地、斗林为主,也发育有溶沟、溶痕等形态,地下岩溶形态发育很好,形成大规模的洞穴、地下河及岩溶泉等(袁道先等,2016,Zhao et al.,2017)。

英国的可溶岩(石灰岩、白云岩、白岩)主要分布在英格兰和威尔士,尤其以约克夏、皮克、门第普和南北威尔士的石炭系灰岩最为连片集中。晚白垩世白云岩主要分布在一些阿尔卑斯构造盆地。除南部处于冰缘条件外,其他地区都不同程度地受到末次冰川的侵袭,形成了一套既有岩溶作用,又有冰川作用,也有冰缘作用的冰川岩溶和冰缘岩溶这种特殊的景观组合。从谷地到分水岭形成了岩溶冰水峡谷、陡崖、岩溶冰川宽谷、陡坡、落水洞、竖井、斗林岩溶、岩溶洞穴、岩溶山地丘陵等一系列岩溶地貌(张英骏等,1988)。爱尔兰岩溶分布面积占国土面积的50%,岩溶发育地层主要为石炭系灰色、灰黑色碳酸盐岩和白垩系白色、灰白色多孔碳酸盐岩,其中最著名的是伯伦地区(Burren),地表以石灰岩冰溜面和溶沟为主,地下发育有洞穴、溶孔等形态(袁道先等,2016)。

德国的碳酸盐岩分布于南部的巴登-符腾堡(Bader-Winttemberg)和拜恩(Bayern)州,分布总面积约 10 000km²,岩溶区所属地层时代主要为三叠纪、侏罗纪和白垩纪,地表以侏罗系碳酸盐岩出露最广泛,地层多为碳酸盐岩与砂岩、泥岩等碎屑岩的互层。由于更新世以来阿尔卑斯山冰川的刨蚀,地貌形态以丘陵为主,其次是低山,常见的岩溶地貌形态主要为浅丘、槽谷与漏斗、落水洞、溶隙、溶孔和小溶洞。在德国南部岩溶区,德国科学家调查发现130多个溶洞,其中仅有10个水平延伸长度超过50m,其他的水平延伸长度都小于5m(王宇等,2005)。

法国岩溶面积约12万 km²,占国土面积的22%左右,岩溶地貌主要分布在法国中央高原地区,可溶岩以古生界、中生界碳酸盐岩为主,地势自东南向西北渐次降低,著名的奥维涅及其周边地区是典型的岩溶地貌发育区,地表岩溶形态以小型坡立谷、洼地、干谷、落水洞为主,洞穴多沿峡谷悬崖壁发育。另外,意大利的岩溶发育规模很大并存在石膏岩溶;瑞士有世界著名溶洞霍洛赫溶洞,长 197km,深 939m;希腊的梅丽萨尼洞是一个充满水的天坑,被誉为"游泳者的天堂";俄罗斯中部分布着大片碳酸盐岩,岩溶发育,岩溶洞穴较多。迪纳拉山区(Dinarsko Mountains)的岩溶景观举世闻名,岩溶地貌主要为岩溶岗丘及洼地、谷地,受构造上升影响,呈现出五级阶梯状的谷、洼地,欧洲第二大溶洞波斯托伊纳溶洞也位于迪纳拉山区。

俄罗斯地域面积广泛,处于多个岩溶分区内。寒冷的西伯利亚属于冰川岩溶区,受多年冻土的影响,岩溶类型以覆盖型或埋藏型岩溶为主,分水岭一带有漏斗发育,地下形态主要为一些溶洞和竖井;乌拉尔地区处于东欧平原,属于欧洲台地型岩溶区,地表发育的岩溶形态主要为干谷、洼地、溶痕、漏斗,地下岩溶形态为岩溶泉、地下河及洞穴等。

二、美洲地区

美国、加拿大、巴西、古巴、墨西哥、牙买加、波多黎各、阿根廷等国家岩溶较为发育。

美国的可溶岩分布区占全国面积的20%，地表及地下岩溶作用十分强烈。在佛罗里达州一带的东南海平原区，分布有古近系—新近系孔隙型碳酸盐岩，以覆盖型岩溶为主，岩溶形态以塌陷漏斗和岩溶泉为特色，地下发育有大型溶洞；在阿巴拉契亚山区出露寒武系和奥陶系的石灰岩及白云岩，褶皱和断裂构造发育，岩溶作用强烈，典型的岩溶形态有深斗林、干谷、落水洞，大型洞穴较为常见。例如西弗吉尼亚州的Frias Hole洞和Organ洞分别长达68.07km和59.84km。宾夕法尼亚州的阿伦敦和哈里斯堡是美国塌陷、沉降最强烈地区之一。以田纳西州—肯塔基州—印第安纳州—俄亥俄州为代表的内陆平原是美国岩溶最发育的地区，灰岩岩层倾角平缓，但沟谷切割较深，地下水水力坡度大，往往发育多层洞穴系统。在肯塔基州中部至密西西比高原地区发育岩溶洼地60万～70万个，其中肯塔基州的猛犸洞是世界上最大的溶洞，目前已知长度达到600余千米，总长度仍在探索中，印第安纳州的岩溶洼地也有30万余个；欧扎克高原的密苏里州和阿肯色州为一大的穹隆构造，东南翼陡倾，出露寒武系、奥陶系灰岩。北部和西部是平原，为浅覆盖的密西西比系碳酸盐岩，多发育单通道式洞穴，延伸可达300m以上。沿着密西西比河谷两岸，受地下水水力坡度影响，发育大量的岩溶塌陷，其密度随着离河距离的加大而变小；哥伦比亚高原、科罗拉多高原一带的内华达州—新墨西哥州，气候干旱，降水量少，地貌景观多为荒原和沙漠，碳酸盐岩地层多为二叠系和石炭系灰岩及石膏与岩盐，地表岩溶形态不发育，可见岩溶干谷，地下往往发育有大型洞穴、竖井和岩溶泉。新墨西哥州的瓜达卢佩山(Guadalupe Mountains)为一50km长的马头丘，有30多个洞穴发育。卡尔斯巴德洞穴群(Carlsbad Caverns)长近40km，具有美国最大的洞厅，其中一个"T"字形洞厅，横长330m，竖长550m，高77m。另外在一些大型蒸发盆地中分布有许多由层状岩盐组成的穹隆，埋深几十米至几百米(韩宝平，1992；David J Weary，2014；袁道先等，2016)。

加拿大的岩溶主要分布在中南部的安大略省和魁北克省南部，许多岩溶洞穴发育与冰水作用有关；墨西哥的碳酸盐岩分布十分广泛，结构多种多样，形态以地下岩溶为主，溶洞和天坑是主要的岩溶景观；古巴和波多黎各的岩溶因气候条件控制而具有热带岩溶特征，波多黎各碳酸盐岩年代新，孔隙率大，溶隙十分发育。

三、亚洲地区

亚洲地区碳酸盐岩分布十分广泛，在中国、越南、日本、印度尼西亚、泰国、缅甸、新加坡、马来西亚、柬埔寨、韩国、朝鲜、菲律宾、沙特阿拉伯、伊拉克、黎巴嫩等国家均有岩溶发育。

东南亚一带主要岩溶类型大致有高原岩溶、山地岩溶、平原岩溶、岛屿岩溶，岩溶的发育特征各有千秋(图1-3)。东南亚大陆的大多数岩溶地貌是由石炭纪—二叠纪或更古老的碳酸盐岩形成的，东南亚印支半岛碳酸盐岩主要形成于晚古生代至中生代早期，岩溶发育较为强烈。马来群岛广泛分布着新生代碳酸盐岩，形成了规模宏大的岩溶地貌、溶洞和地下河。

日本岩溶分布面积较小，且不连续，总面积约1654km²，碳酸盐岩地层时代从前寒武纪到

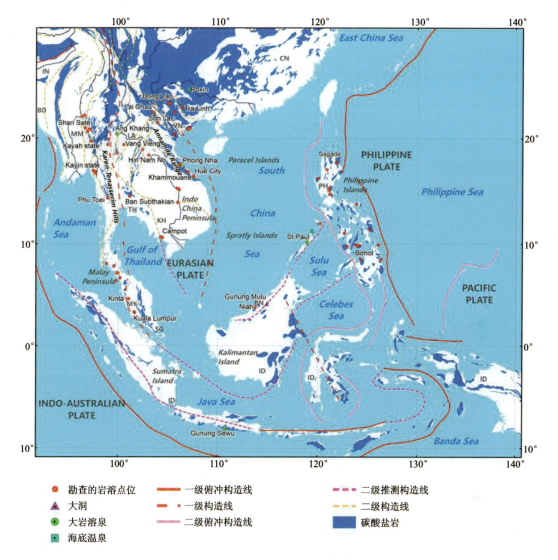

图 1-3　东南亚岩溶分布图(JIANG et al.,2020)

第四纪都有。由于火山多发,碳酸盐岩中有多期火山喷发和岩浆侵入,岩溶形态以溶痕、石芽、浅碟形漏斗、坡立谷为主,地下发育有大型洞穴和地下河,岩溶发育过程中受到火山作用的影响,溶洞中也可见火山灰的堆积。

越南岩溶面积 6 万 km²,占国土面积的 18% 左右,主要分布于越南的北部和中部地区:北部的下龙湾密集分布着 1969 座石灰岩岛屿,形成了奇特的海上峰林岩溶地貌,后期雨水的淋蚀作用及海水的溶蚀和冲蚀作用对露出海平面的峰林进一步雕刻,形成岩溶洞穴。

泰国岩溶分布面积 5 万 km²,占国土面积的 15% 左右,主要沿泰国半岛分布,从北部的碧差武里到马来西亚边界的雅拉。泰国岩溶主要集中分布于三大地区:北部湄宏顺岩溶区、中部北碧岩溶区和南部攀牙湾岩溶区。北部主要为高山岩溶,中部为峰丛、洼地岩溶,南部为滨海岩溶。

马来西亚首都及周边碳酸盐岩因岩浆入侵作用发生变质,富含二氧化碳的热液对石灰岩产生溶蚀作用,后期雨水对变质的碳酸盐岩进一步淋蚀,形成高 20～40m 的石林。马来西亚婆罗洲岛西北的沙捞越州地处热带雨林,地势平缓,热带雨林覆盖下的山体多为石灰岩,因此溶洞较为发育,其东北部的姆鲁国家公园溶洞群被列入《世界自然遗产名录》,是丛林溶洞探险的佳处。

土耳其岩溶分布面积 25 万 km^2,从前寒武系到新生界碳酸盐岩皆有分布,但以中生界为主,地表岩溶形态以坡立谷、斗林、干谷为主,地下岩溶以洞穴、岩溶泉、岩溶热泉、地下河为主。在西南部的安塔利亚至帕木卡里一带分布着大片的碳酸盐岩,因位于地中海北部的海岸带,年降水量丰富,气候和我国东南的两广地区相似。不同的是,我国受季风影响,多雨和高温同时出现;而土耳其因受地中海气候影响,多雨和高温不同步,相应地就没有我国南方的峰林等地表岩溶景观出现。远离海岸带的内陆高地,降水减少,气候呈半干旱状态,地下岩溶发育,受构造运动的影响,大量的地下热矿水涌出地表,不仅塑造了地下岩溶通道和洞穴,更因为温度及水压力的骤降,溶蚀了碳酸钙的热矿水外泄,在帕木卡里河谷一带形成高差 90 多米的钙华瀑布、钙华堤坝和钙华梯田等奇特的热岩溶沉积地貌景观。黎巴嫩有 2/3 的领土为岩溶地区,地表有坡谷、洼地、谷地、岩溶漏斗、盲谷、落水洞等多种岩溶微地貌景观,地下岩溶有地下河、地下湖及暗河等,中生代至上新世活跃的地壳抬升运动,导致红海裂谷张开,阿拉伯板块与非洲板块分离,以及与之伴生的断陷、断裂,都对黎巴嫩及其周边地区岩溶的发育起着控制作用。这一带气候比较干旱,地表岩溶景观中可以见到尖峻的溶沟溶槽,且具有热带岩溶特征,地下岩溶较发育,以岩溶洞穴和岩溶大泉居多(袁道先,2016;JIANG et al.,2020)。

四、大洋洲地区

大洋洲地区澳大利亚、新西兰等国家碳酸盐岩分布面积较大,其次是巴布亚新几内亚,分别属于冈瓦纳大陆湿润半湿润岩溶区和干旱岩溶区。

澳大利亚碳酸盐岩出露面积约 25 万 km^2,其中有坚硬的古生界岩层和古近纪以来沉积的较软弱碳酸盐岩层及钙质砂屑层。根据气候和地层的分布情况大致可以分为 4 个岩溶区。在纳拉伯干旱—半干旱岩溶区,白垩系—新近系以来的多孔隙型碳酸盐岩分布面积达 20 万 km^2,由于降水量仅 150～250mm,蒸发量大,地表现代岩溶作用较微弱,裸露岩石的表面只有数厘米深的溶痕发育,在靠近海岸线 50km 范围内可见一些塌陷漏斗和溶洞,一些洞穴坍塌后会形成规模较大的漏斗。东部高地岩溶区(Alpine Karst)主要分布于新南威尔士和维多利亚的东部山区,碳酸盐岩为志留系、泥盆系和奥陶系的灰岩、白云岩和大理岩,多以夹层和间层产出。该地区构造比较复杂,碳酸盐岩分布不连续,主要岩溶地段多发育在深切的峡谷岸边及近河谷地区,地表岩溶现象有溶沟、溶槽、溶坑等,地下溶洞较发育,长度一般数百米到数千米。玛格丽特里弗岩溶区主要沿澳大利亚西南卢因角和海岸带,地表多被森林覆盖,林中分布有直径数十米到数百米的塌陷漏斗或竖井,裸露的岩石表面溶痕发育。契莱戈卡姆威尔和金伯利岩溶区地层以志留系和泥盆系为主,属于澳州的热带亚热带型岩溶和塔状岩溶区,与我国南方的峰林、峰丛岩溶有所不同,发育底脚联座被分离的岩柱(朱学稳,1992)。

新西兰北岛和南岛的北部都分布着较多的碳酸盐岩，地下岩溶发育，以溶洞为主。巴布亚新几内亚的新英格兰岛遍布火山、石灰岩山脉和热带雨林等自然景观。

五、非洲地区

相较于其他地区，非洲大陆中可溶的碳酸盐岩分布较少，在埃塞俄比亚、南非、津巴布韦、赞比亚、埃及、马达加斯加等国家发育有程度不一的岩溶。非洲南部地区气候相对湿润，降水量较大，有利于岩溶的发育，整体上属于冈瓦纳大陆湿润半湿润岩溶区。以南非为例，岩溶面积约 5 万 km^2，占国土面积的 1.9%，中部的内陆地区主要为元古宙白云质灰岩，沿海一带则为古近系—新近系孔隙性灰岩，地表岩溶形态主要是落水洞和坡立谷，高原面上岩溶洞穴和岩溶泉较发育。北部埃及、利比亚属于干旱岩溶区，岩溶地貌常常与沙漠相连，由于干旱少雨，地表和地下岩溶形态不发育，岩溶形态多发育于第四纪海滩岩上。

第二节　中国岩溶分布与研究历史

一、中国岩溶分布

我国岩溶分布广泛，由北纬 3°的南海岛礁直到北纬 48°的小兴安岭地区，由东经 74°的帕米尔高原直到东经 122°的台湾岛，由海拔 8 848.86m 的珠穆朗玛峰到东部海滨，均有丰富的岩溶地貌发育，是世界上岩溶分布最广泛的国家，也是岩溶类型最多、岩溶发育程度最高的国家(袁道先，2016)。地质调查资料显示，我国各省(自治区、直辖市)均分布有面积不等的碳酸盐岩。若按碳酸盐岩的分布面积计(含埋藏在非可溶岩之下者)，可达 346.3 万 km^2，占我国国土面积的 30% 以上，约占世界岩溶面积的 16.7%(王宇等，2017)，是世界少有的"天然岩溶档案馆"(田雪莲，2009)。若按含碳酸盐岩地层出露的面积计，可达 206 万 km^2，而按碳酸盐岩出露面积计，达 90.7 万 km^2，其中西南地区是我国岩溶分布最广泛的地区，岩溶面积达 75.5 万 km^2，占四川、重庆、云南、贵州四省(市)土地面积的 66.5% 左右(李大通等，1983；袁道先等，1993)。

由于岩溶发育范围较广，不同地区的岩溶发育特征具有较大的差异。根据岩溶发育的气候分带特征，我国的岩溶大致可以分为热带亚热带岩溶、温带岩溶、干旱半干旱岩溶及高山高原岩溶(袁道先等，2016)。

热带亚热带岩溶主要分布于秦岭以南的广西、云南、贵州、浙江及湖南、湖北一带。热带岩溶以正地貌峰林平原为主要特征，其间的洼地规模相对较小，多属于封闭型圆筒状或漏斗状(任美锷等，1979)。广西桂林—阳朔区间岩溶峰林平原地貌是我国南方亚热带岩溶地貌的典型代表(朱德浩，1984)，平均相对高度 74m，造型优美，形态万千。亚热带岩溶主要为比较平缓的岩溶丘陵和洼地，以云南石林较为典型。在热带亚热带岩溶区，由于降水丰富、温度较高，溶蚀作用较强，石芽和溶沟十分显著，石芽高大，裸露的石灰岩表面均分布有尖而深的溶痕，地下溶洞和暗河较发育。

温带岩溶主要分布于东北小兴安岭、山东南部地区、江苏和安徽部分地区。地表有典型的洼地、落水洞、竖井等,地下发育较多的洞穴、地下河等(赵伟河等,2014;袁道先等,2016)。干旱—半干旱区岩溶主要分布于西北部的新疆、甘肃、宁夏、内蒙古,华北的山西、河北和山东中部地区。碳酸盐岩多含有非可溶岩夹层,地表岩溶形态主要为常态山、溶蚀丘陵、干谷和溶蚀洼地、溶沟、溶槽等,部分溶蚀洼地中可见小漏斗和落水洞;地下岩溶形态主要有裂隙和溶洞(奚德荫,1988;贺可强等,2002;袁道先等,2016)。高山高原岩溶主要分布于青藏高原,由于气候干燥寒冷,物理风化和冰蚀作用强烈,总体上表现为高寒干旱特征。主要岩溶形态为石墙、石林、残峰、小型洞穴或穿洞等(袁道先等,2016;郝呈禄等,2020)。

二、中国岩溶研究历史概况

作为一种特殊的地质作用和地质地貌,我国对岩溶的研究历史较为久远,最早对岩溶现象的历史文字记录始于战国至西汉初年的《山海经》,其中记有洞穴、伏流、地下河、泉等岩溶现象。1972—1974年出土的西汉初年长沙马王堆三号汉墓的古地图形象地绘出了湖南宁远县南部九嶷山的峰丛地貌,是世界现存的最为古老的"岩溶地貌图"。两晋、南北朝以后的学者如郦道元、沈括等均有对南方、北方不同地域内的典型岩溶地貌、岩溶泉的文字记录和描述流传于世,明朝末年著名地理学家徐霞客更是对广西、贵州、云南等中国西南石灰岩分布区内300余座洞穴进行了详细的调查和考察,编著了著名的《徐霞客游记》。

中国现代岩溶的科学研究始于20世纪二三十年代,其中以周口店猿人洞的发掘、研究为代表。新中国成立以来,为缓解北方能源基地及大型城市面临的水资源短缺问题和主要矿山存在的矿井突水与岩溶塌陷问题,由地质矿产部先后联合冶金部、煤炭工业部组织科研院所和相关地质单位对以北京、山西、河北为代表的北方温带岩溶进行了系统研究,出版了《中国北方岩溶地下水资源及大水矿区岩溶水的预测、利用与管理的研究》等系列专著。1999年国土资源大调查工作开始后,中国地质调查局和地方人民政府在岩溶较为发育的贵州、广西、云南、湖北、湖南、山西、河北、内蒙古、山东等地区共同组织实施了"岩溶地区水文地质环境地质综合调查"等一系列岩溶地质调查研究工作,并取得了重要进展(夏日元等,2017)。该工作基本查明了我国重点岩溶地区的岩溶水资源分布规律和开发利用潜力,形成了一套有效的岩溶区找水技术方法体系,总结了不同类型区岩溶地下水富水模式、成井模式、有效开发利用模式,圈定了一批岩溶地下水水源地,保障了当地群众的饮水需求;提出了西南岩溶区石漠化、地下水污染、内涝灾害等环境地质问题的应对措施(袁道先,2014);研究了北方岩溶大泉断流的原因和泉水复流的生态修复措施以及闭坑煤矿酸性"老窑水"对岩溶水的污染防治问题,有效破解了岩溶水资源开发利用和环境治理难题(王焰新,2022);创新了岩溶地区碳循环研究方法,建立了流域尺度的岩溶碳循环模式,分析了岩溶作用对油气资源、矿产资源、岩溶旅游资源、碳循环和环境地质问题的控制机制(蒋忠诚等,2012;章程等,2022),完善和发展了岩溶动力学理论方法,为解决岩溶区重大资源环境问题提供了理论指导,为全球气候变化研究提供了技术指导(袁道先等,2010)。

第三节　青海岩溶的分布概况及研究概况

一、青海岩溶的分布概况

青海地处青藏高原东北部，平均海拔 3000m 以上，海拔 5000m 以上的山脉终年积雪，广布冰川。青海岩溶主要分布于海拔 2800m 以上的中高山区，属于海拔较高的半干旱岩溶，岩溶发育程度相对较弱。

区域地质资料表明，在唐古拉山、巴颜喀拉山、昆仑山、祁连山等主要山系均分布有碳酸盐岩，在柴达木盆地还分布有蒸发岩。相对于青海省的土地面积来说，碳酸盐岩的分布范围较小。总体来说，形成岩溶的碳酸盐岩和蒸发岩分布于青海南部和中东部的部分地区，大部分的碳酸盐岩分布区人烟稀少，地质工作研究程度较低，仅东部的湟水流域和青海湖流域等人口相对密集的地区研究程度相对较高。

青海东部地区的碳酸盐岩主要分布于大坂山、祁连山、拉脊山及青海湖周边，各类碳酸盐岩出露的总面积约 6509km²，占青海湖流域和湟水流域总面积的 14.4%。从碳酸盐岩的形成时代来说，湟水流域的碳酸盐岩主要由元古宇的白云岩或大理岩，蓟县系白云岩、白云质灰岩夹角砾状结晶灰岩，长城系结晶灰岩及少量的寒武系结晶灰岩组成；青海湖流域的碳酸盐岩则主要由二叠系灰岩、生物碎屑灰岩、泥灰岩，三叠系灰岩、角砾状灰岩、生物碎屑灰岩，蓟县系白云岩、白云质灰岩等组成。

二、青海岩溶的研究意义

为深入贯彻习近平生态文明思想，全面落实习近平总书记考察青海时的重要讲话和指示批示精神，扎实推进青海省碳达峰工作，实现碳达峰目标，青海省人民政府在《青海省碳达峰实施方案》中提出：要推进国家生态文明试验区建设，进一步提升生态系统碳汇增量，要强化生态屏障碳汇功能，建立健全生态系统碳汇支撑体系，走出生态友好、绿色低碳、具有高原特色的高质量发展道路，加快推进青海省经济社会全面绿色低碳转型，为全国能源结构转型、降碳减排做出贡献。岩溶固碳是生态碳汇中的重要一环，开展青海东部青海湖及河湟地区的岩溶研究可以为建立健全青海省的碳汇动态监测系统，准确开展草原、土壤、湿地、冰川、冻土及岩溶等生态碳汇潜力评价筑牢碳汇精准核算的数据基础。

受青藏高原隆升的影响，青海及西藏地区岩溶的发育受地质历史演化和古气候的控制作用明显，其发育强度受到构造、地质历史演化和自然地理等多重因素的影响，明显不同于国内其他地区的岩溶特征，表现为高原高寒干旱特色，具有重要的古地理意义。分析研究青藏高原岩溶分布和特征，能够重建不同时期的高原气候，为研究高原的古地理环境和变迁提供了非常有利的条件。国内的专家和学者对青藏高原西南部西藏安多地区的古岩溶形态、成因以及古岩溶中的化学沉积物的指示信息进行了一系列科学研究，认为岩溶为古近纪—新近纪古岩溶地貌，是高原主夷平面发育时期形成的地下覆盖型岩溶的再暴露形态，其发育于湿热环境，形成于地下，构造隆升使青藏高原进入不利于岩溶作用的寒冻圈，古岩溶历经第四纪期间寒冻风化作用的破坏,但仍保留了化学溶蚀过程的踪迹(王富葆等,1991;崔之久等,1996;李德文等,1999;高全洲等,2001;高全洲等,2002;李德文等,2004),但对于青海地区的古岩溶关注或研究较少。

此外,青海东部的湟水及青海湖地区为青海省主要的经济发展区和人口聚集区,也是重要的高原生态基因库。由于水文地质条件的限制,部分基岩山区及红层丘陵区水质型和资源型缺水的问题仍然存在。同时由于集中供水设施成本高,当地百姓面临着饮水难的问题,长期以来生活在河湟谷地基岩山区的居民生活用水一直难以保障。特别是冬季,山区气候寒冷,大部分时间气温在0℃以下,绝大部分的取水泉点和沟谷地表水冻结,用水难的问题尤为突出。为更好地解决当地居民吃水问题,需要在基岩山区找水上下功夫。已开展的区域地质调查和水文地质普查资料显示,在湟水的拉脊山、互助北山以及青海南山分布有较大面积的岩溶,部分构造带附近出露有水质优良的岩溶矿泉水,其水质优良,可作为优质供水水源或矿泉水开发利用水源。

三、青海岩溶的研究概况

青海省内针对岩溶所做的专门性研究工作较少,大部分的岩溶地质研究工作包含于所开展的区域地质及水文地质调查工作中,主要为以下几个方面。

1958年以来,青海区测队、青海省第九地质队等相关地质部门先后完成了1∶100万、1∶20万以及1∶5万相关的区域地质、构造地质、矿产地质调查工作,对东部地区的地层、古生物、岩石、矿产、构造以及各种地质体的特征等进行了较为系统的研究,大致查明了青海东部地区主要碳酸盐岩的出露情况和沉积特征,为本次研究指明了方向。

随着国民经济建设的发展,在青海省部署的大型工民建工程与国防工程中也陆续开展了一批工程地质水文地质勘察工作,取得了一些岩溶水文地质资料。20世纪60年代以来,为科学保障不同时期湟水流域及青海湖流域主要城镇的规划、重要工业园区的布局等对水文地质、工程地质及环境地质资料的需求,青海省环境地质勘查局、青海省水文地质工程地质环境地质调查院等相关的地质部门开展了一系列1∶100万、1∶20万、1∶10万及1∶5万的水文地质调查或水文地质工程地质环境地质综合调查工作,对研究区内不同类别地下水的含水层岩性和富水性进行了划分,论述了地下水补给、径流、排泄条件,采用不同的方法概算或计算了地下水资源量,评价了地下水水质。在个别基岩山区实施了一系列水文地质钻探和地球物理勘查工作,对部分碳酸盐岩地区的岩溶水富水性和控水构造有了初步的认识。

"十三五"以来,为解决基岩山区居民的用水问题,寻找到优质的天然矿泉水,青海省地质勘查基金资助,青海省环境地质勘查局承担完成了湟水流域北部地区、青海湖流域关角日吉山地区的岩溶水勘查工作,由青海省水文地质工程地质环境地质调查院完成了湟水流域青石坡、佑宁寺以及松多地区的岩溶水勘查工作和湟水流域南部药水河、贵德峡—茶石浪一带的基岩山区后备水源勘查工作,以上的水文地质勘查工作基本覆盖了东部重要的碳酸盐岩分布区,对碳酸盐岩的出露条件和岩溶的发育有了较为准确的认识,基本查明了岩溶水的水文地质条件和主要岩溶含水层的特征,初步分析了重要控水构造的展布和性质,概略评价了岩溶水资源量。

为进一步总结梳理成果，2021年由青海省环境地质重点实验室资助，青海省环境地质勘查局开展了"青海省东北部岩溶研究"项目。在收集分析整理了青海东部地区基础地质资料的基础上，系统分析整个东部地区碳酸盐岩形成的地质背景条件，总结研究具有高原高寒干旱特色岩溶的发育分布特征和影响因素，剖析岩溶发育与青藏高原演化的关系，提出青海地区的高原隆升及古气候环境演变对岩溶发育具有控制作用，圈定出一批水质优良的岩溶富水区作为供水水源靶区，总结提出一套适合高原高寒干旱岩溶找水技术的方法体系。

第二章　岩溶形成的自然环境条件

第一节　地理位置与行政区划

研究区地处青海省东北部，东以湟水为界，西邻敖伦诺尔、阿木尼尼库山，与柴达木盆地、哈拉湖盆地相接；北至大通山，与大通河流域分界；南至青海南山，与茶卡-共和盆地分界。研究区范围包含整个湟水流域和青海湖流域，属于青海省西部柴达木盆地、东部湟水谷地、北部祁连山地的枢纽地带。研究区既是连接青海省东部、西部地区的枢纽地带，也是青海省沟通甘肃省河西走廊的主要通道，又是面向青藏高原的门户枢纽，地理位置十分重要（图2-1）。

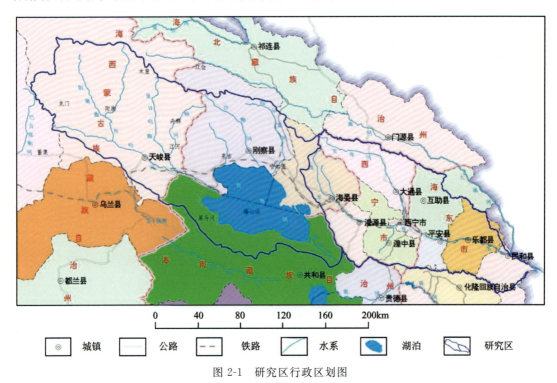

图 2-1　研究区行政区划图

研究区东南部属于湟水流域。湟水是黄河上游一条较大支流，是青海的母亲河。湟水流域地处"海藏咽喉"，不但孕育出了灿烂的马家窑、齐家、卡约文化等青藏高原千年文明，同时也因河谷宽阔，气候相对适宜，使得狭长的河湟谷地集中了青海省近60%的人口、52%的耕地和 70% 以上的工矿企业，是青海省人口密度最大、经济最发达的地区。研究区西北部属于青海湖流域，流域内发育了我国最大的内陆高原咸水湖——青海湖，它不仅是维系青藏高原东北部生态环境安全的重要水体，同时也是控制西部荒漠化向东蔓延的天然屏障。

研究区行政区划上跨海北藏族自治州（简称海北州）、海西蒙古族藏族自治州（简称海西州）、海南藏族自治州（简称海南州）及西宁市、海东市 5 个市（州）及 12 个县市。其中，青海湖流域在行政区划上分别隶属于海北州刚察县和海晏县、海西州天峻县和海南州共和县 3 个州 4 个县。整个流域内除西北的阳康、龙门和木里地区位于高山区，交通路网不够发达外，流域内其他地区交通相对较为便利。青海湖南北两岸曾是"丝绸之路"青海道和"唐蕃古道"的必经之地，现有 109 国道于青海湖南岸穿越流域，315 国道则从海晏县经刚察县至天峻县穿境而过，此外还有多条省道贯穿全区，国道、省道、县乡公路及乡村道路四级交通共同构成了研究区的交通网。湟水流域在行政区划上分别隶属于海北州海晏县、西宁市湟源县、湟中区、大通县、西宁城区、海东市互助县、平安县、乐都区、民和县 3 个州（市）9 个县（区），区内交通便利，京藏高速、109 国道、兰青铁路纵贯全区，县乡公路四通八达。

第二节　社会经济概况

研究区内湟水流域及青海湖流域的社会经济情况分别能够代表青海省的农业和牧业区社会经济特点。

一、湟水流域

湟水流域是青海省经济最发达的地区，除湟水源头海晏县为牧业区外，余者皆属东部工农业发展区，是承接西部和国家中东部产业转移的"桥头堡"，也是兰州-西宁城市群建设和发展的核心条带。流域内种植的农作物主要有小麦、青稞、油菜、蚕豆、豌豆、马铃薯等，丰富的农产品为青海各族群众提供了主食和肉、蛋、奶等副食品，是青海省重要的粮食基地和副食品基地。据 2020 年资料统计，海东市及西宁市粮食总产量 76.75 万 t。湟水流域矿产资源丰富，主要分布有钙芒硝、石膏以及煤、铁、磷、铜、石英岩、大理石、白云岩、滑石等矿产。丰富的矿产资源和区位优势使得流域内工农业产业园区数量较多，目前形成了以西宁为中心、周边区域为腹地，结构不断完善、布局逐渐合理的现代化产业聚集区。

西宁市是青海省省会，是青海省政治、经济、文化中心，古称西平郡、青唐城，是古"丝绸之路"南路和"唐蕃古道"的必经之地，自古就是西北地区的交通要道和军事重地。根据《西宁统计年鉴（2021）》2020 年，全市总面积 7 606.75 km²，总人口 246.80 万人；全市城镇人口 194.06 万人，乡村人口 52.74 万人，少数民族人口 70.51 万人。2020 年完成地区生产总值 1 372.98 亿元（表 2-1）。

海东市全市总面积 1.32 万 km²，是青海省开发最早、文化历史悠久的地区。海东市现辖两区四县，即乐都区、平安区、民和回族土族自治县（简称民和县）、互助土族自治县（简称互助县）、化隆回族自治县（简称化隆县）和循化撒拉族自治县（简称循化县），行政中心为乐都区。2020 年海东市总人口 172.8 万人，汉族和回族、藏族、土族、撒拉族、蒙古族等少数民族共同生活在这里。2020年完成地区生产总值514.6亿元(表2-1)。

表2-1 湟水流域2020年经济状况统计表

市(州)	总人口/万人	城镇人口/万人	农作物播种面积/万亩	粮食作物播种面积/万亩	粮食总产量/万t	生产总值/亿元
西宁市	246.8	194.06	190.64	90.44	23.34	1 372.98
海东市	172.84	47.32	319.2	194.57	53.41	514.6

注:1亩≈66.667m^2。

二、青海湖流域

青海湖流域整体属于牧业发展区,农田耕地仅分布于刚察县及青海湖西环湖地区;各县经济方面以第二产业为主,第一产业为辅,第三产业主要集中在环湖公路沿线。有机绿色畜牧业稳定发展,是省内重要的肉类产品输出基地(表2-2)。

表2-2 青海湖流域2021年经济状况统计表

市(州)	县(区)	总人口/万人	城镇人口/万人	牲畜存栏/(万只/万头)	牲畜出栏/(万只/万头)	肉产量/t	农牧业总产值/亿元	生产总值/亿元
海北州	刚察县	4.48	1.45	101.21	47.01	14 856.2	10.05	20.25
海西州	天峻县	2.36	0.79	94.9	22.4	7 645.9	6.43	21.53

刚察县位于海北州西部,青海湖北岸,政府驻地沙柳河镇,距西宁市约170km,全县行政区域面积8138km^2,2021年总人口约4.48万人,以藏族为主,还有汉族、蒙古族、回族、东乡族等民族。2021年全县完成地区生产总值20.25亿元。

海晏县位于海北州南部,青海湖北畔,县城位于县境东南部三角城镇,距省会西宁市89km,全县总面积4853km^2。2021年总人口4.01万人,主要有汉族、藏族、蒙古族、回族、土族等民族。2021年完成地区生产总值22.67亿元。

天峻县位于海西州东部,青海湖西部,政府驻地新源镇,距省会西宁市302km、州府德令哈市220km,行政区域面积为25 989km^2。2021年总人口2.36万人,是一个以藏族为主体的多民族聚集地,有藏族、汉族、回族、蒙古族、撒拉族、土族、东乡族、满族等15个民族。2021年全县地区生产总值完成21.53亿元。

共和县位于青海湖南部,是海南州州府所在地,距省会西宁市138km,行政区域面积17 209km^2。2021年总人口13.34万余人,有汉族、藏族、回族、蒙古族及撒拉族等20多个民族,其中藏族占54.9%,2021年全县地区生产总值达到96.91亿元。

第三节 地形地貌

整个研究区平面上呈柳叶状,总体呈北西-南东向展布,北依大通山与大坂山,南枕青海南山与拉脊山,南、北两侧山系平行对峙,湟水河谷及青海湖流域河谷夹持于南、北两套山系之间,形成了盆地与山岳相间的地形轮廓,中部北西向展布的日月山为青海湖流域及湟水流域的分界线(图2-2)。研究区最高点为青海湖流域布哈河源头疏勒南山的岗格尔肖合力(又称仙女峰),海拔5291m,最低点位于湟水流域民和县下川口,海拔1650m,总体地势向东倾斜,呈北高南低、西高东低,近3600m的高差地形也大致包含了青藏高原隆升所形成的四级夷平信息。

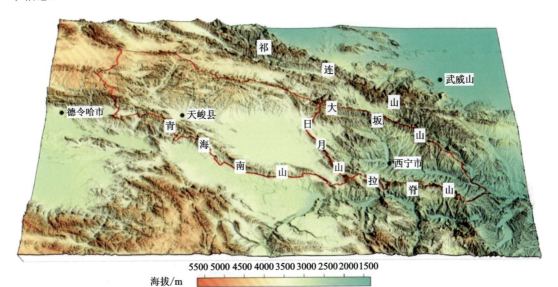

图2-2 研究区地势区划图

一、区域地貌基本特征

1. 青海湖流域

青海湖流域是一个地处西部柴达木盆地与东部湟水谷地、南部黄河上游与北部祁连山地之间的封闭性山间内陆盆地,整个流域近似菱形,呈北西西-南东东走向,被具有相似走向、海拔4000~5000m的群山环抱(图2-3)。流域内部地势外陡内缓,从西北向东南倾斜,海拔介于3197~5291m之间。最高海拔5291m,位于疏勒南山东段的岗格尔肖合力;最低处为流域东南部的青海湖,海拔在3195m左右。

从湖面到四周山岭之间,呈环带状分布着宽窄不一的湖积地貌、冲洪积地貌和构造剥蚀地貌,地貌类型由湖积平原、冲洪积平原、中山和高山等组成。流域北、西部以高山、中高山为主,山体切割较为强烈,沟谷发育;南、东部为中高山,山体切割相对较弱,沟谷发育一般。环湖区为湖积、冲洪积平原,海拔为3200~3300m,地势相对较为平缓,仅在青海湖东北处的沙岛有风积沙丘,稍有起伏,起伏高度20~60m。

青海湖西、北岸发育有多条河流冲积形成的三角洲、河漫滩、阶地等,前缘与湖积平原相接;青海湖南岸的山麓地带地形破碎,多侵蚀沟谷,山麓与平原交接带多为坡积裙,前缘与冲洪积平原相接,再向湖岸方向逐渐过渡为湖积平原,在滨湖岸边发育砂砾质卵石堤;青海湖东地形相对低缓,倒淌河入湖处地势低洼,形成大片沼泽湿地;青海湖东北沿岸有大面积沙地分布,耳海和沙岛一带多见连岛沙坝、沙嘴、沙堤,向上发育有固定和半固定沙丘、沙垄等。

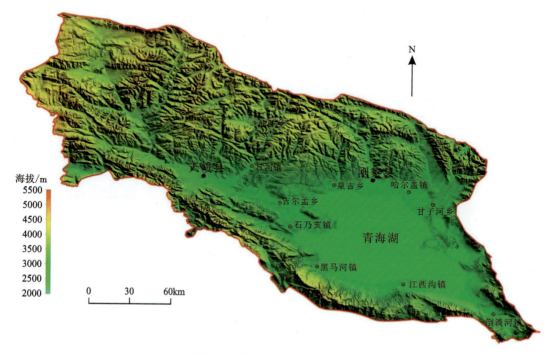

图 2-3 青海湖流域地势海拔格局

青海湖中心和岸边分布着海心山、三块石、鸟岛、蛋岛等,它们是湖泊形成时产生的地垒断块,后来随着水位下降而逐渐出露水面,成为岛屿,部分岛屿逐渐与陆地相连。受湖水长期侵蚀影响,岛上基岩裸露,形成规模大小不一的湖蚀穴、湖蚀崖、湖蚀阶地等。

2. 湟水流域

湟水地处青藏高原东北边缘,是黄土高原向青藏高原过渡的地带。整个湟水流域平面上呈北西西-南东东向不规则狭长形态,长约230km,宽50~100km,西宽东窄。地势西北高,东南低,南、西、北三面环山:北有大坂山,西有日月山,南有拉脊山等。最高点为拉脊山西段的野牛山,地接共和县、贵德县、湟源县,海拔达4898m;最低点为湟水谷地民和县马场垣下川口,海拔1650m,最高点与最低点相对高差达3248m。流域由一系列北西-南东向高山、中山、黄土覆盖的丘陵和河谷盆地相间组成,古老基底局部隆起抬升形成峡谷,分隔了中生代断陷盆地,自上游至中下游依次形成海晏-湟源盆地、日月盆地、大通盆地,以及西宁、平安、乐都、民和等串珠状盆地(图2-4)。

湟水干流南、北两岸支沟发育,湟水及其支流的不断侵蚀和切割,使得流域内沟壑纵横,地形切割破碎,形成了梁峁状丘陵和侵蚀剥蚀残余山地地貌。支沟之间多为黄土或岩质山梁,沟底与山梁顶部的高差一般在300m以上,山坡较陡,山梁平地较少,多为坡地,地表大部分为疏松的黄土覆盖于古近系—新近系碎屑岩红层之上。河谷海拔 1920～2400m,河流上游以峡谷居多,中下游以宽谷为主,两岸发育有宽阔的河谷阶地。

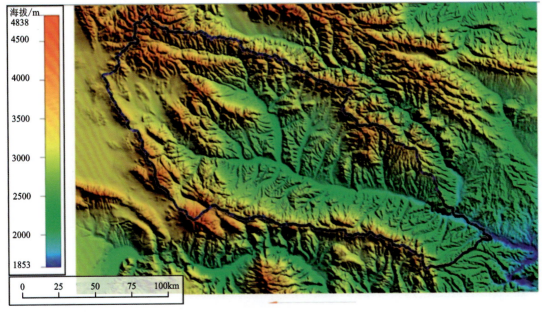

图 2-4　湟水流域三维地势图

二、地貌分区

按照地貌形态,研究区可以划分为山地地貌及平原地貌,山地约占总面积的 74%,山势陡峭、沟谷密布且多水蚀地形;平原所占面积较小,主要分布于湟水谷地、布哈河及青海湖周围。根据地貌的成因和形态类型可进一步分为构造侵蚀剥蚀高山、构造侵蚀剥蚀中高山、构造侵蚀剥蚀中山、侵蚀剥蚀丘陵、山前冰水平原、山前冲洪积平原、河谷带状冲洪积平原、湖积平原 8 种地貌类型(表 2-3,图 2-5)。

表 2-3　研究区地貌单元划分结果表

一级地貌	代号	二级地貌名称	代号	成因类型
山地	I	构造侵蚀剥蚀高山	I_1	构造侵蚀剥蚀
		构造侵蚀剥蚀中高山	I_2	构造侵蚀剥蚀
		构造侵蚀剥蚀中山	I_3	构造侵蚀剥蚀
		侵蚀剥蚀丘陵	I_4	侵蚀剥蚀
平原	II	山前冰水平原	II_1	冰水堆积
		山前冲洪积平原	II_2	流水作用和部分坡积作用
		河谷带状冲洪积平原	II_3	流水冲洪积、侵蚀、堆积作用
		湖积平原	II_4	湖泊堆积作用

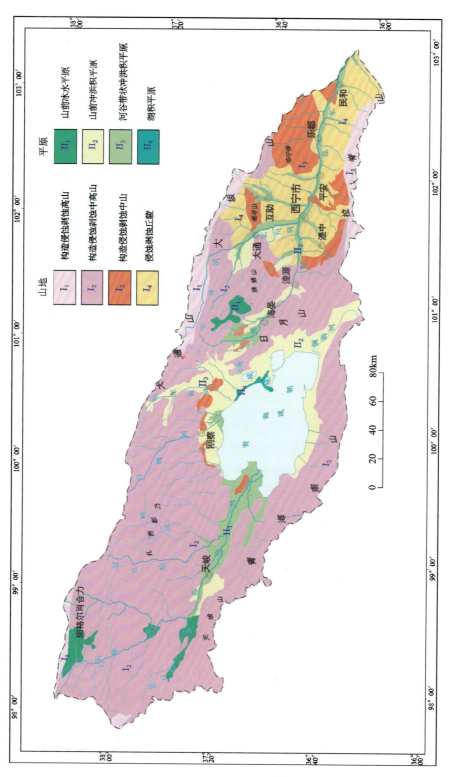

图 2-5 研究区地貌图

（一）山地

山地为研究区面积最大的地貌单元，主要分布在西、北、南分水岭地带。垂向上跨度较大，分布海拔在 2000～5000m 之间，起伏高度在 50～1200m 之间不等，不同的地质作用造就了差异性的次级地貌。

1. 构造侵蚀剥蚀高山

青海湖流域主要分布于西北部、布哈河上游分水岭以及甘子河上游地区，海拔高程在 4200～5291m 之间，最高峰为西北部的岗格尔肖合力山，海拔为 5291m，山体起伏高度一般 1000～1200m，山体陡峭，平均坡度在 50°，山顶多呈尖顶状，山脊多为锯齿状或刃脊状，走向和区域构造线基本吻合；成因为构造剥蚀作用，以构造作用为主，并伴随着强烈的冰川剥蚀作用，冻融风化作用强烈，岩层较为破碎，地表植被稀疏。倒石锥、流石线、流石坡等微地貌发育，主脊地带古冰川地貌发育。地层岩性较为复杂，出露侏罗系、三叠系、二叠系、石炭系、志留系、奥陶系、蓟县系、长城系及古元古界多期地层，岩性有砂岩、灰岩、白云岩、砾岩、板岩等，南区出露有小面积的侵入岩体。

湟水流域主要分布于北部大坂山及南部拉脊山一带。拉脊山山体走向与区域构造线方向一致，呈近东西向展布，区内山势陡峻，峰峦起伏，海拔为 3700～4800m，相对高差 1000～1300m，坡陡沟深，沟谷多呈"V"形，谷底宽数米或数十米（图 2-6）；山体主要由寒武系安山岩、凝灰岩，奥陶系砂砾岩，长城系千枚岩、板岩，蓟县系灰岩、白云岩等组成。海拔 3800m 以上地段古冰川作用及现代寒冻剥蚀作用强烈，河流溯源侵蚀尚未到达，至今仍保存有齿状山脊、角峰等冰川-冰缘作用的遗迹，无植被生长，基岩裸露，寒冻风化作用强烈，坡面碎屑流发育，融冻草沼等冰缘地貌亦有分布。

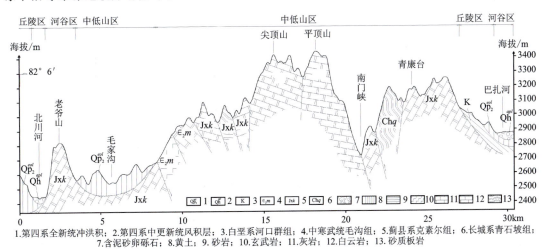

1.第四系全新统冲洪积；2.第四系中更新统风积层；3.白垩系河口群组；4.中寒武统毛沟组；5.蓟县系克素尔组；6.长城系青石坡组；7.含泥砂卵砾石；8.黄土；9.砂岩；10.玄武岩；11.灰岩；12.白云岩；13.砂质板岩

图 2-6 湟水流域北部老爷山—南门峡地貌剖面

2. 构造剥蚀中高山

该地貌类型是研究区内分布面积最广、占比最大的地貌单元，海拔为3500~4500m，主要分布在青海湖流域的青海南山、天峻山、扎西郡乃山，湟水流域的日月山、大通山及娘娘山等地区(图2-7、图2-8)；山体起伏高度一般在500~950m之间，山体较为陡峭，平均坡度为30°~50°，山顶多呈尖顶状，山脊多为锯齿状或刃脊状，走向和区域构造线基本吻合；成因为构造剥蚀作用，以构造作用为主，并伴随着强烈的冰川刨蚀作用，冻融风化作用强烈，岩层较为破碎，地表植被稀疏。主脊地带古冰川地貌发育，其下倒石锥、流石线、流石坡等微地貌发育。不同地区的地层岩性不一。

图2-7　天峻山　　　　　　　　　　图2-8　湟水源头高山峡谷

天峻山由海西期火成岩，元古宇—古生界变质岩、沉积岩及石炭系、三叠系灰岩组成，海拔高程4000~4500m，相对高差大于500m，山体大致呈北西-南东向，山坡坡度30°~45°，地形陡峻，局部近于直立，地表大多基岩裸露，局部植被发育，沟谷发育。寒冻物理风化作用强烈，岩石破碎，常见有倒石锥、流石线、流石坡等景观，冻土区融冻沼泽、热融坍陷、冻胀丘等微地貌发育。在碳酸盐岩出露的构造剥蚀中高山区发育有青藏高原特有的石林、溶洞、雨痕、溶槽、灰岩壁龛等岩溶地貌。

3. 构造侵蚀剥蚀中山

该地貌单元主要分布于湟水流域老爷山—南门峡、佑宁寺、大峡等地区，在青海湖流域刚察地区和吉尔孟地区零星分布(图2-9、图2-10)；海拔高程2200~3500m，相对高差100~500m，山坡坡度40°~50°。经流水侵蚀切割，地形破碎，山势陡峻，沟谷狭窄，呈线状谷地。山体主要由古元古界板岩、片岩、千枚岩、石英片岩、蓟县系碳酸盐岩及侵入岩组成。

老爷山—南门峡一带山体由古元古界结晶灰岩、白云岩或大理岩、千枚岩、板岩、石英岩、片岩，以及寒武系硅质灰岩、结晶灰岩等碳酸盐岩夹碎屑岩组成，总的地形特征是北高南低，整体向南倾斜，山势高耸，沟深壁峭，海拔高程2600~3592m，相对高差400~600m，山势陡峻、沟谷狭窄，山谷多呈"V"形谷、局部"U"形谷，沟谷纵横，地形起伏大，地形坡度20°~60°。

图 2-9　青海湖北岸中山

图 2-10　青海湖北岸中山

山脉南侧沟谷出山口段由于构造影响,多呈"V"形谷,局部形成峡谷,地形坡度 40°～60°;另外,南门峡峡谷呈"V"形,地势陡峭,多发育陡崖峭壁,地形坡度 30°～70°,谷底较为平缓,坡度 5°～10°;其余区域山区呈"U"形谷,谷地宽缓,坡度 20°～35°,谷地宽缓,两侧呈下缓上陡趋势。其间流水侵蚀强烈,沟谷坡降 100‰～150‰,沟谷中基岩跌水陡坎密布。在白云岩和灰岩分布地带岩溶地貌发育,表现为零星分布的岩溶石丛和小型的溶蚀洞穴,其特点是沿着裂隙及断裂带比较发育。岩溶石丛零星分布在海拔 3100～3500m 的山顶部一带,大小不一,高 10～20m 不等,并发育大小不一的溶蚀洞穴,洞口直径一般在 1～3m,深 1～5m,高 2.3～8m,分布海拔高程 2700～2816m、2900～2930m、3000～3010m 和 3060～3080m。

佑宁寺地区中山山体海拔 2800～4000m,相对高差 500～700m,坡面坡度 35°～50°,部分呈陡崖状,发育峡谷地貌,局部坡面、山脊及山顶基岩裸露,山顶多呈峰状,山脊多呈锯齿状。山体主要由中元古界花石山群克素尔组结晶灰岩夹碳质板岩组成。由于地壳强烈上升、流水侵蚀和岩体坚硬程度不同,形成了沟谷深切、峭壁悬崖和峡谷陡坡等地形地貌景观,切割深度 200～500m,沟谷坡度 30°～60°,多呈"V"形谷。在碳酸盐岩分布地区石笋、溶洞、溶槽、溶隙等岩溶地貌多见。据调查统计,海拔高程 3000～3300m 时溶洞最发育,溶洞分布海拔高出现代流水侵蚀基准面 120～420m。

4. 侵蚀剥蚀丘陵

该地貌单元主要分布在海拔 2800m 以下的湟水河谷及西纳川河谷、北川河谷、哈拉直沟、马哈拉沟等支沟两侧地段(图 2-11、图 2-12)。湟水河谷的沟谷密集、切割深度为 100～200m,是现代侵蚀作用最强烈地段。以湟水为干流的河网系统,在长期的侵蚀切割作用下,将不断抬升的丘陵切割得支离破碎,形成现今的丘陵地貌,大多数地区的地貌形态为梁峁状,呈北西向展布。上部主要由第四系黄土、砂砾卵石构成,下伏为古近系、新近系。由于该地区海拔较低,降水稀少,植被极不发育。同时,该地区紧邻主干河流,河流的溯源侵蚀作用强烈,使得滑坡、不稳定斜坡等重力地质现象顺沟大量发育;此外,由于黄土的湿陷性,落水洞等微地貌形态发育。

图 2-11　西纳川地区丘陵地貌

图 2-12　湟水下游支沟两侧丘陵地貌

(二)平原

研究区中-高山间河谷密布,在构造及流水共同作用的条件下,形成了众多平原地貌。区内平原主要包括剥蚀与堆积作用形成的第四纪河流、湖泊等水动力作用下形成的平原。

1. 山前冰水平原

该地貌单元主要分布在布哈河源头的中高山前,多呈扇状、条带状,在湟水源头山前亦有小面积呈片状分布。成因有冰川堆积和冰水堆积两种,地层由冰水堆积物及冰碛物等组成。由于该地貌单元在区内跨度较大,同时后期的侵蚀作用较为强烈,故其地貌特征差异较大,平面大部分较为开阔平坦,倾角多在 1°~5°之间;其中,分布于生格乡南侧山前的冰水平原倾角较大,可达 8°~10°,在后期流水的改造作用下冰水平原被侵蚀切割为众多冲沟,冲沟规模大小不一。

2. 山前冲洪积平原

该地貌单元主要分布在环湖山前地带及布哈河、沙柳河、哈尔盖河、湟水上游等河流两侧山前地带,成因类型以冲洪积为主。山前坡脚地带、近河床处受流水侵蚀切割作用形成洪积阶地,如布哈河及哈尔盖河均可见洪积阶地(图 2-13、图 2-14)。冲洪积平原坡面由山前向河床及河流下游方向倾斜,坡度 2°~6°,大部分坡面较为平缓,仅有部分山前沟口因经历多次洪积作用,洪积扇发育,叠加成群,在洪积舌处略有起伏。洪积平原的组成物质为碎石土及粉土,粉土含量由山前向河床方向逐渐增加,碎石粒度及磨圆程度也随之变小、变好。

在哈尔盖河左岸大通山南麓山前分布着大面积的冲洪积平原,呈条带状顺河谷延伸,平均为 5km,自哈尔盖河上游向下游逐渐变宽,最宽处约 10km,坡面以 3°~6°的坡度向下游及河床方向微倾,坡面略有起伏,多见有隆起小土丘。

图 2-13　哈尔盖河左岸山前冲洪积平原　　　　图 2-14　湟水青稞滩山前冲洪积平原

黑马河东西两侧山前洪积平原皆呈扇形发育于橡皮山北麓山前地带,尤其以东侧更为明显,海拔 3200～3400m,宽 3～6km 不等,由山前向青海湖以 4°～5°的坡度倾斜,向青海湖方向逐渐趋于平缓,总的地势开阔平坦。西侧洪积平原前缘于湖积平原接触地带受湖水侵蚀作用,可见高约 2m 的洪积假阶地。

湟水源头牛头山山前,青稞滩冲洪积平原整体向西倾斜,由于季节性水流作用,冲沟较为发育。地层岩性主要为第四系上更新统冲洪积黄土状土、砂卵砾石、含泥质砂砾卵石,厚度 50～200m 不等。

3. 河谷带状冲洪积平原

该地貌单元主要分布于广大的干支流河谷平原,呈条带状顺河谷展布,其中以湟水及其支流,布哈河、沙柳河、哈尔盖河最发育。河谷平原主要形成于河流的侵蚀堆积作用,平原整体较为平缓,向河床处微倾。次级地貌形态有河床、漫滩、多级阶地、牛轭湖等。组成河谷平原的地层多为冲积相砂砾卵石,于布哈河等地河床部位可见冰水相的泥质砂砾卵石,砾石的粒度、磨圆程度及级配等与其搬运距离有关。

布哈河河谷宽 6～8km,向下游逐渐变宽缓,于苏吉曲汇入处达到最宽,宽约 10km。河谷宽阔平坦,阶地发育,两岸不连续发育有Ⅰ—Ⅲ级内叠型阶地,因河谷较为宽缓,河流活动频繁,故使中下游河网密布。Ⅰ级阶地沿河分布于布哈河两岸,阶地前缘高出现代河床 1～1.5m,流域上、下游阶地的宽度不一,一般 100～300m;Ⅱ级阶地在布哈河右岸较为发育,北岸断续分布,阶地前缘以陡坎形式与Ⅰ级阶地相接触,陡坎高 1～2m,或直接以 2～4m 的陡坎与河床相接触,因河流侵蚀切割作用强烈,河床移动频繁,因此造成阶面宽度变化较大,最宽处可达 4km,窄处仅几十米,甚至部分地段缺失Ⅱ级阶地;Ⅲ级阶地主要分布在右岸,左岸江河附近发育的阶地为洪积相,Ⅲ级阶地后缘与山前洪积扇及洪积裙相接,阶坎高出Ⅱ级阶地 2～10m,界面宽度多在 100～150m 之间,局部地段可达 1km 以上(图 2-15、图 2-16)。

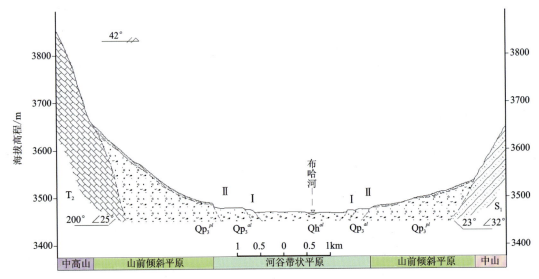

图 2-15 布哈河河谷平原地貌剖面

湟水上游海晏段主要位于青稞滩及金银滩，地层岩性主要由第四系上更新统及全新统冲洪积黄土状土、砂卵砾层组成。湟水自北西向南东从海晏县城流过，在海晏县三角城镇一带断续分布Ⅰ级阶地，分布宽度40～300m，阶面高出河床1.0～1.5m，地形相对平缓，略向河谷下游倾斜，大部分为草地，局部为耕地；Ⅱ级阶地分布连续，阶面宽45～500m，阶地前缘坎高3～5m，坡度45°～55°，Ⅱ级阶地为村镇建设和工农业发展的主要地带。

湟水自北西向南东从海晏县流出后，经巴燕峡至湟源县城出东峡乡至扎麻隆，为湟水湟源段，地层岩性主要由第四系上更新统及全新统冲洪积黄土状土、砂卵砾层组成。在湟源县申中乡至湟源县城一带河谷一般宽0.4～1.0km，自湟源县城向东进入湟源峡谷后逐渐变窄，最宽处湟源县城段宽2.0km，最窄处响河村段宽100m。河谷平原内的阶地多不连续分布，主要发育Ⅰ级阶地。Ⅰ级阶地呈连续展布，前缘高1.0～3.5m，阶面平坦，宽50～200m。两岸的冲洪积台地发育不对称，在湟水北岸县城至东峡湿地公园地区连续分布，陡坎高15～20m（图2-17）。

图 2-16 布哈河带状冲洪积平原

图 2-17 湟水湟源峡河谷冲洪积平原

湟水中游西宁段为经济发展、人类工程活动强烈的区域。由于流水的侵蚀和堆积作用形成多级阶地，沿河床呈条带状分布，宽3～4km，最宽处位于长宁镇附近的北川河谷，达5km，小南川入湟水谷地的沟口最窄，河谷横向高差一般在50m以内，纵向上在小峡一带湟水干流最低为2140m。河谷平原一般由Ⅰ—Ⅲ级阶地构成（图2-18），以Ⅱ、Ⅲ级阶地分布较广，Ⅳ级以上阶地分布于河谷平原两侧丘陵边缘，埋藏于黄土层下，已属高基座、埋藏阶地。西宁市区及沿湟水的主要城镇多坐落在Ⅱ、Ⅲ级阶地之上。

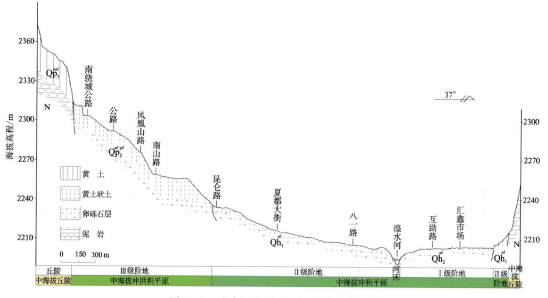

图2-18　湟水河小圆山—红沟阶地剖面图

湟水下游乐都段河谷区发育Ⅰ—Ⅲ级阶地，其中Ⅰ级阶地沿湟水河及主要支沟河流两岸分布，阶坎高度0.5～1.5m，阶面宽度50～200m。经调查，阶坎多数已用水泥及卵石笼加固，改造为河堤。Ⅱ级阶地较不发育，仅在马哈拉沟沟口、峰堆沟沟口以及湟水以南岗子沟至新胜村一带少量残留，阶坎高度2～4m，阶面宽度100～200m，部分村镇坐落于Ⅱ级阶地阶面。Ⅲ级阶地是河谷平原的重要组成部分，也是城镇建设的主要场地，在湟水河谷及引胜沟两岸连续发育，前缘阶坎明显，一般高度3～5m，最高可达8m，阶面宽度200～800m。

4. 湖积平原

湖积平原系在青海湖周边地带有小面积分布，成因为湖泊的堆积作用，多由全新统粉土、粉质黏土、砂砾石及卵砾石构成，地形开阔平坦，切割微弱，地表水系紊乱。

第四节　气象水文

一、气象

研究区范围跨度较大，以日月山为界，分属于青海湖流域和湟水流域，各流域具有不同的气候特征。

1. 青海湖流域

青海湖流域属于环湖干旱半干旱区,受西风带、高原季风及东亚季风影响,气候环境复杂多变;此外,环湖地区还受青海湖的自身调节,气候特征略有差异。总体表现为海拔较高、气候寒冷、昼夜温差较大、无霜期短、空气稀薄、日照充分、含氧量低、降水稀少、蒸发量大、西北风盛行、降水年内分配不均、降水集中等特点。

环湖地区刚察县气象站资料显示,多年平均气温为 0.05℃,1 月份最低,平均气温为 −13.0℃,7 月份最高,为 11.3℃;多年平均降水量为 393.62mm,年内分布不均,主要集中在 5—9 月份,其中 8 月份最大,为 95.4mm,12 月份最小,仅为 0.80mm,年际波状变化;多年平均总蒸发量为 1 440.16mm,1 月份最小,为 41.6mm,5 月份最大,为 269.0mm,年际总蒸发量变化不大;多年平均总日照数为 2 953.06h,年内分布较为均匀,且年际变化较小。

西北远湖区天峻县气象站资料显示,多年平均气温为 −1.01℃,略低于近湖的刚察站,1 月份最低,平均气温为 −14.1℃,7 月份最高,为 10.6℃,年内呈抛物线式变化,年际波状变化,整体呈上升趋势;多年平均总降水量为 349.48mm,降水量在时间上分布极不均匀,年内呈现冬春干旱、夏秋湿润的特征。年内降水主要集中在 5—9 月份,占全年降水量的 90% 以上,其中 7 月份达到最大,为 82.08mm,12 月份最小,仅为 0.53mm,年际波状变化,波动幅度较小;多年平均总蒸发量为 1 617.14mm,高于刚察站,主要集中在 3—10 月份,1 月份最小,为 55.89mm,5 月份最大,为 207.25mm,年际总蒸发量变化不大(图 2-19,表 2-4)。

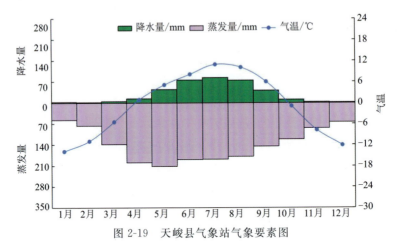

图 2-19 天峻县气象站气象要素图

流域内降水在空间上分布也不均匀,表现为随海拔的升高降水量递增、蒸发量递减的规律。一般海拔每升高 1000m,降水量增加 130~140mm,蒸发量减少 30~50mm。但是从青海湖周边至湖源上游的源区,由于受青海湖水域小气候的影响,区内降水量、蒸发量随着距湖心距离的增加,地势升高,降水量递减、蒸发量递增的规律(图 2-20)。

表 2-3 研究区主要站点气象资料统计一览表

站名	项目	观测时间/年	历年各月平均值													多年平均
			1	2	3	4	5	6	7	8	9	10	11	12	
刚察	降水量/mm	1980—2016	0.90	2.00	5.70	11.50	38.30	76.80	88.30	95.40	52.90	14.60	1.60	0.80	393.62
	蒸发量/mm	1980—2016	41.6	59.7	108.9	163.6	202.2	181.6	181.6	169.1	124.4	103.4	68.7	49.4	1 440.16
天峻	降水量/mm	1958—2012	1.02	1.68	5.29	13.32	43.87	75.14	82.08	73.85	41.11	10.25	1.38	0.53	349.48
	蒸发量/mm	1961—2012	55.89	76.3	138.6	197.8	207.25	189.7	186.9	179.4	143.8	121.4	84.2	63.4	1 617.14
河口	降水量/mm	1958—1960 1962 1964—1981	1.12	1.65	2.88	9.38	42.9	62.27	72.42	78.43	67.49	23.25	4.33	0.75	366.85
	蒸发量/mm	1959—1960 1965—1981	51.4	69.8	128.9	172.6	200.7	194.7	194.1	175.7	134	110.9	74.9	59	1 566.8
下环仓	降水量/mm	1959—1967	0.82	1.59	5.86	16.2	53.31	62.24	84.56	70.2	45.94	14.14	3.23	0.28	358.43
	蒸发量/mm	1965—1967	72.9	82.3	158.1	197.8	207.5	202.2	191.7	170.3	117.4	92.9	77.7	63.6	1 634.3
上环仓	降水量/mm	1958—1981	0.57	1.62	3.5	10.9	39.08	65.81	67.11	57.87	34.82	10.22	1.38	0.34	295.72
	蒸发量/mm	1958—1981	59.5	76.75	141.23	197.74	209.42	191.33	193.5	182.97	144.51	120.48	82.56	64.46	1 664.45
海晏县	降水量/mm	1980—2020	0.9	1.6	5.9	17.9	44.7	68.9	93.5	92.6	62.9	19.3	4.8	1.7	414.7
	蒸发量/mm	1980—2010	44.9	63.5	113.4	172.6	206.6	181.4	175.6	162.2	116.9	91.4	59.1	45.2	1 432.8
湟源县	降水量/mm	1980—2020	1.1	1.7	8.4	21.5	53.6	71	91.1	90	66.1	21.9	5.4	1.4	433.2
	蒸发量/mm	1980—2010	48.9	67.4	120.3	180.8	191.2	153.6	143.8	134.3	99	83.6	56.1	46.3	1 325.3
湟中县	降水量/mm	1980—2020	3.5	5.2	13.7	32.3	71.1	83.9	104.8	102.7	79.1	31.4	8.3	3.2	539.2
	蒸发量/mm	1980—2010	38.7	51.9	89.9	150.3	178.8	161.7	160.8	146.4	100.2	77.8	50.8	38.2	1 245.5
	降水量/mm	1955—2018	1.2	1.9	7.1	21.3	47.2	57.4	82.6	78.5	58.5	23.4	4.1	1.3	384.5

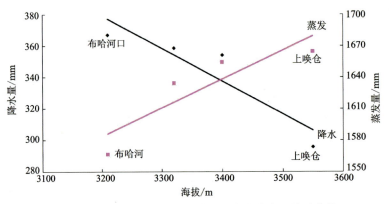

图 2-20　布哈河地区降水量、蒸发量与海拔高程关系曲线

2. 湟水流域

湟水流域地处黄土高原向青藏高原过渡地带,为河湟谷地干旱—半干旱气候区(图 2-21),具有高寒、干旱、日照时间长、太阳辐射强、昼夜温差大的特点,年内表现为寒长暑短、多风少雨、干燥寒冷。

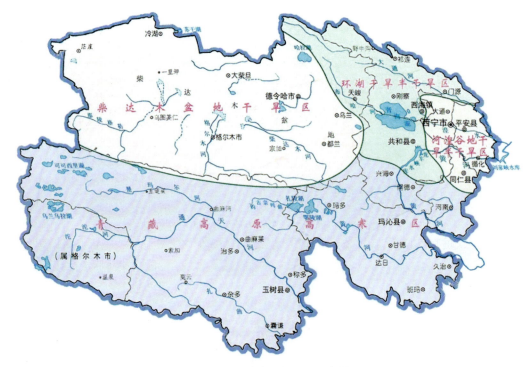

图 2-21　青海省气候分区示意图

海晏县位于青藏高原东北部,属高原大陆性气候区。寒长暑短、四季不分明、多风少雨、蒸发强烈、昼夜温差大为本县气候的主要特征。海晏县气象局资料(1980—2020 年)显示,海晏县多年平均气温 1.1 ℃,多年平均降水量 414.7 mm,蒸发量 1 432.8 mm,标准冻结深度 134 cm,最大冻土深度 153 cm(表 2-4,图 2-22)。

湟源县属大陆性半干旱气候类型,寒冷干燥,四季不分明,冬季长而寒冷,夏季短且凉爽,具有降水量小而蒸发量大的特点。湟源县气象站资料(1980—2020年)显示,湟源县多年平均气温3.8℃,多年平均降水量为433.2mm,蒸发量1 325.3mm,标准冻结深度93cm,最大冻土深度150cm(表2-4,图2-23)。

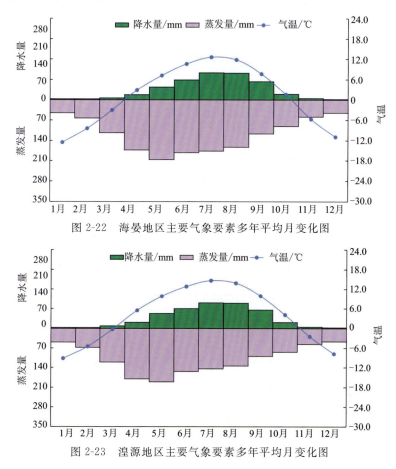

图2-22 海晏地区主要气象要素多年平均月变化图

图2-23 湟源地区主要气象要素多年平均月变化图

湟中县属干旱半干旱大陆性气候,以多风、少雨、日温差大、无霜期短、寒长暑短、降水量小、蒸发量大、垂直气候分带明显为特征。湟中县鲁沙尔镇气象站资料(1980—2020年)显示,湟中县多年平均气温4.5℃,标准冻结深度85cm,最大冻土深度101cm,降水量539.2mm,蒸发量1 245.5mm,相对湿度55%(表2-4)。降水量多集中在7—9月份,占全年降水量的55%,且降水量随地势增高而增大,蒸发量随地势增高而减少,具明显的垂直分带性(图2-24)。

西宁气象站1955—2018年观测资料显示,年最高月平均气温18.2℃,年最高月平均气温−9.0℃;多年平均降水量384.5mm,蒸发量1763mm(表2-4);区内季节性标准冻土深度118cm。区内降水主要集中在每年的6—9月份(占年降水量的80%以上),且年降水量周期性变化明显(图2-25)。

平安气象站观测资料显示,平安区多年平均气温6.4℃,多年平均降水量325.16mm,多年平均蒸发量1 842.7mm;最大冻土深度130cm。乐都区多年平均气温7.3℃,多年平均降水量329.6mm,年平均蒸发量1 613.8mm,最大冻土深度86cm。

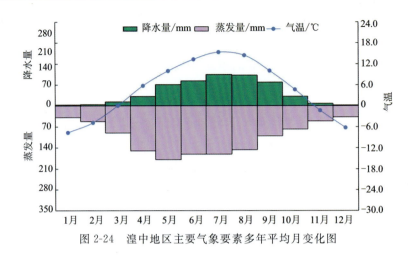

图 2-24　湟中地区主要气象要素多年平均月变化图

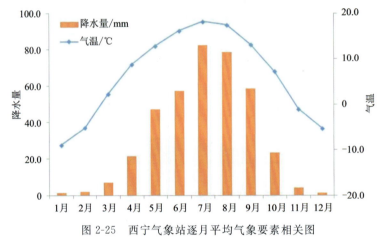

图 2-25　西宁气象站逐月平均气象要素相关图

互助县年均气温 3.2℃,极端最高气温 34.9℃,极端最低气温－33.1℃,年平均降水量 503.7mm,最大年降水量 618.4mm,最小年降水量 363.1mm。

由于流域内地势高低悬殊,自分水岭向湟水干流,气候垂直分带十分明显。总体趋势表现为气温随海拔的增高而递减,降水量随海拔的增高而递增。湟水干流地区年平均气温在 1.1～7.3℃之间,周边山区年平均气温 1.0℃,多年平均降水量 377.4mm。总体表现为地理位置不同,气候要素有较大的差别,山地效应作用较为明显,一般降水量随海拔升高而递增,气温则随海拔增高而降低。

二、水文

1. 青海湖流域

青海湖流域属于高原盆地内流水系,河流大多发源于四周高山,进而向中心聚集,最终汇聚于青海湖,湖周有大小河流 40 余条注入,是青海湖的主要水源,大部分河流是间歇河,干流短,雨季流量较大(图 2-26)。

流域内水系分布不均衡,西部和北部水系发达,径流量大;东部和南部相反,河网稀疏,多为季节性河流,径流量小。主要有布哈河、泉吉河、沙柳河、哈尔盖河、甘子河、倒淌河及黑马河7条河流,一年四季长流不断地注入湖体,其流量约占入湖总径流量的90%以上。以流域西部布哈河的径流量最大,干流全长约200km,其次为青海湖北岸的沙柳河和哈尔盖河,这3条河流的径流量占入湖总径流量的3/4以上。

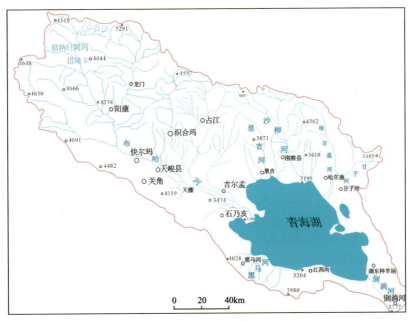

图2-26 青海湖流域水系图(数字代表高程,m)

流域年地表径流量为 $16.109\ 6\times10^8\ m^3$,年总输沙量为 $48.8\times10^7\ kg$。流域内河流一年内有两个湖汛,4—5月份冰雪消融水为春汛,水量不大;6—8月份为夏汛,水量大,占年总水量的70%~80%,与雨季一致。

布哈河是青海湖入湖流量最大的河流,也是青海湖裸鲤洄游繁殖的主要河道。布哈河源于祁连山脉支脉疏勒南山漫滩日更峰南麓,其上游称为阳康曲,在阳康乡附近有较大支流希格尔曲汇入,于快尔玛乡西侧上唤仓纳支流夏日格曲后称为布哈河,再在天棚村东侧接纳北岸最大的支流峻河后继续向东南径流,于吉尔孟乡(距河源269km)纳左岸支流吉尔孟河后经布哈河口水文站,最终于刚察县泉吉乡—鸟岛附近注入中国最大的咸水湖——青海湖。干流全长约200km,流向大致呈北西—南东向,河水以雨水和冰雪融水补给为主。总的特点是河床宽浅,坡降平缓,流速缓慢,水流散乱,上游蛇曲发育。布哈河河口水文站资料(1956—2012年)显示,6—9月份为洪水期,历年月平均最大流量为 $284m^3/s$(1989年7月),12月至翌年3月为枯水期,历年月平均最小流量为 $1.26m^3/s$(1997年1月),多年平均流量为 $26.30m^3/s$,年径流量为 $8.30\times10^8\ m^3$,占入青海湖总量的67%,径流模数为 $1.83\times10^{-3}\ m^3/(s\cdot km^2)$,多年平均输沙量达361 000t/a。

2. 湟水流域

湟水发源于青海省海北州海晏县包忽图山北部的洪呼日尼哈,河源海拔4395m。河水自河源由北向南流,至海北州海晏县三角城包忽图河与哈利涧河在海晏县汇合后形成湟水,转向东南径流,经湟源县城转向东偏南径流,经湟中、西宁、互助、平安、民和享堂与大通河汇合后在甘肃省八盘峡附近注入黄河。湟水流域有大小支流73条,连同众多的次一级支流,构成羽毛状、树枝状水系(图2-27)。地表径流主要源于降水和地下水补给,支流中多年平均流量大于$0.5m^3/s$的有27条;其中,流量在$1\sim2m^3/s$的有12条,大于$2m^3/s$的有9条。

湟水干流总长342km,青海省境内长300km,其中西宁市以下145km,以上至包忽图河源头155km。河床一般宽100～200m,峡谷地带仅30～50m,海晏县至民和河道平均坡降5.3‰～14.8‰,河道弯曲率为1.07～1.34。其中上游及峡谷处坡降较大,平原区较小。

民和站多年观测资料显示,湟水干流年平均流量为$50.84m^3/s$,年平均最大流量$98.74\ m^3/s$(1961年),最小流量$22.5m^3/s$,年平均径流量$16.05\times10^8 m^3$,年最大洪水流量$1300m^3/s$(1952年7月2日),出现过的最小流量为$0.042m^3/s$,基本处于断流状态。

湟水干流流量的多年变化特点是丰水年与枯水年往往是相伴出现的,平均周期为2～3年,且枯水年多于丰水年。各河流量的历年变化幅度较大,年内分配不均匀,丰水期为7—9月份,平水期为3—5月份,枯水期为12月份到次年2月份。7—9月份径流量约占全年径流总量的40%。每年有夏季一个汛期,夏汛多为降水所致。河水流量动态变化与大气降水年内分配基本一致。

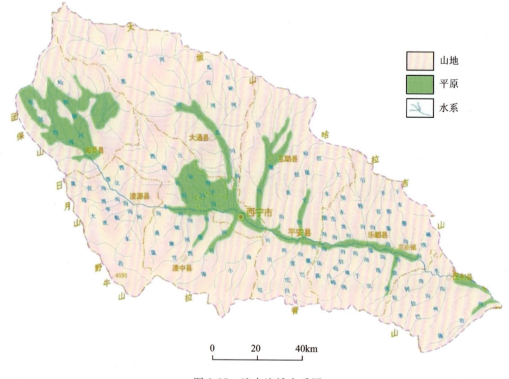

图2-27 湟水流域水系图

第三章 岩溶形成的区域地质背景

研究区区域地质条件与其地质演化历程紧密相关。在漫长的地质历史演化进程中,研究区内先后经历了海相、海陆交互相及陆相沉积过程,除缺乏早寒武世、晚志留世沉积物外,发育了自古元古代到新生代不同时期、复杂多样的沉积建造。

寒武纪时期,研究区内地壳长期处于相对稳定的沉积环境,沉积物颗粒细,堆积速率较小,沉积时间漫长,各时代地层沉积厚度较大,生物化石缺乏。沉积建造以泥砂质、砂泥质为主,碳酸盐岩建造次之,火山岩浆活动微弱,尤其是粗碎屑岩沉积建造相对缺乏,区域动力变质作用和混合岩化作用强烈而普遍。

古生代寒武纪—三叠纪间,研究区内地壳演化进入到快速活动而复杂的沉积环境中,此时陆壳结构出现了明显的不均匀性,地幔分异程度高,莫霍面起伏大,以局部上隆为主,地质事件持续的时间短,海陆分界明显,水动力条件强,沉积相变显著,生物大发展,先后使海域和陆地充满了生机,此期间的构造运动和岩浆活动也十分强烈。变质作用以区域动力变质、埋深变质和断陷变质为主,接触变质作用也广泛分布。不同时代沉积建造千变万化,复杂多样,即便是同时代不同地质沉积建造方面也表现出了明显的差异性。

晚三叠世时期,研究区内海水已基本退尽,进入到陆内造山作用的主要时期,祁连山系拔地而起,沉积盆地与山系围限有关,地幔以拗陷为主,对陆壳的影响主要以机械能传递;陆壳水平增长已全面转化为垂直沉积;火山岩浆作用踪迹难寻,变质作用弱不可查。沉积建造除局部发育含煤碎屑岩及煤系建造外,大部分地层均为单一的陆内红色碎屑岩建造。

第一节 地层岩性

研究区位于青海省东北部地区,主要受控于东昆南断裂以北的秦祁昆造山系。依据青海岩石地层序列和研究区开展的地质调查工作,区内各时代地层发育较全,从古元古界至第四系皆有分布。青海湖流域以上古生界中的三叠系、二叠系出露最为广泛,在湟水流域以较老的元古宇和较年轻的新近系较为发育,在各流域的主要沟谷和山前沉积了厚度不等的第四系沉积物,湟水两岸丘陵还沉积有较厚的风积黄土(图3-1)。

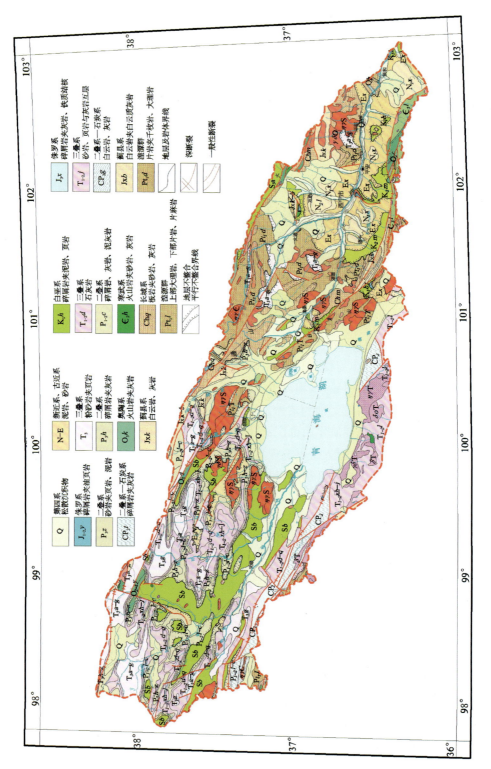

图 3-1 研究区地质图(青海省地质矿产勘查开发局,2007)

一、古元古界

古元古界为研究区内最为古老的地层,以湟源群(Pt_1H)中—高级变质岩为主,广泛分布于湟水流域的湟源、湟中及乐都北山一带,在青海湖流域范围内分布较少,自下而上划分为刘家台组和东岔沟组。

1. 刘家台组(Pt_1l)

该组主要分布于湟源县刘家台一带,整合于东岔沟组以下,大体可分为两段,区域总厚度大于1191m。其中,上部为灰白色—深灰色的中厚层—块状的中粗粒大理岩,厚度114m;下部以灰色、灰黑色含碳质云母石英片岩为主,夹大理岩,出露厚度大于1082m。

2. 东岔沟组(Pt_1d)

该组广泛出露于湟水流域的湟源娘娘山、宝库河、乐都北山。上部为灰色、灰绿色云母石英片岩、绿泥石英片岩、角闪岩、千枚岩、硅质千枚岩,偶夹大理岩,厚度大于575m,下部为石榴石云母石英片岩夹角闪片岩及大理岩、石英岩,厚864~1797m。

二、中元古界

研究区内中元古界主要包括长城系湟中群(ChH)及蓟县系花石山群(JxH),主要分布于湟水流域拉脊山一带,在青海湖流域刚察县茶拉河及马老得山、互助县松多藏族乡一带也有分布。

1. 长城系湟中群

该群为一套浅变质岩岩系,区内主要分布青石坡组(Chq),主要分布于湟中县青石坡一带,为一套灰色薄层粉砂质板岩夹灰色千枚岩、钙质千枚岩、硅质千枚岩、泥质结晶灰岩和凝灰质砂岩,厚435.1~2 401.5m。

2. 蓟县系花石山群

该群为一套以碳酸盐岩为主的地层,包含克素尔组和北门峡组。

北门峡组(Jxb):主要分布于刚察县马老得山及湟中县花石山一带,上部以白云岩为主,厚208~817m;下部为灰色—灰黑色千枚岩、粉砂质板岩,局部夹燧石条带。

克素尔组(Jxk):主要分布于湟源县克素尔、刚察县马老得山、湟中县青石坡、拉脊山北坡、大通县老爷山及互助县南门峡一带,以白云岩和白云质灰岩为主,厚319.2~991m,底部为泥质结晶灰岩夹薄层灰岩或千枚岩。

三、新元古界

研究区内主要为青白口系龚岔群其他大坂组(Qbd),主要分布于湟水流域互助县五峰寺以北的地区,岩性主要为灰色、灰绿色石英砂岩、砂岩、粉砂岩、泥质板岩夹碳质板岩及凝灰质砂岩,底部为紫红、暗紫红色砂岩、含砾砂岩,厚1055m。

四、早古生界

研究区内早古生界包括寒武系黑茨沟组、奥陶系扣门子组及志留系巴龙贡噶尔组,主要分布于湟水流域的大通县及青海湖流域。

1. 寒武系黑茨沟组($\in_2 h$)

该组呈断块分布于大通县毛家沟一带,为一套为灰色灰岩夹板岩(含磷)及灰绿色玄武岩,出露厚297m。

2. 奥陶系扣门子组($O_3 k$)

该组分布于大通县宝库河上游地区,为灰色、灰绿色中基性—中酸性火山岩夹结晶灰岩、砾状灰岩、硅质岩及变长石质硬砂岩、钙质砂岩,以火山岩的出现与消失作为顶底界线,厚约2405m。

3. 志留系巴龙贡噶尔组(Sb)

该组大面积分布于青海湖流域布哈河南北及沙柳河一带,主要为灰色、浅灰绿色、灰紫色石英质硬砂岩、硬砂岩、粉砂岩夹板岩、泥板岩,局部夹凝灰岩、安山岩,靠下部出现紫色砾岩,出露厚度大于2973m。

五、晚古生界

研究区内晚古生界主要为石炭系—二叠系、二叠系,主要分布于青海湖流域的青海南山及布哈河北部广大地区。

1. 石炭系—二叠系

石炭系—二叠系自下而上划分为土尔根大坂组、果可山组、甘家组3个岩石地层单位,区内仅分布有土尔根大坂组及果可山组,分布于青海南山一带。

土尔根大坂组($CP_2 t$):大面积出露于青海南山主脊一带,为灰色、灰绿色千枚岩、板岩、变石英粗砂岩、变长石石英砂岩夹薄层灰岩、凝灰岩及蚀变中基性火山岩,总厚大于1 229.5m。

果可山组($CP_2 g$):呈条带状出露于青海南山分水岭南部一带,为灰白色、深灰色白云岩、鲕状白云岩、角砾状白云岩、结晶灰岩,局部夹千枚岩、火山角砾岩、安山玄武岩,厚1814m。

2. 二叠系

该层主要为二叠系巴音河群,自下而上划分为下-中二叠统勒门沟组、草地沟组,上二叠统哈吉尔组、忠什公组4个岩石地层单位,在青海南山以及布哈河以北的广大地区大范围出露。

勒门沟组($P_{1-2} l$):岩性以紫红色为主夹灰绿色长石石英砂岩、石英砂岩、杂砂岩夹粉砂岩,底部石英砾岩,厚228.70m。

草地沟组($P_{1-2}c$)：灰色—灰绿色细碎屑岩与灰岩、泥灰岩组成，互为消长关系，厚176～401m，富含腕足、蜓科、苔藓虫、双壳类等化石。

哈吉尔组(P_3h)：下部为紫红色—杂色碎屑岩，上部为灰色—深灰色碎屑岩夹数层灰色—深色灰岩，厚194～287m，含腕足、苔藓虫、双壳类、珊瑚及植物化石。

忠什公组(P_3z)：紫红色灰绿色砂岩、粉砂岩夹页岩、泥岩，厚67～206m，含腕足、植物化石。

六、中生界

区内中生界出露较全，三叠系至白垩系均有分布，其中三叠系主要分布于青海湖流域及湟水一级支流北川河上游一带，侏罗、白垩系分布于湟水流域。

1. 三叠系

区内三叠纪地层早、中、晚3个时期发育较全，主要为郡子河群和默勒群，广泛分布于青海湖以西哈尔盖河—阳康一带。

郡子河群(TJZ)：该群为一套海相碎屑岩夹碳酸盐岩沉积，下部为下唤仓组($T_{1-2}xh$)碎屑岩，岩性为紫红色石英砂岩、长石砂岩、粉砂岩，厚373m。中下部为江河组($T_{1-2}j$)碎屑岩夹碳酸盐岩，岩性为浅灰色—灰绿色长石砂岩、页岩与生物灰岩互层，底部以灰岩的始现为界，厚270～451m。中上部为大加连组($T_{1-2}d$)碳酸盐岩，岩性为紫红色灰岩，上部为深灰色灰岩、角砾状灰岩，厚226m。上部切尔玛沟组(T_2q)以碎屑岩为主，夹少量的碳酸盐岩，厚159.4m。

默勒群(TM)：该群以碎屑岩为主，为夹碳质页岩的岩性组合，其底部为阿塔寺组(T_3a)，岩性为灰白色、灰绿色、暗紫红色长石砂岩夹粉砂岩；下部为尕勒得寺组(T_3g)，岩性为灰色、深灰色粉砂岩、粉砂质页岩夹碳质页岩及长石砂岩、杂砂岩呈互层夹薄煤及菱铁矿结核，厚859.54m。

2. 侏罗系

窑街组($J_{1-2}y$)：主要分布于青海湖流域刚察热水和湟水流域大通地区，普遍含煤，岩性组合灰色—灰黑色页岩、黏土页岩夹油页岩、煤层，底部为灰白色石英质砾岩，厚51～290m。

享堂组(J_3x)：分布于湟水流域民和县享堂镇，下部灰绿色；上部紫红色砂岩、泥岩、细砂岩、页岩互层，具交错层理，胶结疏松，厚度变化大(500～1704m)。

3. 白垩系

河口组(K_1h)：主要为棕色、棕红色砾岩、砂砾岩、长石砂岩、粉砂岩、杂砂岩夹粉砂质泥岩、泥岩、页岩，局部夹石膏及含油砂岩。砂岩交错层理发育，厚度各地不一，230～2000m，产植物、鱼、淡水双壳、介形虫、孢粉等化石。

民和组(K_2m)：分布于民和县及西宁盆地边缘的小峡一带，岩性以棕红、橘红色砾岩、石英细砾岩、砂岩为主，夹泥岩、泥质粉砂岩，局部夹石膏，盆地边缘粗，盆地中心较细，厚100～

300m,含介形虫及孢粉化石。

七、新生界

1. 新近系—古近系(N-E)

在湟水流域西宁盆地内大面积分布,古新统—上新统都有分布,以西宁群为主(ENX),主要由棕红色泥岩、砂质泥岩与灰绿色、灰白色石膏互层夹砂岩及粉砂岩透镜体组成,近盆地边缘砂砾岩增多。

2. 第四系(Q)

第四系沉积物在研究区内分布极为广泛,皆为陆相,具有明显的高原特色,除早更新世沉积大部分固结成岩外,其余皆为松散沉积物,成因类型比较复杂,有冲积、洪积、风积、湖积、化学沉积、沼泽沉积、冰碛、冰水沉积等,以青海湖周边、布哈河、沙柳河、湟水等地分布最广,厚5～200m(表3-1)。

表3-1 研究区地层基本特征表

界	系	代号	地层厚度/m	地质特征
新生界	第四系	Q	5～200	分布于流域主要沟谷及山前,早更新世沉积大多固结成岩,其余皆为松散沉积物,成因类型有冲积、洪积、风积、湖积、冰碛、冰水沉积等
	新近系—古近系	N-E	20～2000	广泛分布在湟水西宁盆地两侧丘陵,主要为砂岩、砾状砂岩及泥岩,含石膏
中生界	白垩系	K_1-K_2	100～2000	分布于民和县及西宁小峡一带,以棕红、橘红色砾岩、石英细砾岩、砂岩为主
	侏罗系	J_{1-2}	51～290	分布于热水镇、大通县地区,普遍含煤,岩性砂岩、泥岩、页岩等
	三叠系	T_3	606～859	分布于默勒镇一带,灰白色、灰绿色、暗紫红色长石砂岩夹粉砂岩
		T_{1-2}	159～451	广泛分布于青海湖流域,为一套海相碎屑岩夹碳酸盐岩沉积,分为4段

续表 3-1

界	系	代号	地层厚度/m	地质特征
晚古生界	二叠系	P_3	67~287	分布在阳康—舟群—沙柳河一带中高山区,杂色碎屑岩,灰绿色砂岩、粉砂岩夹页岩、泥岩
	二叠系	P_{1-2}	176~401	在青海南山以及布哈河以北的广大地区大范围出露,由碎屑岩和碳酸盐岩组成
	二叠系—石炭系	CP_2	1229~1814	分布于青海南山一带,主体为灰色、灰绿色千枚岩、板岩、变石英粗砂岩、变长石石英砂岩,二郎洞一带分布少量白云岩或大理岩
	泥盆系	D_3	863~2150	研究区内分布较少,仅在拉脊山中段及二郎洞一带少量出露,岩性组合紫红色、浅紫红色砾岩、石英砂岩、长石石英砂岩夹页岩,局部夹灰岩、中酸性火山岩
早古生界	志留系	S	137~2973	在青海湖流域布哈河南北及沙柳河一带大面积分布,岩性主要为石英质砂岩、粉砂岩夹板岩,局部夹凝灰岩
	奥陶系	O_3	2405	在大通县宝库河上游地区分布,为灰色、灰绿色中基性—中酸性火山岩夹结晶灰岩、砾状灰岩
	寒武系	ϵ_{2-3}	1095	在大通县毛家沟一带呈断块出露分布,为一套为灰色灰岩夹板岩(含磷)及灰绿色玄武岩
新元古界	青白口系	Qbq		主要分布于湟水流域互助县五峰寺以北的地区,岩性主要为灰色灰绿色石英砂岩、砂岩、粉砂岩、泥质板岩夹碳质板岩
中元古界	蓟县系	Jx	208~991	湟水流域湟中及互助五峰一带,灰白色、深灰色厚—块层状白云岩
	长城系	Ch	541~2401	主要分布于湟中县青石坡一带,灰色薄层粉砂质板岩夹灰色千枚岩、泥质结晶灰岩
古元古界		Pt_1	1191~3540	湟水流域的湟源县、湟中县以及乐都区北山一带,中—高级变质岩,以片麻岩、二云片岩、斜长角闪岩、混合岩为主,宝库上游、湟水大峡分布白云质大理岩

八、岩浆岩

研究区内岩浆岩广泛分布,以侵入岩为主,侵入时期大致分为兴凯、加里东、海西等期。加里东期奥陶纪—中志留世侵入岩集中分布于中祁连、拉脊山岩带,花岗岩主体形成时代为晚奥陶世。中-晚奥陶世花岗岩(闪长岩、石英闪长岩、英云闪长岩、花岗闪长岩)主要分布在乐都区引胜沟地区。

第二节　地质构造

青海省位于青藏高原北部,在大地构造位置上处于核心冈瓦纳大陆与劳亚大陆之间的泛华夏陆块群的中西部,南北分别以特提斯洋和古亚洲洋与核心冈瓦纳大陆及劳亚大陆相望。研究区位于青海省东北部,依据《青海省1:100万大地构造图》(青海省地质矿产勘查开发局,2007),研究区主体隶属于西域板块的中祁连陆块和南祁连陆块,其间以疏勒南山-拉脊山早古生代缝合带相隔,南北分别以宗务隆山-青海南山晚古生代—早中生代裂陷槽和北祁连新元古代—早古生代缝合带为边界。

一、构造位置及构造单元

依据《青海省大地构造图说明书》的基本框架,结合研究区地质构造特征,研究区主要涉及一级分区西域板块（Ⅰ）中的中祁连陆块（$Ⅰ_3$）、疏勒南山-拉脊山早古生代缝合带（$Ⅰ_4$）、南祁连陆块（$Ⅰ_5$）3个二级构造单元(图3-2)。

(一)中祁连陆块（$Ⅰ_3$）

该陆块即为中祁连隆起带,夹持于北祁连缝合带与疏勒南山-拉脊山早古生代缝合带之间,呈岛链状作北西西向分布于托勒南山—大通山一带,构成了青海湖流域及湟水流域的北部分水岭边界,为研究区的主体构造单元之一,基本控制了湟水流域的展布。

该陆块内出露的最老地层为古元古界托赖岩群和湟源群,为一套变质作用形成的角闪岩相变质岩及低绿片岩相变质岩。中、新元古界相对较发育,地层为托莱南山群、湟中群花石山组,为一套碎屑岩-碳酸盐岩-中基性火山岩沉积组合。新元古代地层为一套碎屑岩-碳酸盐岩沉积组合,以低绿片岩相变质为主。下古生界寒武系黑茨沟组仅在大通老爷山零星出露,是一套以绿片岩相变质为主的岩层。侏罗系发育一套陆相含煤碎屑岩沉积组合,为区内重要的成煤地层。白垩系、古近系—新近系主要发育于湟水流域西宁盆地,为一套山麓河湖相类磨拉石及含膏盐建造、泥灰岩复陆屑沉积组合。区内侵入岩主要有前兴凯、兴凯及加里东3期。

(二)疏勒南山-拉脊山早古生代缝合带（$Ⅰ_4$）

疏勒南山-拉脊山早古生代缝合带（$Ⅰ_4$）以中祁连南缘深断裂为主断层,构成中祁连陆块与南祁连陆块的分界线。以日月山-刚察古转换断层(高延林,1998)为界分为东、西两段,其中东段又可细分为拉脊山南缘及拉脊山北缘断裂,构成了湟水流域的南侧分水岭,缝合带内主要地层为中上寒武统镁铁—超镁铁质岩和火山岩;西段由日月山延伸至木里、疏勒南山,最后在甘肃境内野马南山一带被阿尔金断裂截断,其中日月山构成了青海湖流域与湟水流域的边界分水岭。在研究区内西段缝合带主要由奥陶系中基性火山岩夹结晶灰岩和砂岩等组成。

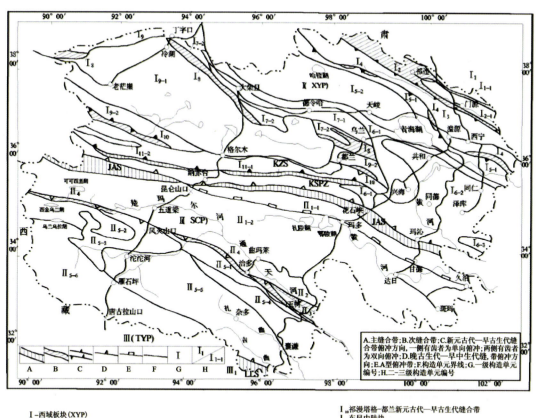

图 3-2　青海省大地构造分区略图(青海省地质矿产勘查开发局,2007)

(三)南祁连陆块(I_5)

该陆块为研究区的主体构造单元之一,基本控制了青海湖流域的展布,大致呈北西西向展布于居洪图—阳康—化隆一带。根据主造山期大地构造相、地质建造的差异等,可将该区进一步划分为野马南山-化隆早古生代中晚期岩浆弧带和南祁连南部弧后前陆盆地两个三级构造单位。

1. 野马南山-化隆早古生代中晚期岩浆弧带(O-S)（I$_{5-1}$）

该带呈北西西向展布于疏勒南山-拉脊山缝合带南侧的哈拉湖北—刚察—化隆一带，东段以宗务隆山-青海南山断裂与宗务隆山-青海南山裂陷槽分开；青海湖以西以断续分布的一般性断裂与南祁连南部弧后前陆盆地接壤。

带内出露的最老地层为下元古界托赖岩群，以一套角闪岩相变质岩石为主，早古生界奥陶系以钙碱性火山岩沉积组合为主，上三叠统发育一套稳定型滨-浅海-海陆交互相碎屑岩—碳酸盐岩—含煤碎屑岩沉积组合，且碳酸盐岩分布面积广，是本次研究的主要对象之一。白垩系—新近系主要发育于化隆盆地内，为一套山麓-河湖相含膏盐泥灰岩杂色复陆屑沉积组合。

2. 南祁连南部弧后前陆盆地(S)（I$_{5-2}$）

该盆地呈北西向展布于柴达木山—居洪图—织合玛一带。带内出露的最老地层奥陶系仅在哈拉湖以西有少量分布，为一套次深海相浊积岩沉积。志留系发育范围最大，为一套碎屑岩组。带内东段发育一套石炭系—三叠系稳定型滨—浅海相碎屑岩-碳酸盐岩及海陆交互相含煤碎屑岩沉积组，碳酸盐岩分布面积较广，基本控制了青海湖流域碳酸盐岩地层的出露和分布。

二、主要构造形迹

（一）断裂

总体来说，断裂以北西向逆断层为主（图 3-3），从规模上可分为区域性大断裂和一般断裂，前者构成三级构造分区的边界，规模较大，走向延伸达数百千米，控制流域尺度内盆地的形成与沉积，而且对岩带和矿带也起重要作用；后者一般性断裂的规模相对较小，走向延伸数千米至数十千米，对岩体具有一定的控制作用，且能够明显地影响流域内岩溶的富水性，是本次研究的工作重点对象。

1. 边界断裂

大坂山南坡深大断裂：该断裂位于大坂山南麓，流域内总长约101km，为一逆断层。该断层呈北西—北西西延展，省内总长约450km，为北祁连新元古代—早古生代缝合带的主边界断裂。断裂特征明显，发育破碎带，沿断裂带有多期岩浆活动，并在南侧形成5～10km的片麻岩带。

疏勒南山-拉脊山断裂：系疏勒南山-拉脊山早古生代缝合带主断裂，由数条大小不一、平行排列的断裂组成，为压扭性断裂，呈北西—北西西向展布，东西两端延入甘肃省，省内长630km，为南西倾的俯冲断层，倾角50°～70°。电磁地震测深反映该断裂深部断面陡倾，下延30～39km，为一岩石圈断裂。

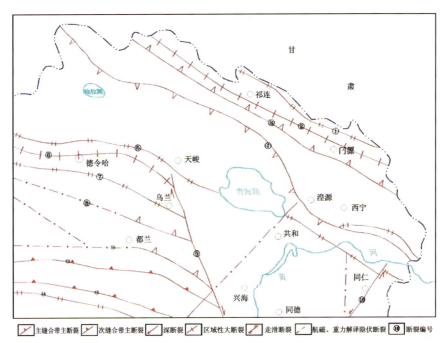

图 3-3　研究区及邻区主要断裂略图(侯威,2016)

宗务隆-青海南山断裂:宗务隆山-青海南山晚古生代—早中生代裂陷槽北缘主边界断裂,北侧为南祁连陆块。断裂西始于土尔根大坂,东经宗务隆山、青海南山、循化南进入甘肃省,走向北西西,倾向南,省内长大于 650km,是一条断面近直立微向南倾,为自西向东逐渐变深的超岩石圈断裂。

2. 一般断裂

一般断裂在研究区广泛分布,但其规模相对较小,不具区域性,只影响部分地层,但是断裂性质对于控制地层富水性有较大意义。湟水流域内的大部分断裂被第四系覆盖,成为隐伏断层,仅在盆地周边山区多有出露。一般断裂和区域山体走向基本一致,多为北西和北西西向,部分被北东向断裂穿插(表 3-2)。

(二)褶皱

由于研究区经过了多期次的构造变形,不同时代地层内褶皱构造较常见,受区域地质构造的控制,褶皱轴向大多呈北西西及北西向(图 3-4)。褶皱带内部次级褶皱发育,呈密集线状,两翼倾角一般相差不大,枢纽线起伏不显,于断裂附近偶尔有倒转。褶皱构造的展布和组合特征也对岩溶水的富水性有一定的影响,下面按照地质时代对研究区内主要褶皱构造做简要论述。

表3-2 研究区一般断层统计表

序号	断裂名称	断裂类型	断裂特征
1	哈尔盖河东侧断裂		沿哈尔盖河东侧的一个断裂,南端延出研究区范围,北端到热水煤矿一带。断裂的东盘是蓟县系,地层走向与断裂走向一致;西盘为二叠系,由于第四系覆盖,断裂的性质不明
2	沙柳河西断裂	扭性断裂	断面东倾,地层由西向东推逆,具有糜棱岩。从擦痕面分析,东盘向南,西盘向北扭动,为顺时针方向扭动,故为一扭性断裂
3	赞宝山久山断裂	逆断层	该断裂位于赞宝化久山以南,呈280°方向延伸,断面北倾,蓟县系在层面上有擦痕,破碎带宽30~50m,有断层角砾岩。在北盘岩层中小褶曲发育,其轴面北倾,倾角70°~80°
4	马老得-宋士格断裂组	逆断层	由4组断裂组成,呈北西向延伸,断面南倾,倾角60°~80°,破碎带宽30~60m
5	布哈河北断裂	逆断层	位于湖盆中部,走向北西西延伸,倾向北北西,倾角较陡
6	象鼻山断裂	正断层	分布于青海湖盆西南象鼻山,近北东向延伸,断面南倾
7	梅陇-托洛合岗断裂	逆断层	分布在梅陇尼哈—托洛合尼哈—托洛合岗,呈北西向展布,出露长度约17km,倾向北东,倾角60°~70°,破碎带10~100m
8	克德陇断裂	逆断层	分布在切格日绞木—克德陇一带,北西向展布,出露长度约16km,向南西倾,倾角50°~60°,破碎带宽1~5m,由于断裂的阻水作用,沿断裂发育多处泉水
9	茶木康-拉陇断裂	平移断裂	沿茶木康—拉陇呈北北西向展布,出露长度约8.9km,为左行平移断裂,错距约250m,破碎带宽2~10m
10	六道沟断裂	逆断层	形成于加里东期晚寒武世地层中,沿马场山以南—六道沟呈北西西向展布,延伸长度约30km,断面北倾,倾角70°
11	狼窝滩断裂	逆断层	沿水泥厂矿山—狼窝滩—羊胜沟呈北西向展布,倾向北东,倾角30°~60°,长8km,断层上盘发育岩溶大泉,为控水断裂
12	祁家山断裂	逆断层	沿乐都北呈弧形展布,延伸长度约7km,倾向大致向南,倾角较陡,断层作用导致加里东期花岗岩逆于晚三叠世(T_3)地层之上
13	红崖子沟断裂	逆断层	沿红崖子沟东侧近南北向展布,倾向东,倾角60°,长25km
14	小峡断裂	正断层	沿小峡凸起呈弧形展布,长度约20km,倾向南东,倾角50°~80°,破碎带宽1~10m,可见片理化程度高的泥质岩及断层角砾
15	水磨沟-大峡断裂	逆断层	大致分布于水磨沟—大峡一带,走向北西西,延伸长度大致12km,倾向北东,倾角上部较缓,下部较陡,破碎带宽7~13m
16	大坡根断裂	逆断层	分布于三合镇西北大坡根一带,走向近东西,倾向南,倾角64°,该断层在晚白垩世及古新世复活较显著,构成了洪水泉凹地的南界,为一长期复活的基底断裂

续表 3-2

序号	断裂名称	断裂类型	断裂特征
17	南顶村断裂	正断层	分布于互助五峰山南顶村一带,大致呈东西向展布,倾向南,倾角80°,断层破碎带约30m,充填断层角砾和断层泥
18	五峰寺断裂带	逆断层	分布于五峰寺一带,平面上为北东-南西向的弧形,长3km,倾向北西,倾角60°,破碎带约20m,带内分布3处岩溶大泉,为控水断裂
19	五峰寺-龙口门断裂	逆断层	分布于五峰山前,北东-南西向展布,长约6km,倾向北西,倾角70°,带内分布1处岩溶大泉,为导水断裂
20	黑墩山-倒沟断裂	逆断层	沿八寺崖村南至黑墩山,近东西向,长约26km,倾向南,倾角50°,破碎带近200m,沿断裂分布岩溶泉,为控水断裂
21	娘娘山断裂	逆断层	分布于互助县娘娘山,走向北西西,倾向南西,倾角50°~70°,断裂线呈舒缓波状
22	水洞峡断裂	逆断层	分布于互助县水洞峡,呈北西西向展布,倾向北北东,倾角60°,破碎带宽约100m,地貌上反映明显
23	奎浪断裂	逆断层	分布于松多县山奎浪一带,呈东西向展布,延伸长度30km,倾向北,倾角65°,构造破碎带宽约100m
24	北岔沟断裂	平移断裂	顺北岔沟展布,走向10°~50°,倾向东南,倾角60°~70°,破碎带宽度约100m,为控水断裂
25	南天门断裂	逆断层	沿龙王山南侧呈北西向展布,长18km,倾向北东,倾角60°
26	泽林峡断裂	逆断层	沿龙王山南侧呈北西向展布,延伸14km,倾向北东,倾角60°
27	宝库河断裂	逆断层	分布于宝库河上游,呈北西向展布,延伸53km
28	包忽图河断裂	逆断层	分布于包忽图河中游以西至热水镇,倾向南西,北西展布,长14km,西端与茶拉河-热水断层会合

1. 元古宇褶皱

元古宇褶皱为区内最为古老的褶皱体系,主要由新元古界到中元古界基底褶皱组成,褶皱轴线呈北西向、北东向、东西向,总体上呈"S"形展布。

湟水流域内褶皱主要由黑山复向斜、拉脊山复向斜、花石山复向斜及东岔复背斜组成,主要地层为震旦纪以来的老变质岩,其中黑山复向斜分布于日月山地区的黑山、阿勒大湾山及本坑台一带,拉脊山复向斜主要分布于拉脊山西侧和南侧。东岔复背斜位于湟中县东岔—刘家台—山根村—窑洞村一带,由古元古界湟源群组成,包括一系列次级背斜、向斜构造,南翼由北向南依次发育有同斜向斜、背斜2个,向斜、背斜各1个,北翼倒转,复背斜轴向北西延伸,倾伏于刘家台一带。花石山复向斜位于湟中县花石山一带,由中元古界花石山群组成,由于后期断层破坏作用而呈西窄东宽的带状分布,该复向斜主要由青石坡向斜、花石山向斜和向斜间的背斜组成,长约10km。

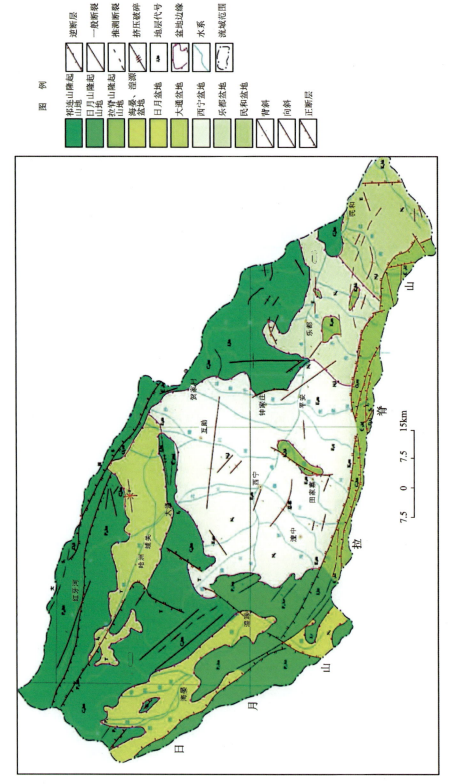

图 3-4 湟水流域构造略图 (张树恒等, 2006)

青海湖流域褶皱主要为大通山背斜,该褶皱西段北西西向延伸,而东端热水镇附近转为北西向延伸,组成褶皱带的地层主要为长城系海相泥砂质碎屑岩建造及碳酸盐岩建造,在褶皱带中有蓟县系及陆相二叠系、三叠系等。该褶皱带中断裂发育,其轴向同褶皱轴线方向基本一致,性质一般属压扭性。

2. 古生界褶皱

湟水流域古生界褶皱主要有宝库河复背斜、千沙沟背斜、大峡倒转向斜、马场山向斜、大坂山复向斜等。千沙沟背斜和大峡倒转向斜均向北倾伏,轴向近南北向,分别延伸约12km和20km,两翼倾角较缓,一般在50°左右,大峡向斜的西翼是千沙沟背斜的东翼,宽约8km。张家寺背斜、干沟寺向斜、脑沟背斜三者轴向变化一致,其中以张家寺背斜表现较为清楚,略呈"S"形,背斜往西岩体破坏,向东被覆盖,已知延伸约30km,背斜两翼近对称,倾角50°~60°,背斜北翼由于岩体的侵入保存不好,南翼宽约6km。马场山向斜位于乐都马场山—民和羊高山一带,轴线呈北西西向展布,长度约70km,南北宽约13km,其间次一级的褶皱发育,如阿夷山背斜、深沟背斜、黑泥滩背斜等。这些褶皱轴线大致为东西向,延长3~6km,两翼宽仅数百米,且常不对称。大坂山复向斜分布于大坂山山脊一带,由志留系组成,复向斜轴呈北西西向,枢纽略有起伏,由2个向斜和1个背斜组成。

青海湖流域古生界褶皱主要有青大马向斜及哈吉尔根背斜,青大马向斜分布在哈尔盖河以西青大马一带,其轴部呈北西向。组成该褶皱的地层主要为下古生界黑云母花岗岩,褶皱带中断裂发育,有北西向及北北西向两组,寒武系逆冲于二叠系之上,有破碎带,属压扭性断裂。哈吉尔根背斜位于哈吉尔根中游南,向南东至多尔盖地区,由西向东逐渐靠拢夏日格曲上游-扫迪-快尔玛向斜,其轴部总方向为北西—北西西向,遇北北西向断裂时发生明显的扭曲。核部地层大部分由奥陶系—志留系构成,仅在西部出露下二叠统,两翼主要由二叠系组成。

3. 中生界褶皱

在湟水流域内中生界褶皱主要分布在西宁市、大通县、海晏县等中-新生代盆地的边缘,由三叠系、侏罗系、白垩系组成,主要由黑岭向斜、魏家庄向斜、瓜拉河向斜、元树尔向斜、石湾向斜等构成。构造轴向一般呈北西—北西西向,继承区域老构造的展布特征,形态一般较开阔,翼部倾角50°左右。

在青海湖流域内中生界褶皱主要分布于布哈河北岸,比较典型的有夏日格曲上游-扫迪-快尔玛向斜、奥恰-阳康曲下游复向斜、扎石格玛珠-陇莫尔且弧形向斜、克塞曲环形向斜及克德陇溶向斜。向斜的核部地层为二叠系—三叠系碎屑岩或结晶灰岩,区域走向多为北西向。受断裂等影响,走向有时会发生较大的变化,譬如克塞曲环形向斜可分成北东、东、南、西4段:北东段轴线走向北西,向南东稍有倾伏;东段轴线走向南北;南段轴线走向北东;西段轴线走向北北西—南北向,向南倾伏。扎石格玛珠-陇莫尔且弧形向斜从阳康北至扎石格玛珠段,近东西走向,往东逐渐转为南东向,至多陇恰如沟口折成近南北走向,然后向南延伸,抵陇莫尔且沟南,又急转为近东西向。在靠近核部及转折端的地层中节理裂隙较发育,岩石变形破碎程度高,为地下水的径流运移、溶蚀提供了良好的条件,形成较为理想的富水区。

4. 新生界褶皱

新生界褶皱主要分布于湟水流域,比较典型的为总寨西堡向斜、双树湾向斜和湟水背斜等。

褶皱核部为古近系和新近系，受沉积环境的影响，两翼倾角不大，均小于10°，多为宽缓褶皱。

第三节　区域水文地质条件

一、地下水赋存条件及分布规律

地下水的形成分布与自然地理、地形地貌、地质构造等自然条件有着密切的关系，特别是挽近构造运动基本控制了区域地下水的赋存与分布规律。在构造隆升强烈的基岩山区赋存基岩裂隙水和冻结层上水，中-新生代坳陷盆地赋存裂隙孔隙承压水，第四纪沉降盆地和主要的河谷带状平原赋存较为丰富的孔隙潜水。各类地下水由于所处的地形、地貌部位和含水层岩性的不同，其形成、分布、富集规律不尽相同，在空间分布上呈现一定的规律性。

在海拔大于3800m以上的高山多年冻土区，广泛分布多年冻土或冻岩，在冻土或冻岩的季节性融化层中发育冻结层上水，其中基岩类冻结层上水分布更为广泛，因山区地形坡度陡，虽有良好的补给条件，但不利于地下水的赋存。在各大山间沟谷主要赋存了松散岩类冻结层上水，但是往往因沟谷沉积厚度小，含水层较薄，地形坡度陡，富水性一般。

在湟水流域北部的大坂山和大通山、南部的拉脊山以及青海湖流域的青海南山高山区，岩性以变质岩、火山岩或碳酸盐岩为主，大面积分布有基岩裂隙水或碳酸盐岩裂隙岩溶水。

按照含水介质结构的不同，基岩裂隙水又可分为层状和块状两类基岩裂隙水。在地质历史发展过程中，它们曾受到多次构造运动及不同构造体系营力的共同作用，断层及构造裂隙极为发育，为接受大气降水和冰雪融水补给创造了优越的空间条件。而在一些继承性活动断层的破碎带和影响带内，岩体的破碎程度和影响深度更大，当它们接受补给后就形成了基岩裂隙潜水。区内的侵入岩往往伴随断层构造带而发育，总体来说岩体的出露面积小，地下水的储存条件差，不利于赋存。

碳酸盐岩裂隙岩溶水主要分布和赋存于青海湖流域天峻山、扎西郡乃、沙柳河河源，湟水流域拉脊山西段北麓的青石坡、乐都区、互助县北部山区和大通县老爷山地区，主要由新元古界、古生界、中生界富含碳酸钙、镁的白云岩及白云质灰岩、灰岩、大理岩与所夹的砂板岩、页岩组成。碳酸盐岩可溶性较大，由于地下水在循环径流过程中长期溶蚀、溶滤作用，溶沟、溶隙、溶孔、溶洞等岩溶现象比较发育，为裂隙岩溶水的赋存创造了良好的条件。特别是在一些构造发育地段通常形成有水量较大，水质较好的岩溶泉或岩溶裂隙泉。

在湟水两岸的丘陵区和西宁-民和等较大的盆地内沉积了厚度不等的中-新生界碎屑岩，厚1000～3500m，它们在成岩过程中又受到燕山期、喜马拉雅期构造运动的作用，在盆地内形成宽缓的向斜构造，在盆地边缘向盆地中心的水平方向上，以及由深到浅的垂向上岩性粗细多有犬牙交错上下叠置的变化。粗碎屑组成的砾岩、砂砾岩、砂岩的孔隙发育，当地下水储存运动其间时，往往构成良好的含水层。由于孔隙的连通性较差，颗粒较细的碎屑组成的泥质岩层不利于地下水的赋存和运移，地下水富水性差，形成相对隔水层。各沉积盆地内部分有利的储水构造在当地侵蚀基准面以上，往往多被强烈发育的流水侵蚀作用破坏，尤其是在现代河流两岸的黄土红层丘陵区，原来赋存的承压自流水已转化为潜水或透水不含水层。而长期处于沉积的盆地，尤其是处于侵蚀基准面以下的盆地部分，在上覆较厚的第四系保护下，碎屑岩的储水构造保存得比较完好，往往赋存有多层承压自流水（图3-5）。

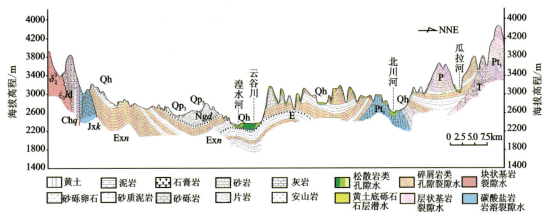

图 3-5 湟水流域西宁盆地水文地质剖面图

湟水及青海湖流域布哈河等主要河谷区广泛分布着第四系松散岩层,赋存有较为丰富的松散岩类孔隙潜水。河谷结构特征在较大程度上控制着河谷潜水含水层分布、埋藏及补给、排泄条件。受基底起伏的影响,顺河谷方向,第四系沉积厚度不一,松散沉积层较厚的地区利于地下水的赋存和富集,形成地下水富水区。由于河谷区地下水主要来自地表河水的入渗,而河水的入渗范围往往呈带状且不大,因此垂直于河谷方向往往在河漫滩、Ⅰ级阶地、Ⅱ级阶地和古河道分布区形成富水区,在山前平原以及Ⅲ级阶地虽说第四系堆积较厚,但是由于远离河床,地下水的富水性逐渐变差,部分地段的Ⅲ级阶地及山前坡、冲洪积台地甚至形成透水而不含水的疏干层。

二、地下水类型及含水岩组划分

根据地下水在介质中的赋存条件、水理性质及水动力特征,研究区内可将地下水类型划分为冻结层上水、基岩裂隙水、碳酸盐岩裂隙岩溶水、碎屑岩裂隙孔隙水及松散岩孔隙水 5 个大类和 8 个亚类(表 3-3,图 3-6)。

表 3-3 地下水类型划分表

序号	基本类型	亚类
1	松散岩孔隙水	松散岩类孔隙潜水
		松散岩类孔隙上部潜水、下部承压水双层含水岩组
2	碎屑岩裂隙孔隙水	裂隙孔隙承压水
3	碳酸盐岩裂隙岩溶水	碳酸盐岩类裂隙岩溶水
4	基岩裂隙水	层状岩类裂隙水
		块状岩类裂隙水
5	冻结层上水	松散岩类冻结层上水
		基岩类冻结层上水

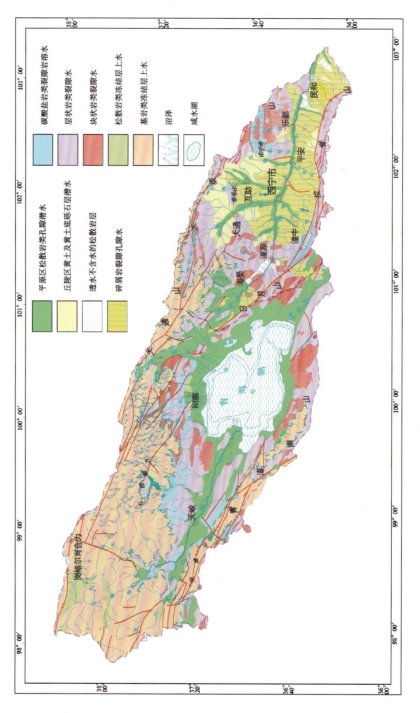

图 3-6 研究区水文地质略图

地下水富水等级主要依据单泉流量和统一口径、统一降深的钻孔涌水量（单井计算涌水量）进行划分。河谷区松散岩类孔隙潜水富水等级按统一换算成 10in 口径 5m（1in＝2.54cm）降深的涌水量划分，对于含水层厚度小于 10m 的含水层，则降深值取含水层厚度的一半；碎屑岩类裂隙孔隙承压-自流水富水等级按统一换算成 6in 口径 20m 降深的涌水量划分，当承压水头高度小于 20m 时，取实际承压水头高度（顶板以上水头高度）；丘陵区孔隙潜水、基岩裂隙水富水性等级按单泉流量和径流模数进行划分（表3-4）。

松散岩孔隙水（含黄土底砾石潜水）：河谷砂砾卵石层潜水按钻孔单井涌水量划分为 4 级，丘陵区黄土及砂砾石层潜水按单泉流量分为 3 级：①水量极丰富，$Q_{井} > 5000 m^3/d$；②水量丰富的，$1000 < Q_{井} \leq 5000 m^3/d$，$Q_{泉} > 1.0 L/s$；③水量中等的，$100 < Q_{井} \leq 1000 m^3/d$，$0.1 L/s < Q_{泉} \leq 1.0 L/s$；④水量贫乏的，$Q_{井} \leq 100 m^3/d$，$Q_{泉} \leq 0.1 L/s$。

碎屑岩裂隙孔隙水：层间承压水按钻孔单井涌水量划分为 3 级，表部风化裂隙潜水按单泉流量分为 3 级：①水量丰富的，$Q_{井} > 1000 m^3/d$，$Q_{泉} > 1.0 L/s$；②水量中等的，$100 < Q_{井} \leq 1000 m^3/d$，$0.1 L/s < Q_{泉} \leq 1.0 L/s$；③水量贫乏的，$Q_{井} \leq 100 m^3/d$，$Q_{泉} \leq 0.1 L/s$。

基岩裂隙水按单泉流量划分为 3 个富水等级：①水量丰富的，$1.0 L/s < Q_{泉}$；②水量中等的，$0.1 L/s < Q_{泉} \leq 1.0 L/s$；③水量贫乏的，$Q_{泉} \leq 0.1 L/s$。

表 3-4 富水性等级划分表

地下水类型 富水等级	松散岩孔隙水 （含黄土底砾石潜水）		碎屑岩裂隙孔隙水		基岩裂隙水	
	换算涌水量 /(m³/d)	单泉流量 /(L/s)	换算涌水量 /(m³/d)	单泉流量 /(L/s)	换算涌水量 /(m³/d)	单泉流量 /(L/s)
水量极丰富	>5000					
水量丰富	1000~5000	>1	>1000	>1	>1000	>1
水量中等	100~1000	0.1~1	100~1000	0.1~1	100~1000	0.1~1
水量贫乏	<100	<0.1	<100	<0.1	<100	<0.1

（一）青海湖流域

1. 松散岩孔隙水

青海湖流域第四系松散岩孔隙水主要集中于环湖周边的山前平原及布哈河、沙柳河、哈尔盖河等河谷平原地段。据前人资料分析，按照地下水的埋藏条件及水动力特征可分为松散岩类孔隙潜水和承压水。对于该类地下水主要依据单井计算涌水量划分富水性等级。

（1）潜水。主要分布在布哈河、沙柳河、哈尔盖河等一级支流以及次级支流的河谷地带，在环湖山前倾斜平原、山间谷地、山前坡麓地带也广泛分布，含水层厚度空间差异大。

水量极丰富区：分布于布哈河河谷中下游区。含水层岩性为上更新统及全新统冲洪积相的砂砾卵石，含水层厚20～180m，水位埋深一般小于10m，堆积较松散，透水性较好。在布哈河谷平原区中心地带，分布范围东西长61km，南北宽0.5～3km，含水层岩性以全新统砂砾卵石和中更新统泥质砂砾卵石为主，揭露厚度45.61～176.22m；在天峻县城以东一带地下水水位埋深为0.78～6.27m，以西上游一带地下水水位埋深为1.43～6.71m，单井计算涌水量5516～15 588.18m³/d（图3-7）。

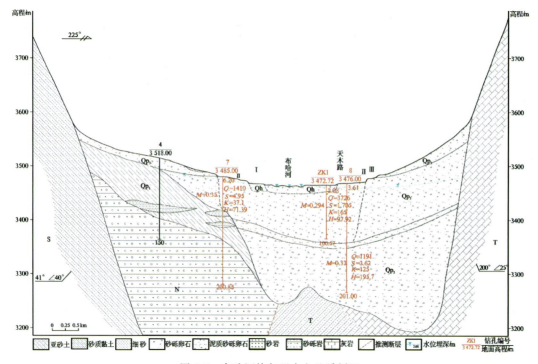

图3-7　布哈河快尔玛水文地质剖面

水量丰富区：分布于布哈河中上游河谷及其支沟河谷——阳康曲等，沙柳河、哈尔盖的河谷上游区及山前倾斜平原区。含水层主要为中更新统—上更新统灰黄色、土黄色泥质砾卵石及全新统的灰色砂砾卵石，水位埋深5～20m，含水层主要接受地表水、大气降水、冰雪融水及相邻含水层的补给。在布哈河河谷内含水层岩性为全新统砂砾卵石和中更新统泥质砂砾卵石，含水层厚度38.69～197.39m，天峻县城以东一带地下水水位埋深为1.08～15.53m，以西上游一带地下水水位埋深为1.57～10.32m，单井计算涌水量1689～4 329.1m³/d。在沙柳河河谷中下游含水层岩性为全新统砂砾卵石，含水层厚度8.72～8.97m，Ⅰ级阶地地下水水位埋深为0.52～1.88m，单井计算涌水量3769～4 584.3m³/d。

水量中等区：分布于布哈河、泉吉河、沙柳河、哈尔盖河河谷远离现代河床地带及环湖山前倾斜平原，一般宽100～2000m，岩性为上更新统及全新统的冲洪积相砂砾卵石层。该含水层厚度10～300m，含水层主要接受山区洪流渗漏补给及相邻含水层的侧向补给。

水量贫乏区：分布较小范围，主要在布哈河谷支沟及山前倾斜平原后缘呈条带状分布。岩性为上更新统洪积相砾卵石，含水层主要接受大气降水和冰雪融水的补给，补给条件较差。

(2) 潜水与承压水（双层结构）。分布于青海湖北侧大部分地区、沙柳河、哈尔盖冲洪积平原、鸟岛一带、倒淌河至海晏湾一带。表层多为全新统冲积、冲洪积相砂砾卵石，下部堆积了上更新统、中更新统冲洪积、冰碛冰水相堆积，加之近湖区上部覆盖有全新统湖相地层及沼泽淤泥沉积层，起到了相对隔水作用，使下部含水层具有承压性质。上部潜水含水层岩性为含泥质砂砾卵石及砾卵石层，主要接受大气降水及相邻含水层的补给，富水性等级为中等—丰富。

2. 碎屑岩裂隙孔隙水

青海湖流域内分布面积较小，主要见于阳康曲、夏日格曲及沙柳河山间盆地及倒淌河北侧山前倾斜平原区。区内碎屑岩主要为古近系砂岩、砂砾岩，曾多次受构造运动的作用，节理裂隙较发育，地下水储存在不同成因的裂隙中，构成复杂的层间承压水。倒淌河北侧山前倾斜平原，红层在此组成一向斜，形成红层层间裂隙孔隙储水构造。承压水顶板埋深155m，岩性为紫红色泥岩，厚度127m，单井计算涌水量一般小于1000m^3/d。

3. 碳酸盐岩裂隙岩溶水

该类水分布于布哈河、夏日格曲及峻河河谷两侧的基岩山区及橡皮山一带，岩性为中—厚层状的结晶灰岩、鲕状及角砾状灰岩夹少量砂岩、表层溶蚀洼坑、裂隙及小溶洞较发育，区内以裂隙溶孔含水为主要特征（图3-8）。

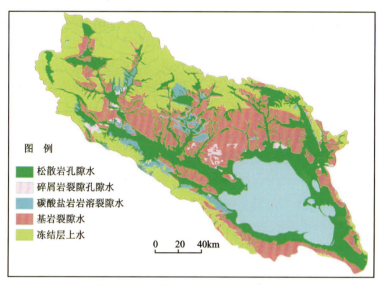

图3-8 青海湖流域地下水类型分布图

水量丰富区:主要分布在天峻县关角日吉山—天峻山、舟群乡扎西郡乃山、哈尔盖河中游东岸得勒马—宗日盖的山地前缘地段。关角山一带岩溶泉均沿断层呈串珠状出露,或沿溶蚀的岩层面和裂隙溢出,单泉流量一般在1~5L/s之间,最大的泉水流量为22.7L/s,为水量丰富地区,矿化度一般小于0.5g/L,属于HCO_3-Ca型或HCO_3-Ca·Mg型水。

水量中等区:主要分布在天峻县下唤仓北侧的山区、哈尔盖河中游右岸得勒马—宗日盖及青海南山前缘中高山,单泉流量0.11~0.68L/s。

水量贫乏区:主要分布在橡皮山等地区丘陵山地地带,以及尕日拉青海南山前缘,单泉流量一般小于0.1L/s。

4. 基岩裂隙水

该类水分布在海拔3800m以下的基岩山区,基岩裂隙水的赋存与分布主要取决于构造裂隙和风化裂隙的发育程度以及补给条件。研究区多次受构造运动和基岩风化作用的影响,根据含水介质及构造分为层状岩类裂隙水与块状岩类裂隙水。

(1)层状岩类裂隙水:主要分布于布哈河北侧、沙岛北东侧、刚察县北侧以及哈尔盖河西岸中高山区,含水层岩性主要为志留系、二叠系、三叠系的砂岩、板岩等。按照泉流量差异主要为水量丰富区和水量中等区。水量丰富区分布面积小,仅在天峻山、布哈河北区山区及沙柳河沟脑地段分布。单泉流量一般大于1 L/s。主要接受大气降水、冰雪融水的补给及相邻含水层的补给。水量中等区分布于青海南山及布哈河、沙柳河、哈尔盖河两侧山区,分布面积广,岩性为二叠系、三叠系砂岩,裂隙较发育,单泉流量在0.1~1L/s之间,矿化度小于0.5g/L,水质较好。

(2)块状岩类裂隙水:水量丰富区主要分布在青海南山、吉尔孟中高山、刚察县县城北部中高山区,单泉流量一般1.40~2.97L/s;水量贫乏区分布在湖东侧的日月山一带,单泉流量一般在0.1~1L/s之间。

5. 冻结层上水

松散岩类冻结层上水分布于哈尔盖河上游沟脑、沙柳河上游的恰豁洽夯果一带、阳康曲、夏尔格曲及希格尔曲上游及其支沟中,海拔多在4000m以上,含水层主要为第四系中-上更新统冰水积与洪积(Qp_{2-3}^{fgl+pl})砂砾卵石,厚度与富水性受季节性融冻深度的控制,厚度一般小于1m,水位埋深一般1~2m,并以多年冻土层为隔水底板,接受大气降水、地表溪水及基岩类冻结层上水的补给。夏季由于冻结层上水溢出,在地形低洼的沟谷、洼地及沟脑地带,常常水泽连绵,形成沼泽与积水洼地。出露的泉水流量不稳定,一般6—9月份较大,11月至翌年4月份含水层全部冻结呈固体状态,单泉流量一般均小于1.0 L/s。

基岩类冻结层上水广泛分布于冻土(岩)区,分布于青海湖流域的北侧及西南侧的山区,海拔在3950m以上,含水层岩性有奥陶系砂岩、板岩,志留系砂岩、片岩,石炭系砂岩,二叠系、三叠系砂岩、灰岩等。由于长期的冻融侵蚀以及构造运动作用,岩层构造裂隙与风化裂隙发育,是地下水储存的良好空间,丰水季节降水充沛,补给条件好,基岩冻结层上水较为发育。该类型地下水赋存于季节性融化层中,含水层厚度较薄,一般1m左右,受季节变化影响比较明显,一般存在于 5—9 月份,11 月至翌年 4 月份含水层全部冻结或干涸,单泉流量大多在 0.1~1L/s 之间,也有部分地区补给条件较好,流量大于 1L/s(图 3-9)。

(二)湟水流域

1. 松散岩孔隙水

(1)河谷区砂砾卵石层潜水。河谷区松散岩类孔隙潜水呈条带状广泛分布于河漫滩及Ⅰ级阶地、Ⅱ级阶地、Ⅲ级阶地及古河道砂砾卵石层中。Ⅲ级及其以上高阶地由于受河水强烈侵蚀,储水构造普遍遭到破坏,成为弱含水层或透水不含水层。湟源峡上游含水层底板多为元古宇变质岩,湟源峡下游基本以古近系(E)或新近系(N)砂砾岩或泥岩为隔水底板和隔水边界。

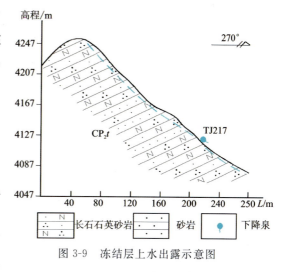

图 3-9 冻结层上水出露示意图

河谷区潜水含水层主要由全新统冲积物、冲洪积物和上更新统冲洪积物组成,地貌上属于河谷平原各级阶地及山前洪积台地。潜水含水层普遍具有双层结构,上层为冲积砂卵砾石,厚度 15~20m。一般为灰白色、浅灰绿色,最大砾径 30cm 左右,一般粒径 5~15cm,含量 70%~80%,砂含量 15%~25%,以中粗砂为主,泥含量 5% 左右。岩石成分以石英岩、花岗岩为主,砂岩、片麻岩次之。下层为含泥质砂砾石,厚度 15~25m,深绿色,砾石风化严重,成分以石英岩、花岗岩为主,砂岩、片岩次之,砾石占 70%,砂占 20%,泥含量 10% 左右。

含水层在河谷中分布宽度因地而异,一般 300~500m,宽者可达 1~3km,其岩性以冲、洪积砂砾卵石为主,透水性好,富水性强。含水层厚度一般取决于第四系厚度、潜水的补-径-排条件及河谷基底的起伏形态、古河道变迁等因素,在河谷纵向及横向上不同地段相差悬殊。在平行河谷方向,受制于河谷基地形态,基底隆起地段含水层较薄,而在相对凹陷地带含水层较厚,如湟水河谷扎麻隆至黑嘴段基底凹陷,砂卵砾石层厚度 40m 左右,往东至三其村附近受基底隆起含水层厚度变薄,约为 10m。再如西纳川河谷拦隆口至千户营一带存在跌水陡坎,含水层沉积厚度从 20m 增加到 55m 左右。千户营以下的河谷区,含水层底部坡降 5‰~8‰,略小于地形坡降,含水层厚度逐渐变薄,至指挥庄一带,由于河谷宽度变窄,地下水开始泄出转化为地表水。在垂直于河谷方向上,由现代河床到河谷两岸,整体表现为含水层厚度逐渐变薄,潜水埋深逐渐增加。

由于沉积环境不同,不同地貌部位含水层中泥质含量多少存在差异,在一定程度上会影响含水层的透水性能,一般情况下,泥质含量高其渗透系数较小,而泥质含量低则其渗透系数较大。河谷潜水富水性主要取决于含水层岩性、透水性、含水层厚度和补给条件等因素的综合影响。湟水一些较大支沟如北川、沙塘川、南川及西纳川的中部或古河道内,透水性较好,渗透系数在 100~200m/d 之间,最大可达 400m/d 以上,而在河谷边缘和一些较小的支沟内,由于泥质含量高、含水层薄,其渗透系数一般小于 20m/d。

水量极丰富区:湟水干流上游的海晏县金银滩和马匹寺一带的河漫滩和Ⅰ级阶地、Ⅱ级阶地,含水层岩性均为第四系砂砾卵石层,含水层渗透性能好,厚度大,潜水资源丰富,地下水主要接受河水和地下径流补给;水位埋深0.34~12.7m,一般小于10m,含水层厚10~27m,计算单孔涌水量大于5000m³/d,矿化度一般小于0.5g/L,水化学类型一般属于HCO₃-Ca型或HCO₃-Ca·Mg型。湟水上游青稞滩岳拖滩至哈勒景村山前倾斜平原中部含水层岩性为砂砾卵石及含泥质砂砾卵石,地下水大量接受出山口河水的渗漏补给,水位埋深1.24~34.54m,含水层厚度39.93~67.27m,单井计算涌水量为5575~10 572.6 m³/d,矿化度一般小于0.5g/L,水质好。

水量丰富区:主要分布于湟水青稞滩、湟源峡谷、多巴—大堡子的河漫滩至Ⅱ级阶地范围内,含水层为松散砂砾卵石层。地下水主要接受湟水两岸较大支沟地下水的径流补给(图3-10)。

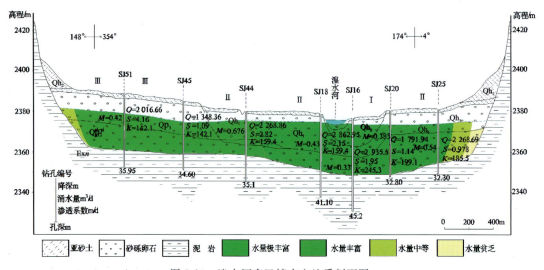

图3-10 湟水河多巴镇水文地质剖面图

湟水青稞滩东部含水层为全新统及中更新统的冲洪积泥质砂砾卵石,呈南北向条带状展布,南北长11.5km,东西宽1.5~3.0km。水位埋深3.4~57.31m,水位埋深自山前至沼泽边缘呈递减趋势;含水层厚度19.01~131.28m,单井计算涌水量为1466~2919m³/d,矿化度0.2~0.34g/L,水质好。

湟水多巴—大堡子段含水层厚度11.9~17.9m,地下水水位4.2~9.65m,降深1.09~2.82m时,涌水量1 348.4~2 268.9m³/d,计算涌水量2 215.3~4 906.3m³/d。水化学类型为HCO₃-Ca·Mg、HCO₃·SO₄-Ca·Mg型,矿化度0.52~0.63g/L,水质良好。

水量中等区:在湟水河谷区均有分布,主要集中于水量极丰富地段或水量丰富地段外围的河漫滩和阶地以及各支沟沟口处(图3-11),含水层为松散砂砾卵石层,厚度多小于10m,单井计算涌水量100~1000m³/d。

水量贫乏区:主要分布于湟水河谷Ⅱ级阶地后缘、Ⅲ级阶地及坡洪积扇前缘地带。这些地段含水层透水性因地而异,泥质含量是决定含水层渗透性的主要因素,季节性流水是该地段地下水的主要补给来源,水位埋深在不同地貌部位有所不同,一般小于10m。

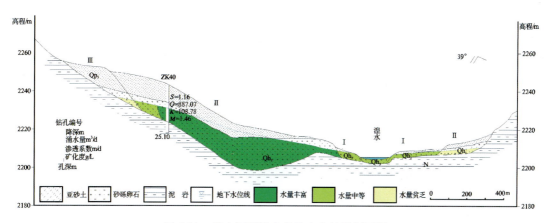

图 3-11　湟水河西宁火车站水文地质剖面图

此外在湟水一些较大支沟如北川、南川及西纳川的中部或古河道内,透水性较好,渗透系数在 100~200m/d 之间,最大可达 400m/d 以上,而在河谷边缘和一些较小支沟内,由于泥质含量高、含水层厚度薄,其渗透系数一般小于 20m/d。在补给条件相似或相近的条件下,在含水层厚度较大的北川河石家庄、长宁堡以及西纳川河丹麻寺等地段,富水性强,地下水量极丰富或丰富,这些地段含水层厚度一般在 10~30m 之间,最大可达 50~60m;而含水层厚度较薄的南川河以及其他湟水支流则多为水量中等—贫乏,含水层厚度大多不足 10m,但也有含水层厚度小而水量较大的个别地段(图 3-12~图 3-14)。

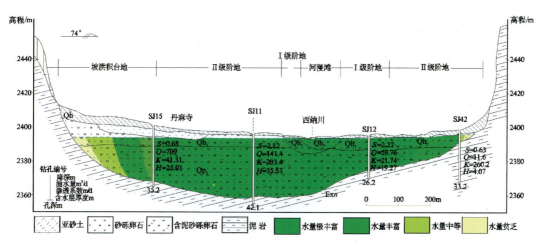

图 3-12　西纳川河丹麻寺水文地质剖面图

(2)丘陵区黄土底砾石层潜水。湟水流域广泛出露黄土及其底砾石层,以湟水河谷两侧低山丘陵区分布最为集中,但就其富水性而言却存在很大差异。一般情况下,靠近支沟上游地区地形侵蚀较弱,地层连续,降水量相对较大,潜水分布基本上呈较大面积的连续状态;而沟谷中下游地段,由于强烈的冲刷作用,支沟发育,地形破碎,水土流失严重,对潜水含水层的破坏程度加剧,特别是在梁峁低山丘陵区,由于沟谷已切割到红层而成为透水不含水层,潜水仅存于沟谷内零星分布且厚度有限的砂砾卵石层中(图 3-15)。

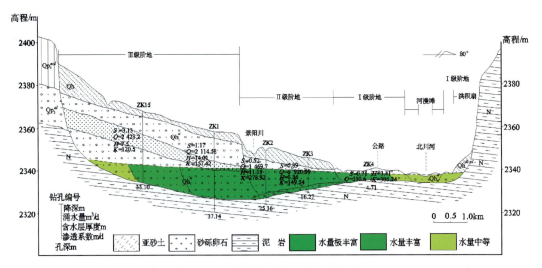

图 3-13　北川河长宁堡水文地质剖面图

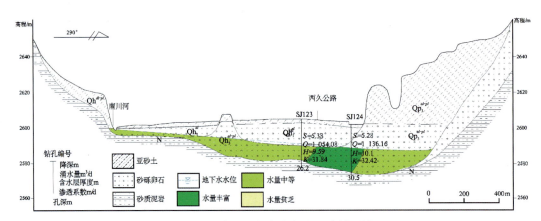

图 3-14　南川河祁家庄水文地质剖面图

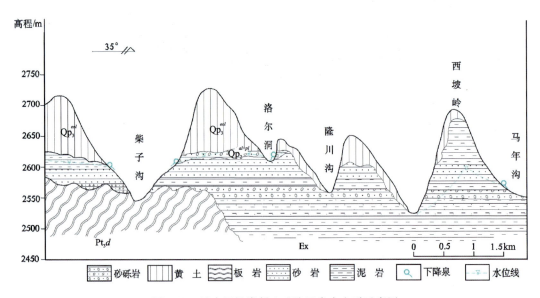

图 3-15　湟水河梁峁低山丘陵区泉水出露示意图

黄土底砾石含水层岩性主要由中更新统冰碛冰水沉积的砂砾卵石和泥质砂砾卵石组成,由于泥质含量高,砾石分选性和磨圆度较差,结构紧密且具微胶结,含水层透水性能极差,加上沟谷深切,致使含水层呈不连续的岛状分布,厚度差异也较大,一般3~5m,厚者达8~10m。沟谷中下游地段由于河流深切,潜水多出露在底砾石层与红层接合部,泉水流量一般小于0.1g/L。由于受补给条件和径流长度的影响,黄土底砾石潜水水质从盆地边缘到盆地中心逐渐变差,矿化度由小于1g/L变为大于1g/L,大者接近10g/L(图3-16)。

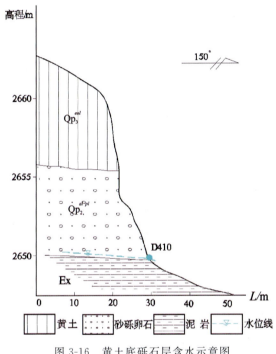

图3-16 黄土底砾石层含水示意图

2. 碎屑岩裂隙孔隙水

(1)碎屑岩类孔隙裂隙潜水。广泛分布于湟水及其各大支沟两岸的丘陵区谷坡带,含水层岩性主要为白垩系、侏罗系、古近系、新近系的砂岩、砂砾岩,富水性较差,仅在局部补给条件较好的小范围强风化层中含微弱的裂隙潜水,但富水性差,泉水流量小于0.1L/s,水质极差。

(2)碎屑岩类裂隙孔隙承压自流水。广泛分布于各个相对独立的断陷盆地内,盆地内沉积着厚逾千米的中新生界侏罗系、白垩系,新生界古近系、新近系泥岩、砂岩、砂砾岩等碎屑岩。日月山盆地以砾岩含水层为主,大通河盆地则以三叠系、侏罗系砂岩为主;西宁盆地、乐都盆地、民和盆地以古近系—新近系砂砾岩为主,在各盆地四周零星分布着三叠系、中下侏罗统及下白垩统含水岩组。地层岩相的水平变化由盆地边缘到盆地中心岩性颗粒由粗变细,在垂向上有粗细的相变和叠置。这些粗颗粒的砂岩、砂砾岩以及它们的褶皱断裂构造裂隙为裂隙孔隙水的储存提供了空间条件,构成了承压自流盆地。

以研究程度较高的西宁盆地为例,盆地内在垂向上200～800m深的钻孔中揭露出多层承压自流水,其中顶板埋深小于200m的承压自流水,水量中等（100～1000m³/d）—贫乏（<100m³/d）,为淡水或微咸水;顶板埋深大于200m的承压自流水,水量贫乏（<100m³/d）。在水平方向,自盆地边缘向盆地中心由矿化度低的淡水逐渐过渡为高矿化度的咸水,在西宁地区越接近盆地中心水质越差,水化学类型由HCO_3-Na·Ca型过渡为SO_3-Na型,水量也由小变大,即单井涌水量由盆地边缘的小于10m³/d过渡为盆地中心的100～1000m³/d。有资料表明西宁盆地西部和西南部承压自流水多为淡水,东部和中部主要为咸水,其分界线大致以云谷川和海子沟为界。

3. 碳酸盐岩裂隙岩溶水

该类水主要分布于拉脊山中、西段和大坂山东段中高山区。区内碳酸盐岩裂隙岩溶水含水层为中元古界蓟县系花石山群克素尔组,岩性为结晶灰岩、白云质灰岩、大理岩及所夹的砂质板岩、千枚岩等。中寒武统毛家沟群白云岩、灰岩、结晶灰岩夹斜长玄武岩、硅质岩。碳酸盐岩的可溶性较大,地下水在循环径流过程中的长期溶蚀、溶滤作用,致使溶沟、溶隙、溶孔、溶洞、构造裂隙等岩溶现象比较发育,特别是断裂破碎带尤为发育,为裂隙岩溶水的赋存创造了良好的条件,形成的岩溶大泉流量可达10L/s以上,矿化度小于0.5g/L,属HCO_3-Ca·Mg型水。

4. 基岩裂隙水

(1)层状岩类裂隙水。

水量丰富区:主要分布于拉脊山北坡基岩山区、大坂山南麓的互助县龙王山南坡、湟源县北山、海晏县牛头山以及包忽图河上游达尕日当一带。这些地区均属中高山区,地质构造复杂,褶皱断裂和节理裂隙发育,降水丰沛,为基岩裂隙水的赋存创造了条件;从地层岩性及构造条件上看,裂隙水多富集于侵入岩接触带、岩脉、向斜、背斜储水构造或由隔水层阻水作用形成的储水构造内,单泉流量大于1.0L/s,水化学类型简单,多为HCO_3-Ca或HCO_3-Ca·Mg型,矿化度小于0.5g/L。

水量中等区:主要分布在拉脊山东段、湟源县城北部山区、娘娘山北坡、宝库河两侧山区、西纳川、黑林河、东峡河中上游地带的中高山地区。这些地区山体多被沟谷切割,汇水面积较小,大气降水多以地表径流的方式汇入沟谷流出山区,不利于地下水的富集,虽然泉水出露较多,但流量较小,水质一般较好,矿化度小于0.5g/L,属HCO_3-Ca或HCO_3-Ca·Mg型水。

水量贫乏区:主要分布于乐都区、民和县北部山区,湟源县北山南坡以及各个盆地的中山区。这些地区山势低缓,沟谷深切,地形破碎,含水层零星出露,不利于地下水赋存。加之降水量稀少,地表植被不发育,涵养水分能力差,补给量严重不足,导致泉水出露较少,单泉流量多小于0.1L/s,水量贫乏。有些地段地下水已被疏干,无泉水出露。

(2)块状岩类裂隙水。

水量中等区:分布于拉脊山东段北坡、乐都引胜沟仓家峡、湟源巴燕峡、西纳川中游及宝库河上游等地。含水层岩性主要接受大气降水补给,一般单泉流量小于1.0L/s,矿化度小于

$1g/L$,水化学类型以 HCO_3-Ca 型或 HCO_3-Ca·Mg 型为主。

水量贫乏区:主要分布于乐都北部中山区、湟水峡谷隆起地带、湟源北山及大坂山南坡等地。含水层岩性为花岗岩、花岗闪长岩,因岩体零星出露泉水极少,单泉流量均小于 $0.1L/s$,水化学类型为 HCO_3·Ca 型,矿化度小于 $0.5g/L$。

5. 冻结层上水

冻结层上水分布范围很小,主要集中在海拔 $3800m$ 以上基岩山区沟脑及分水岭一线,在拉脊山顶部的八宝山、拉脊山口、青阳山至花石山、日月山、海晏牛头山、湟中县娘娘山至互助县北部龙王山一带分布较为集中。冻结层上水主要赋存于前第四纪各时代的古老变质岩和侵入岩中,富水性主要取决于所处地貌部位和接受大气降水补给的能力,根据冻结层上水富水性按单泉流量可划分为两级,即 $>1L/s$ 和 $<1L/s$。冻结层上水水质一般较好,矿化度多小于 $0.5g/L$,水化学类型以 HCO_3-Ca 型和 HCO_3-Ca·Mg 型为主。

三、地下水补给、径流、排泄条件

青海湖流域及湟水流域内各个盆地均独自形成了从补给、径流到排泄比较完整的水文地质单元。总体来看,流域内的地下水补给源均为大气降水,降水量的多少在一定程度上决定着地下水的富水程度,只是在地下水循环交替地过程中,不断由入渗到泄出的多次转换,加之地形、地貌和地层岩性的差异,使地下水呈现出多种类型,而地下水的补给、径流和排泄特征在不同地区表现形式各不相同(图3-17)。

1. 山区地下水的补给、径流和排泄

山区的大气降水、冰雪融水通常以风化裂隙、构造裂隙作为主要通道,渗透于基岩层间,形成基岩裂隙水。在海拔 $3800m$ 以上的基岩山区由于岛状多年冻土的分布,发育冻结层水。地下水在接受大气降水和消冰融雪补给后,经过短暂的径流汇集,以泉的形式排泄于沟谷中,或通过断裂以上升泉的形式溢出,汇成地表径流流出山区,部分以地下径流的方式补给基岩裂隙水。地下水受季节性控制明显,雨季交替循环积极,泉水较多,水量较大,旱季泉水水量小,甚至枯竭。

中高山区的基岩裂隙水和碳酸盐岩裂隙岩溶水在接受补给后沿构造裂隙运移,在遇到向斜构造或阻水断裂时地下水富集,这些向斜构造或阻水断裂便成为储水构造。在侵蚀基准面以上由于水文网的强烈切割,地下水径流途径变短,地下水以泉的形式向沟谷泄出,侵蚀基准面以下则通过断裂带以上升泉的形式溢出地表,部分通过基岩与碎屑岩接触面以隐蔽的方式补给碎屑岩承压水。

在湟水流域各盆地中部丘陵区黄土及黄土底砾石层中的松散岩孔隙潜水,主要接受大气降水的入渗补给,部分地段也接受基岩山区裂隙水的补给,由于区内松散岩层大多被切穿,地下水主要赋存于靠近梁峁顶部、地势低洼的冲沟沟脑的沟槽坑洼地区以及有利于降水积存的沟槽、坑洼地段;以丘陵区支沟之间的地表分水岭为界,分别向两侧经过短暂的径流就地排泄,绝大部分消耗于蒸发,少量在沟底汇集后向下游排泄。

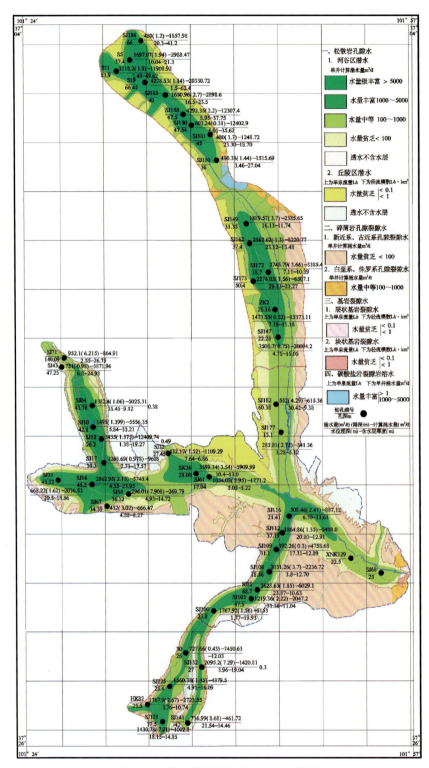

图 3-17 湟水流域西宁盆地水文地质图

2. 河谷区地下潜水补给、径流和排泄

河谷区潜水主要接受河水渗漏补给和基岩山区、丘陵山区侧向补给，另外在部分地段还接受大气降水入渗补给，以及渠道水渗漏和农田灌溉水入渗补给。河谷潜水含水层岩性以松散的砂砾卵石和泥质砂砾卵石层为主，潜水的径流条件受制于河谷区地形、地貌、地层岩性以及基底起伏形态和水力坡度。河谷潜水与河水之间互为补给和排泄，转换频繁，关系密切。研究区内支流众多，分布密集，由于沟谷大小不一，各支沟地下水的补给、径流和排泄关系，松散物质堆积厚度不同等原因而存在较大差异性。同处一个水文地质单元的河流，地下水的补给主要取决于河水流量的大小，而河水流量又取决于上游山区汇水面积和降水量的大小，不同地段由于受地形地貌、沟谷宽度、含水层厚度、基底起伏形态以及水力坡度等因素影响，地下水的补给与排泄转换频率各不相同。

第四章 岩溶发育及分布规律

自然界中的可溶岩按照成分可划分为碳酸盐类可溶岩、硫酸盐类可溶岩和氯盐类可溶岩，其中碳酸盐类可溶岩主要为石灰岩、白云岩、大理岩等，硫酸盐类可溶岩主要为石膏、硬石膏、芒硝等，氯盐类可溶岩主要为盐岩、钾石盐和光卤石等。由于研究的岩溶水主要赋存于碳酸盐类可溶岩中，因此本次研究即为石灰岩、白云岩、大理岩等碳酸盐类可溶性岩石的溶蚀与富水性研究。

第一节 碳酸盐岩沉积历史

碳酸盐岩作为可溶岩类岩石，属于沉积岩的一个种类，在自然界中普遍存在。现有区域地质资料表明，研究区除志留纪未见明显的碳酸盐岩分布外，古元古代—中生代早期各时代地层均有不同规模的碳酸盐岩分布。根据前人资料，古元古代时期包括湟水流域和青海湖流域的整个青海东北部可能属于陆缘海的面貌，当时海域相对平静，缓慢接受着远源细粒碎屑物沉积，间有少量碳酸盐岩带和火山岩。自北向南形成的托赖岩群、湟源群、化隆岩群实际上并无显著的差异。约 1900Ma 研究区内发生了湟源运动，使得海水向西南方向的柴达木一带退缩，牵动祁连山地区抬升，并使得该地区托赖岩群、湟源群、化隆岩群变质形成混合岩、片麻岩、大理岩，同时也使得该时期内碳酸盐岩地层的占比仅为 10% 左右，且在走向上不连续，呈透镜状分布，最大厚度在 100m 左右（图 4-1）。

中元古代长城纪时期，祁连山地区重新下沉，海水向北扩展到疏勒南山，形成陆缘海，以近岸碎屑岩沉积为主，局部间有少量碳酸盐岩沉积。岩性以结晶灰岩为主，呈夹层或透镜状分布，最大厚度为 340m，地层中占比为 30% 左右。进入蓟县纪后，祁连山地区地壳再次重新沉降，海水进入，中祁连山北部以浅海-滨湖相为主，海域仍比较平静，水动力不强，镁质和镁质碳酸盐岩普遍发育。疏勒南山以沉积镁质碳酸盐岩为主，湟源以白云质为主。区内地层主要为北祁连的花儿地组、南祁连的花石山群，皆为碳酸盐岩沉积，是区内碳酸盐岩最为发育的地层之一。

古元古代时期，受托勒南山运动影响，湟水流域地壳再次上升，直至青白口纪海域收缩到祁连山西段，在青海湖流域的残海中沉积了其他大坂组、龚岔群及龙口组碎屑岩、碳酸盐岩建造，其中互助县龙门口一带是区内以白云岩为主的碳酸盐岩集中发育区。

古生代早寒武世晚期，海水从东北和东南两个方向进入北祁连山海槽和拉脊山海槽，并漫过了中祁连山东部，分别沉积了黑茨沟组、深沟组以碎屑岩夹碳酸盐岩建造。但是碳酸盐

图 4-1 青海省蓟县纪—待建纪岩相古地理图(祁生胜等,2019)

岩在地层中占比较少,平均不足 5%。晚寒武世—奥陶纪,研究区内基本上继承了中寒武世的沉积特点。早志留世,南、北祁连山重新转为海侵,海水向南退缩,表现为南祁连山形成广阔的扩展海,海盆快速堆积了巨厚的陆缘复理石碎屑岩系,碳酸盐岩绝迹。晚志留世末期,整个祁连山地区全面抬升,因而缺失顶志留统及下中泥盆统相关的沉积作用记录。晚泥盆世,祁连山总体上表现出进一步隆升的剥蚀状态,局部形成的山间盆地,堆积了山麓相磨拉石层系,碳酸盐岩分布稀少。区内代表性地层为老君山组、阿木尼克组。早石炭世开始,祁连山地区又一次发生海侵作用,海水沿四面八方不规则通道分别进入党河南山、土尔根大坂一带,分别沉积了臭牛沟组、党河南山组、土尔根大坂组等以碳酸盐岩为主体的沉积建造。到晚石炭世时,祁连山地区进一步沉降,海水加深,进入到陆表海沉积期,碳酸盐岩建造增多。区内代表地层有羊虎沟组及果可山组。二叠纪祁连山海盆向南迁移至阿尼玛卿一带,残留海湾沉积了以碎屑岩为主夹少量碳酸盐岩建造,碳酸盐岩含量占比不足 20%。在宗务隆山一带碳酸盐岩分布相对较多,占比可达 70%,代表性地层为格曲组。

中生代早-中三叠世,研究区基本继承了二叠纪的水陆状态,陆源碎屑岩增多,碳酸盐岩沉积减少,在祁连山表现为造陆运动,使得海盆向中南祁连收缩,沉积了以滨海-浅海相的碳酸盐岩为主的郡子河群。晚三叠世,整个祁连山乃至宗务隆山海水全面退出,河流、湖泊发育,进而沉积了南营儿组、默勒群及鄂拉山组山麓-河流相—湖泊相的含煤碎屑岩建造。晚三叠世末期,印支运动发生,使青海省东北部地区全面进入到陆内发展演化阶段,以后再未出现规模较大的碳酸盐岩沉积过程(图 4-2)。

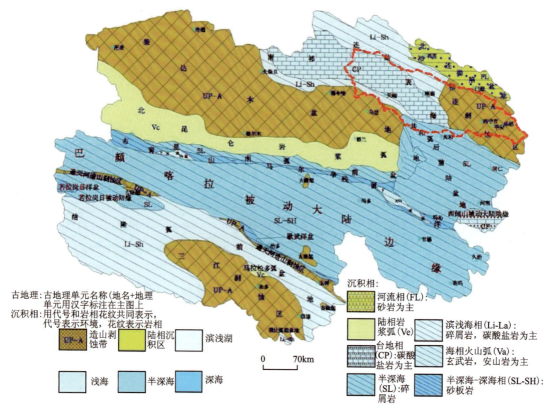

图 4-2 早-中三叠世岩相古地理图(祁生胜等,2019)

第二节 碳酸盐岩地层的分布

在漫长的地质演化历程中,受沉积环境的影响,不同流域的碳酸盐岩沉积形成时代不同,岩性也不尽相同。根据前人开展的区域地质工作,湟水流域的碳酸盐岩主要由元古界的白云岩或大理岩、蓟县系白云岩、白云质灰岩夹角砾状结晶灰岩及长城系结晶灰岩及少量的寒武系结晶灰岩组成;青海湖流域则主要由二叠系灰岩、生物碎屑灰岩、泥灰岩,三叠系灰岩、角砾状灰岩、生物碎屑灰岩及蓟县系白云岩、白云质灰岩等组成。各类碳酸盐岩出露的总面积约为 6509km^2,占研究区总面积的 14.4%(图 4-3)。

一、早元古代

早元古代沉积的碳酸盐岩主要以湟源群刘家台组($Pt_1 l$)为主,主要分布于湟水流域宝库河上游、湟水大峡一带,出露面积大致为 104km^2。根据东岔沟典型剖面,主要地层由上至下可以分为 5 层,依次为:

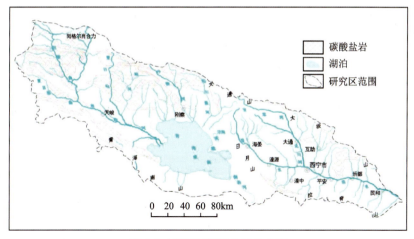

图 4-3 研究区碳酸盐岩分布图

5. 灰白色—深灰色中厚层—块层状,中粗粒不纯大理岩　　　　　　　　　　108.72m
4. 灰黑色含碳质白云母石英片岩或含碳质云母石英片岩　　　　　　　　　263.56m
3. 含碳质石英白云母片岩或含碳质石英二云母片岩　　　　　　　　　　　128.9m
2. 灰色含碳质石英绢云母片岩夹少量灰黑色含碳质云母石英片岩　　　　　364.27m
1. 含碳质石英二云母片岩夹大理岩透镜体(未见底)　　　　　　　　　　＞325.58m

碳酸盐岩主要位于该套地层的上段,岩性为较为单一的中粗粒、中厚层状不纯的大理岩,厚度为 108m,下部为石英片岩,厚 1100m 左右,碳酸盐岩与非碳酸盐岩的厚度比大致在1∶10。

二、长城纪

长城纪沉积的碳酸盐岩主要为湟中群青石坡组(Chq),主要分布于湟中大石门沟、小石门沟、白石头沟中游地带和拉脊山北坡一带,呈近东西向条带状展布,出露面积大约 58km²。根据青石坡典型剖面,碳酸盐岩主要间夹于该套地层的中上部,厚度为 81m,岩性为千枚状结晶灰岩,其顶部及底部均为千枚岩,厚度为 330m,碳酸盐岩与非碳酸盐岩的厚度比大致在 1∶4。

三、蓟县纪

蓟县纪沉积的碳酸盐岩包含了花石山群克素尔和北门峡两组,大体上以白云岩和灰岩为主,岩石质地较纯,是青海东部白云岩矿和石灰岩矿的主要含矿层位,也是湟水流域岩溶发育的主要层位。其中,北门峡组(Jxb)碳酸盐岩主要分布于刚察县赞宝化久山、马老得山、茶拉河西一带和湟中花石山地区,出露面积约 134km²。据北门峡典型剖面,地层基本以厚层—块状白云岩为主,夹少量的燧石条带,仅底部为千枚状泥质结晶灰岩或千枚岩。

克素尔组(Jxk)碳酸盐岩主要分布于拉脊山北坡、大通老爷山至互助县南门峡及松多等地,出露面积约 701km²。据北门峡典型剖面,地层岩性为中厚层—块状白云质结晶灰岩,仅底部为千枚状泥质结晶灰岩或千枚岩(图 4-4)。

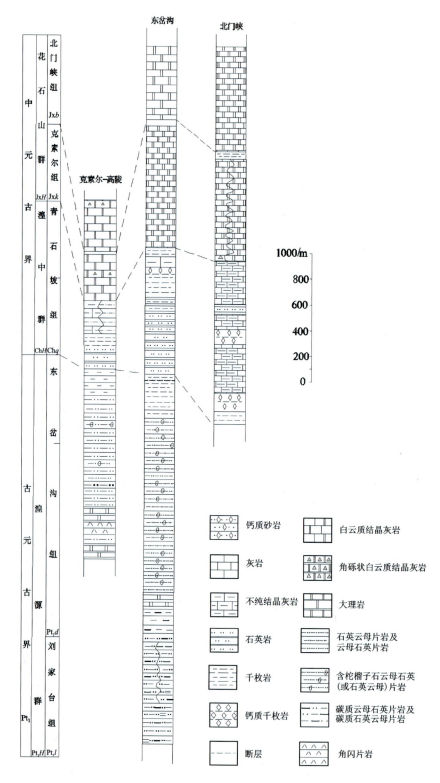

图 4-4 元古界典型碳酸盐岩结构

(据 1:20 万西宁幅、乐都幅区域地质调查报告修改,1984)

北门峡组(Jxb)厚度	>860.64m
13.灰色条带状白云岩(未见顶)	>135.51 m
12.灰白色厚层—块层状白云岩,部分具条带状构造,局部含燧石条带	312.56m
11.灰色—灰白色厚层—块层状白云岩	369.25 m
10.灰色—灰黑色千枚岩夹千枚状泥质结晶灰岩	43.32m

———————————整合———————————

克素尔组(Jxk)	厚度 1 577.18m
9.灰色—深灰色厚层—块层状白云质结晶灰岩	31.02m
8.灰白色大理岩化白云质结晶灰岩	65.53m
7.深灰色—黑灰色中厚层状白云质结晶灰岩	240.10m
6.深灰色厚层—块层状白云质结晶灰岩	307.01m
5.灰色—深灰色薄层—厚层状白云质结晶灰岩,底部见厚约5m的灰褐色、淡紫色角砾状灰岩	87.53m
4.千枚状泥质结晶灰岩夹薄层灰岩及钙质千枚岩	845.00m

··············平行不整合··············

下伏地层:青石坡组银灰色—深灰色千枚岩,其中夹有凸镜状薄层石英岩。

四、寒武纪

寒武纪沉积的碳酸盐岩以黑茨沟组($\in_2 h$)为主,主要分布于大通县毛家沟一带,出露面积大致为28km^2。根据毛家沟典型剖面,由上至下可以分为5层,依次为:

5.黑灰色灰岩夹玄武岩	170m
4.斜长玄武岩	127m
3.硅质灰质白云岩、含燧石条带	250.7m
2.灰白色—黑灰色白云岩	520.5m
1.深灰色砾岩	5.2m

该沉积基本为厚层—块状的白云岩,总厚度可达1073m,在上部夹127m厚的玄武岩,底部为6m厚的砾岩,碳酸盐岩与非碳酸盐岩的厚度比大致为7∶1(图4-5)。

五、二叠纪

二叠纪的碳酸盐岩以巴音河群草地沟组($P_{1-2}c$)为主,主要分布于青海湖流域沙柳河刚察大寺、布哈河草地沟一带,出露面积大致为432km^2。天峻县忠什公典型剖面由上至下可以分为6层,依次为:

6.灰色、灰绿色巨厚层粉砂岩、泥质粉砂岩	58.7m
5.灰黑色页岩夹粉砂岩、生物灰岩	48.1m
4.深灰色巨厚层生物碎屑灰岩	47.5m
3.灰色厚层细粒石英砂岩、细砂岩,偶夹灰岩	30.1m

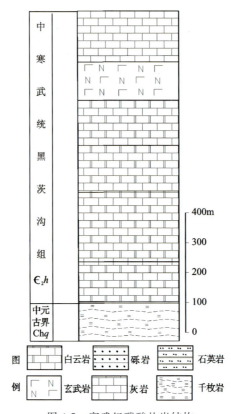

图 4-5 寒武纪碳酸盐岩结构

(据 1∶20 万湟源幅区域地质调查报告修改，1984)

2. 紫红色厚层中细粒石英砂岩、粉砂岩及厚层砂质生物碎屑灰岩　　　　　　　　66.8m

1. 灰色厚层生物灰岩　　　　　　　　20.6m

总体来看，该套地层中碎屑岩与灰岩互层，其中上部粉砂岩和页岩厚约97m，中部的生物碎屑灰岩为厚层状，厚度47m，下部石英砂岩、粉砂岩厚约96m，底部为厚约20m的生物碎屑灰岩，碳酸盐岩与非碳酸盐岩的厚度比大致在1∶3。

六、三叠纪

三叠纪的碳酸盐岩以郡子河群大加连组（$T_{1-2}d$）和江河组（$T_{1-2}j$）为主，主要分布于青海湖流域天峻县北部及青海南山一带，面积约 5052km²。据天峻县下唤仓大加连沟典型剖面，该套地层大致可以分为33层，依次如下：

33. 灰色巨厚—厚层灰岩，深灰色厚层灰岩及生物灰岩　　　　　　　　27.17m

32. 深灰色厚层灰岩　　　　　　　　30.66m

31. 灰色巨厚—厚层含生物碎屑灰岩　　　　　　　　43.71m

30. 灰色—深灰色厚层—巨厚层鲕状灰岩及条带灰岩　　　　　　　　18.28m

29. 浅灰色—灰色巨厚层鲕状灰岩　　　　　　　　65.32m

28. 浅灰色巨厚层生物灰岩　　　　　　　　35.35m

27. 深灰色巨层鲕状灰岩	47.58m
26. 灰色—深灰色巨厚层—厚层生物碎屑灰岩	14.80m
25. 灰色—浅灰色巨厚层含砾状碎屑灰岩夹深灰色厚层灰岩	21.88m
24. 浅灰色厚层—巨厚层同生角砾状灰岩	22.46m
23. 灰白色厚层生物碎屑灰岩	7.51m
22. 深灰色厚层同生角砾状灰岩夹深灰色含生物碎屑灰岩	15.49m
21. 灰色厚层含生物碎屑灰岩	31.38m
20. 灰色—深灰色巨厚层灰岩及生物碎屑灰岩	19.22m
19. 灰色—深灰色巨厚层砂质条带灰岩	33.80m
18. 灰色巨厚层同生角砾灰岩,上部夹灰色厚层灰岩,顶部为灰色厚层钙质次长石砂岩	29.51m
17. 深灰色厚层鲕状灰岩	7.40m
16. 灰色厚层灰岩夹生物灰岩	5.76m
15. 灰色—深灰色中厚层变鲕状灰岩夹灰色薄层生物灰岩	30.97m
14. 灰色厚层—巨厚层含细砂假鲕状灰岩	14.47m
13. 深灰色中厚层—厚层含生物灰岩	37.79m
12. 灰色巨厚层含生物碎屑灰岩	13.54m
11. 灰色中厚层灰岩夹灰色薄层生物灰岩	38.81m
10. 灰色厚层生物碎屑灰岩	37.23m
9. 灰色巨厚层砂质瘤状灰岩	32.73m
8. 灰色薄厚层—中厚层泥质条带状含生物碎屑灰岩	51.32m
7. 灰色中厚层—厚层泥灰岩夹灰色薄层灰岩	8.44m
6. 灰色—褐灰色厚层—巨厚层条带灰岩夹灰色中厚层生物碎屑灰岩	33.86m
5. 灰色中厚层硅质瘤状灰岩,下部为灰色巨厚层纹理灰岩	5.54m
4. 灰色中厚层粉砂质灰岩	5.54m
3. 灰色厚层含生物碎屑灰岩	8.61m
2. 灰白色中厚层砂质瘤状灰岩	7.98m
1. 灰色中厚层—厚层含生物碎屑泥质灰岩	23.15m

郡子河群大加连组地层总厚度大于682.76m,基本为一套较纯的厚层状结晶灰岩、生物灰岩、鲕粒灰岩、角砾状灰岩,仅局部夹少量粉砂岩、细粒长石砂岩(图4-6)。

江河组位于大加连组下部,主要为碎屑岩与灰岩互层的岩性组合。据下唤仓草地沟剖面,该套地层碎屑岩多为中厚层长石砂岩,总厚度大致为18m,碳酸盐岩以薄层—中厚层生物碎屑灰岩为主,总厚度为4.0m,碳酸盐岩与非碳酸盐岩的厚度比大致在1:4.5。地层沉积厚度极不稳定,在大加连沟最发育,厚度最大,向东、西、南、北均变薄或尖灭,形成一个大透镜体,大加连一带厚度最大,达693m,向盆地边缘厚度变薄,直至尖灭(图4-7)。

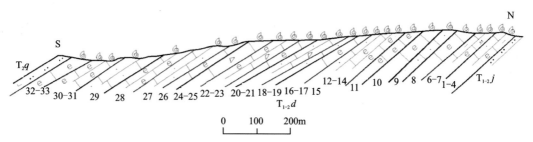

图 4-6　天峻县下唤仓大加连沟下-中三叠统大加连组剖面图（祁生胜等，2019）

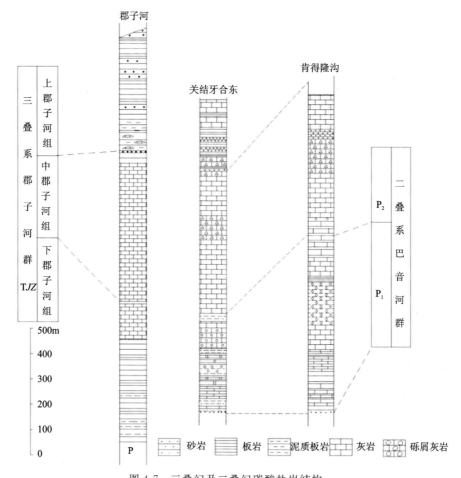

图 4-7　三叠纪及二叠纪碳酸盐岩结构

（据 1∶20 万天峻县幅区域地质调查报告修改，1982）

第三节　主要岩溶形态及规律

岩溶形态主要是指在大致相同环境里所形成的由地表形态和地下形态、宏观形态和微观形态、溶蚀形态和沉积形态组成的地貌景观。研究区的岩溶地貌大多发育于湟水流域及青海湖流域的中高山区，是在青藏高原的强烈构造隆升、物理风化以及典型的冻融、冰劈等共同作用下所形成的青藏高原特有的高寒-高山岩溶地貌形态。

根据研究区内岩溶分布的空间位置和其形成过程中的特征,将岩溶形态划分为地表岩溶及地下岩溶,再根据其形态划分为以峰丛、峰林为主的组合地貌以及以石柱、石墙、石林式石芽、残峰、小型洞穴、穿洞等为主的单体岩溶地貌。

一、地表岩溶形态

研究区内的寒冻风化和构造隆升作用远远强于溶蚀作用,因此地表岩溶形态难以长久保留,大多为岩溶峰林洼地等组合形态景观和溶孔、岩溶裂隙单体岩溶形态,岩溶漏斗、落水洞等垂直岩溶形态比较少见。

1. 峰丛、峰林

峰丛、峰林广泛分布于碳酸盐岩出露的中高山顶部。以湟水流域柏木峡、烟贵峡及拉脊山南麓一带和青海湖流域青海南山关角日吉山—天峻山一带较为典型(图4-8、图4-9)。

峰丛是可溶性岩受到强烈溶蚀而形成的山峰集合体,其顶部多呈圆锥状箭镞状、短柱状、墙状,锥体外形浑圆,高度数十到数百米不等。中部与下部的山体连为一体,山峰之间形成峰丛—洼地地貌,底部宽度几米至几十米不等,平面形态呈略长的椭圆形,长轴多沿主构造延伸方向发育。峰丛的形态与其发育阶段有关,发育初期为连座式锯齿状峰丛,发育中期为塔状峰丛,峰间及坡脚已被岩屑覆盖,发育晚期渐变成孤峰。

图4-8 青海湖流域峰丛

图4-9 青海湖流域天峻山峰丛

峰林是由峰丛进一步演化而形成的,当峰丛石山之间的溶蚀洼地再度垂向发展,峰丛基座被侵蚀,成为没有基座的密集山峰群。峰林的形态极为丰富,单体形态表现多样,可以表现为柱状、锥状、石墩状、塔状以及不规则状等多个单体地貌形态。石柱高度一般50m以内,直径2~10m,呈柱状、尖棱状。石芽高度一般低于5m,呈锥状(图4-10、图4-11)。

图 4-10 青海湖天峻山峰林

图 4-11 湟水佑宁寺北峰林

2. 石柱

石柱主要为碳酸盐岩体沿着垂直裂隙溶蚀作用后残留的柱状岩体。湟水的盘道、南门峡以及天峻山等地区均有分布(图 4-12、图 4-13)。石柱高度一般 10~20m 不等,下部宽度 5~10m,由下至上逐渐变细,在裸露的岩面上可见溶蚀作用形成的波纹和溶痕,沿着石柱还可见垂向的溶蚀节理,规模一般较小。

图 4-12 南门峡石柱

图 4-13 天峻山石柱

3. 竖井

在构造隆升和地表水体沿垂向节理裂隙侵蚀的共同作用下,个别巨厚层的碳酸盐岩地区可能会形成竖井岩溶。调查发现关角日吉山地区发育有典型的竖井,宽 10~15m,深 50~100m,沿竖井周边可见水体溶蚀的痕迹和垂向的节理裂隙(图 4-14、图 4-15)。

图 4-14 岩溶竖井

图 4-15 竖井周边的垂向裂隙

4. 窗洞

部分溶洞在构造隆升作用下抬升至地表，后受到寒冻风化的作用形成中空的窗洞。在青海湖流域天峻石林可见典型的窗洞岩溶。该溶洞发育于相对高度约 100m 的山体顶部，窗洞直径约 5m，宽度约 3m，高度约 1.5m，整体犹如一枚戒指悬于半空（图 4-16）。

5. 天生桥

规模较大、特征最为典型的为湟水南朔山天生桥，出露在山顶的石墙上，桥拱跨度 3.0m，桥高 5.0m，桥洞高 4.5m，桥面厚 2.5m，墙体厚 4.3m，整个桥长 6m（图 4-17），形成天生桥的岩性为结晶灰岩。从天生桥的北侧观察，桥面不高，不是很壮观，但从天生桥的南侧观察，由于南侧地形较陡，天生桥较为高大、雄壮，具有较高的观赏价值。

图 4-16 天峻山窗洞

图 4-17 南朔山天生桥

6. 雨痕和溶槽

研究区内灰岩表面常见到由雨水降落的机械侵蚀以及化学溶蚀形成的雨痕或溶槽。雨痕一般呈蜂窝状，大面积分布于灰岩面上，直径一般1~1.5cm，深度小于1cm，蜂窝间具尖突或石脊。溶槽的形态与岩层倾斜情况相关，倾斜岩面上的溶槽呈平行或羽状细纹，在水平岩面上则呈不规则脑纹，宽一般1~2cm，深度小于1cm，延伸长度一般可达10cm，纹间为锯齿状刃脊（图4-18~图4-21）。

图 4-18　溶槽

图 4-19　雨痕和溶槽

图 4-20　溶痕1

图 4-21　溶痕2

二、地下岩溶形态

由于青藏高原强烈的隆升作用，研究区内的现代溶蚀速率小于构造剥蚀速率，而且研究区整体处于干旱高寒环境，降水入渗的深度有限，因此地下岩溶不是很发育，仅仅在一些构造影响范围内地下岩溶较为发育，形态上主要为溶隙、溶孔、地下溶洞等。

1. 溶洞

溶洞是地下水沿可溶性岩的裂隙溶蚀扩张而形成的地下洞穴，规模大小不一，大的可以容纳千人以上,小的难以过人,是水的溶蚀作用、流水侵蚀以及重力作用的长期结果。研究区内不同时代、不同海拔高度的碳酸盐岩地区均有规模不等的溶洞发育。大部分的溶洞洞穴沿着裂隙及断裂带发育,由于其形成过程中受到了冰川两侧的内融水的溶蚀和侵蚀作用,因此溶洞长轴方向多顺沟谷,大部分的长度从数米到十余米不等,洞深一般小于5m,洞宽、洞高均不大,洞穴的形态较为规则,多数为椭圆形,洞壁较光滑,溶洞内石钟乳、石笋、石柱、石幔等化学沉积物较少,均为无水溶洞(彭红明,2016;表4-1,图4-22~图4-29)。

表4-1 关角日吉山地区溶洞发育统计情况表

所见位置	地层时代	岩性	发育高程/m	发育形态	规模/m³			地下水露头	其他
					长	深	高		
TJ1-TJ2	$T_{1-2}j^1$	结晶灰岩	3761	椭圆形	5	5	3	无	可见两处溶洞,另一处大小为3m×4m×5m
TJ10-TJ11	$T_{1-2}j^1$	灰岩	3800	圆形	3	2	3	无	山体顶部石芽地貌发育
TJ41	$T_{1-2}j^1$	结晶灰岩	3600	椭圆形	19	6	9	无	
TJ49-TJ50	$T_{1-2}j^1$	结晶灰岩	3820	椭圆形	8	3	6	无	
TJ54-TJ55	$T_{1-2}j^1$	结晶灰岩	3920	三角形	4	3	3.5	无	
TJ67-TJ68	$T_{1-2}j^1$	结晶灰岩	3869	椭圆形	10	4	15	无	
TJ97-TJ98	$T_{1-2}j^1$	结晶灰岩	3980	椭圆形	5	4	5	无	
TJ44-TJ51	$T_{1-2}j^1$	结晶灰岩	3710	椭圆形	6	4	15	无	

注:引自《青海南山关角日吉山岩溶水勘查》(彭红明等,2017)。

图4-22 青海湖关角日吉山大型溶洞($T_{1-2}j$)

图4-23 青海湖关角日吉山顶溶洞($T_{1-2}j$)

图 4-24　青海湖流域天峻山溶洞（$T_{1-2}j$）

图 4-25　湟水流域老爷山溶洞（Jxk）

图 4-26　湟水流域地水滩小型溶洞（$\in_2 h$）

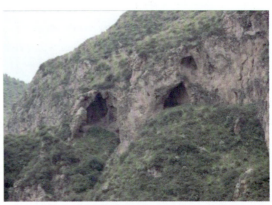
图 4-27　湟水流域照壁山多级溶洞（Jxk）

图 4-28　湟水流域金坊湾溶洞（Jxk）

图 4-29　洞顶部溶隙及析出物（天峻山）

　　青海湖流域的占将织合玛空溶洞为研究区发现的规模较大的溶洞之一，可容纳近百人，深 110 余米，洞内潮湿，洞壁可见白色—浅黄色、灰黄色微透明的石灰华（图 4-30）。

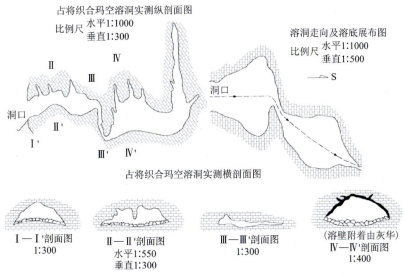

图 4-30　青海湖流域的占将织合玛空溶洞剖面图

(据 1∶20 万织合玛幅区域水文地质普查报告,1987)

2. 溶隙

溶隙是研究区内主要的地下岩溶形态,主要是地表水或地下水沿可溶性岩石的节理裂隙流动不断地进行溶蚀和侵蚀,在岩石表面形成的槽状形态。其中部分溶隙主要沿岩层层面溶蚀扩大而形成,部分沿斜切层面的剖面节理溶蚀而成,还有一部分则沿着断层破碎带溶蚀扩大而成(图4-31~图4-33)。溶隙的宽度与原生节理裂隙的规模和碳酸盐岩岩性有关,从几厘米至 1m 多不等,深度也由数厘米至 5m 多不等,其形成后往往被充填。

图 4-31　斜层溶隙

图 4-32　顺层溶隙

根据青海南山关角日吉山地区岩溶水勘查项目开展的高频大地电磁测深法(EH-4)物探剖面解译资料,在地表以下 50~100m 范围内的灰岩地层中裂隙较发育,在 F_6 断裂附近灰岩裂隙带深度可达 200m,长度可达 800m。进一步开展的水文地质钻探岩芯资料显示,表层 10~217m 为白色块状构造的灰岩,灰岩裂隙发育,岩芯呈块状、短柱状,部分裂隙面呈锈黄色,为水流侵蚀的痕迹,同时钻进中 37m、52m、165m 处有明显的漏浆现象,在 160~165m 处

图 4-33　三叠系巨厚层灰岩垂向节理及风化溶蚀形成的碎石

钻进过程中有轻微掉钻现象,测井声波显示该段的波速有明显的降低现象,推测有地下溶洞发育(图 4-34、图 4-35)。

图 4-34　深部岩芯中的溶隙

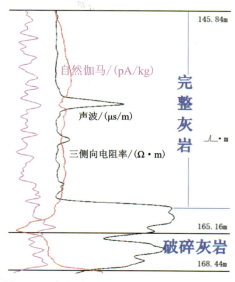

图 4-35　波速测量推测的地下岩溶发育情况

在湟水流域北部岩溶勘查项目大通县石山乡施工的 ZK3 号孔 74.5～88.03m 和 107.06～109.49m 段岩芯中可见明显的溶隙及溶孔现象,随钻编录中大约有 7.9m 的钻探进尺存在掉钻现象,推测在地面以下 74.5m 处发育有高约 8m 的地下溶洞。在南门峡、峡门村以及东峡河开展的水文地质或工程地质钻探工作均反映了地表以下一定深度内发育有溶隙(孔)或地下溶洞(表 4-2;李长松等,1980;张树恒等,2006;王俊等,2016)。

表 4-2　地下岩溶发育分布统计表

位置	岩溶类型	埋深/m	高程/m	与地下水位关系	备注
大通县石山乡西坡村 ZK3 号孔	溶洞、溶穴、溶孔	74.5～88.03	2 828.77～2 842.3	地下水位以上	角砾岩
	溶穴、溶孔	107.06～109.49	2 807.31～2 809.74	地下水位以上	角砾岩
南门峡 ZK2* 钻孔	溶孔	109.23～116.0	2 595.34～2 602.11	地下水位以下	角砾岩
峡门村 ZK4* 钻孔	溶孔	245.85～299.0	2 508.25～2 561.4	地下水位以下	发育差
南门峡水库坝址区	溶洞、溶孔及溶蚀裂隙	7～70	2660～2734	地下水位以下	断裂带相对发育
	溶孔及溶蚀裂隙	>70	<2660	地下水位以下	不发育
东峡河峡谷段	溶洞、溶孔	60～70	2450	地下水位以下	相对发育
	溶穴、溶槽	80～90	2420	地下水位以下	发育差
	溶孔	>90	<2420	地下水位以下	不发育
大通县毛家沟	溶洞、溶孔	<100	2900～3000	地下水位以上	相对发育
	蜂窝状溶孔	>100	2830～2900	地下水位以上	发育差

注:引自《青海省湟水流域北部山区岩溶水勘查报告》(王俊等,2016)。

三、岩溶分布的规律

复杂的地表和地下水环境使岩溶发育与分布复杂化,但是研究区内的岩溶分布仍具有一定的规律性。总体来说,地表岩溶和溶洞的分布与青藏高原的隆升阶段基本对应,深部岩溶的分布则与气候、地貌条件密切相关。

1. 溶洞分布规律

对青海湖流域以及湟水流域发育的溶洞统计发现,不同流域的溶洞在高程分布上基本与各流域的夷平面海拔相对应,可以大致反映流域的隆升信息。调查发现青海湖流域关角日吉山地区发育的溶洞高程大致可以分为 3600～3761m、3800～3920m、3980m 3 个区间,而前人对青海湖流域古夷平面的研究表明,青海湖流域发育 4 级夷平面,Ⅰ级夷平面海拔 4000～

4200m,高出现代湖面800～1000m;Ⅱ级夷平面海拔3800～3900m,高出现代湖面600～700m;Ⅲ、Ⅳ级夷平面海拔高度分别为3420～3550m和3300～3400m,分别高出现代湖面226～356m和106～206m(谢从晋等,1987;王永贵等,1994)。岩溶发育的主要高程对应了青海湖流域的三级夷平面3420～3600m、二级夷平面3800～3900m、一级夷平面4000～4200m高程信息,大致反映了青海湖地区间歇性的多次构造隆升作用。

在湟水流域南门峡一带,受构造抬升影响,区内岩溶由山顶到河谷可分为4级(图4-36),Ⅰ级高程为3060～3080m,Ⅱ级高程为3000～3010m,Ⅲ级高程为2900～2930m,Ⅳ级高程为2700～2816m,这也与前人研究的成果大致相符。即在南祁连山的老鸦山—南门峡等地区,形成的岩溶峰顶面海拔3100m左右(Ⅲ$_2$)和海拔3000m左右(Ⅲ$_3$);中、上更新世冰期,南门峡等地区形成了海拔2900m(Ⅳ$_1$)、2800m(Ⅳ$_2$)左右的岩溶峰顶面和相当于Ⅳ$_1$、Ⅳ$_2$峰顶面与高阶地面的二层裂隙型溶洞层(陈梅芬等,1984)。

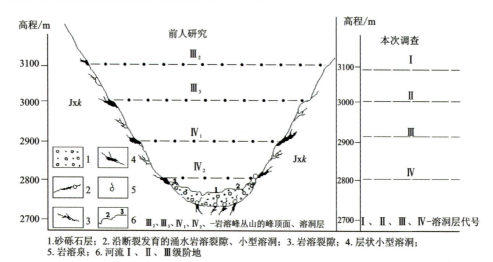

图4-36 区内地表岩溶发育示意图(陈梅芬等,1984)

2. 地下岩溶分布规律

已开展的地球物理勘查和水文地质钻探、工程地质钻探结果均表明研究区内的地下岩溶发育分布不均且发育程度较轻微,总体上表现为岩溶发育随深度增加而减弱和减小的趋势,这主要与随着深度的增加地下水的径流速度变慢,对应的物理机械溶蚀能力降低、地下水中可溶性成分增加、水体中的溶解度降低、水体的化学侵蚀能力降低等有关。

从河谷到基岩山区,地下岩溶的发育方式和强度可能不同,基岩山区的地下岩溶发育程度要弱于山间沟谷,这主要与地下水的径流排泄特征有关。一般来说,基岩山区往往是整个流域地下水的补给区,接受大气降水和地表水的垂向渗漏补给,地下水主要以沿着节理裂隙的垂向运动为主,受地形的影响,岩溶水在接受补给后,多就近排泄于地势低洼的洼地,地下水径流途径短,因此该地区的地下岩溶发育程度一般较差。山间沟谷区往往是地下水的径流排泄区,接受补给的地下水往往以较大的水力坡度向沟谷下游方向径流,形成较强的径流带,地下水水头往往随深度的增加而增高,使得径流排泄区的岩溶发育更深,这也导致了同一流域内岩溶发育强度自河谷向分水岭逐渐减弱的水平分异规律(图4-37)。

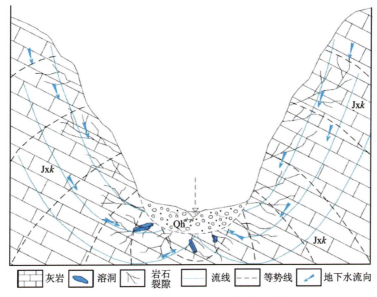

图4-37 南门峡河谷区岩溶发育示意图

王俊等(2016)在湟水流域北部大通至南门峡一带的研究表明,地下岩溶的发育在垂直方向上分布有3级(图4-38):Ⅰ级处于中低山区,高程2800～3000m,位于地下水位以上;丘陵区地下岩溶发育差或不发育;Ⅱ级处于南门峡峡谷区,高程2 595.34～2734m,地下岩溶在70～116.0m深度内较发育;Ⅲ级处于东峡河峡谷和西坡村沟,高程2420～2450m,地下岩溶在90m和245m深度内较发育;Ⅱ级、Ⅲ级岩溶较发育段均位于地下水位以下,根据现有的勘探资料,Ⅱ级、Ⅲ级岩溶带是勘查区相对最富水的地带。

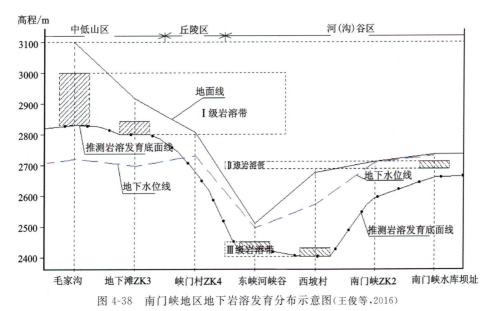

图4-38 南门峡地区地下岩溶发育分布示意图(王俊等,2016)

第四节　岩溶发育的主要影响因素

岩溶的发育分布是多种因素综合作用的结果,可溶岩及其组合方式是岩溶发育的基础,其中岩石的结构特征与化学组分是决定岩石可溶性的重要因素之一。气候环境、地形地貌、构造的组合方式控制了岩溶的区域性分布特征;水文地质条件进一步控制了岩溶发育的方向、部位、强度以及深度;新构造运动则使岩溶的发育呈现出继承性和多层性。

一、岩石的化学组分

岩石的化学组分主要影响了碳酸盐岩的化学溶解量。研究区内的碳酸盐类可溶岩形成于三叠纪至元古代的多个时代,前人和本次研究工作中对湟水流域北部的大坂山一带的南门峡,大通山一带的毛家沟、乐都大峡、湟水流域南部拉脊山青石坡以及青海湖流域天峻山、石乃亥等主要的碳酸盐岩出露区进行了野外调查和室内岩矿鉴定。根据碳酸盐岩中的方解石与白云石相对含量,研究区内的碳酸盐岩可划分为石灰岩、含白云质石灰岩、白云质石灰岩、灰质白云岩、含灰质白云岩、白云岩 6 种类型。其中,元古代—蓟县纪沉积的碳酸盐岩主要以白云岩为主,奥陶纪形成的碳酸盐岩以石灰岩为主,石炭纪—二叠纪形成的碳酸盐岩以白云岩为主,二叠纪和三叠纪沉积的碳酸盐岩以石灰岩为主(表 4-3、表 4-4)。

表 4-3　研究区碳酸盐岩划分标准

岩石类型		矿物成分含量		主要地层时代
		方解石/%	白云石/%	
石灰岩	石灰岩	90～100	0～10	奥陶纪、二叠纪、三叠纪
	含白云质石灰岩	75～90	10～25	
	白云质石灰岩	50～75	25～50	
白云岩	灰质白云岩	25～50	50～75	元古代—蓟县纪、石炭纪—二叠纪
	含灰质白云岩	10～25	75～90	
	白云岩	0～10	90～100	

已开展的微观研究及野外调查发现,岩石的化学组分对碳酸盐岩的溶解速度和岩溶作用起决定性的影响(庄金银,2008)。大量的国内外研究表明,当碳酸盐岩中的酸性不溶物或 SiO_2 含量达到 20%～30% 时岩溶一般不发育,CaO 的含量与溶蚀速率呈正相关关系。大量的研究工作表明,碳酸盐类矿物的化学组分中 CaO 含量越高溶解性越强,MgO 和不溶物含量越高溶解性越弱。

对研究区内不同时代的主要碳酸盐岩化学组分进行测试,发现其含量不尽一致(表 4-4)。灰岩中的 CaO 含量最高,占比在 50% 以上,MgO 含量占比小于 5%,酸性不溶物或性质较稳定的 SiO_2 含量小于 4%,大部分小于 1%;白云岩及大理岩中的 CaO 含量 20%～35%,MgO

含量占比10%~20%，白云岩中的酸性不溶物或性质较稳定的SiO_2含量最大可达12%，大理岩则高达28%。在同样的环境条件下，CaO比MgO更容易风化或溶解，因此灰岩较发育的天峻山与老爷山等地区的岩溶发育程度会好于白云岩及大理岩较发育的湟水流域其他地区，其相对应的溶洞发育规模和数量要大于或多于白云岩区，这些也能间接证明灰岩区岩溶更为发育。

大理岩中CaO/MgO比值与白云岩大致相当，但是大理岩中的酸性不溶物或性质较稳定的SiO_2含量要远大于白云岩，故白云岩较为发育的盘道及南门峡地区岩溶发育程度要好于大理岩较为发育的老鸦峡及青海南山以南二郎洞等地区。

从地层形成的年代来说，不同年代的灰岩或白云岩中CaO/MgO比值变化无明显的规律，这也间接反映了岩溶发育的不规律性。但是仅以岩石的化学组分判断岩石的可溶性是不够的。

表4-4 研究区碳酸盐岩主要化学成分表   单位：%

流域	采样位置	地层及时代	分析项目						
			CaO	MgO	SiO_2或（酸不溶物）	Al_2O_3	Fe_2O_3	S	P
湟水流域	互助南门峡	$\epsilon_2 m$ 白云岩	22.66~34.95	17.53~26.2	1.1~12.03	/	0.22~1.37	0.12	0.07
	乐都老鸦峡	Jxk 白云岩	32.45	19.59					
	大通毛家沟	$\epsilon_2 m$ 石灰岩	51.17	0.83	3.6	0.95	0.29	0.05	0.1
	湟中峡门峡	Jxk 石灰岩	55.1	4.36	0.63	0.12	0.13	0.01	0.01
	乐都区大拉滩	$Pt_1 d$ 大理岩	29.4~32.79	2.79~22.78	0.08~28.32	0.68~3.84	0.68~1.7		
青海湖流域	天峻山	T_2灰岩	55.21	0.5	0.09	1.44	0.07	0.04	0
	石乃亥	T_2灰岩	55.18	0.15	0.33（1.28）	0.005	0.065	0.014	0.002
	大水桥北	P_1灰岩	54.7	0.53	0.65	0.16	0.201	0.012	0.007
	天峻县黑水河尕地	CP_2白云岩	30.51	21.62					
	江河乡	Jxk 白云岩	28.06~31.43	18.9~22.32	0~9.13（0.15~9.57）				

注：表中部分数据引自青海湖及湟水流域开展的1：20万区域地质普查报告。

二、岩石的结构特征

岩石的结构特征包括微观和宏观两方面,其中微观上组成岩石的矿物颗粒和岩石的孔隙特征会影响碳酸盐岩的溶蚀方式和强度,而宏观上碳酸盐岩的面积、岩层产状以及裂隙发育程度则决定了岩溶的发育程度和强度。

1. 微观结构特征

碳酸盐岩主要形成于浅海相及滨岸环境条件,其形成时的沉积作用方式包括化学、生物化学以及机械沉积。不同沉积作用下碳酸盐岩的结构特征差别较为明显,其对应的溶蚀方式和强度差异也较为明显。

碳酸盐岩的溶蚀方式和强度主要受矿物颗粒和岩石孔隙特征的影响,这里的孔隙一般是指直径小于 2mm 的微孔及连接微孔之间的微缝隙。已开展的一些研究结果表明,矿物的结晶颗粒大小与溶解的速度成反比,这主要是因为矿物的颗粒越小,岩石总的孔隙度和溶蚀的表面积反而会越大,相对地溶解性增强。但是组成岩石矿物颗粒的级配也影响溶蚀作用,一般颗粒的级配越好,不均匀性越大,比表面越粗糙,岩石的溶蚀作用越强。

岩石的孔隙结构和均质性控制了碳酸盐岩溶孔演化样式和溶蚀效果。研究区内白云岩发育晶间孔或粒间孔,孔隙类型多为孔隙型,孔隙呈网状分布。粒屑灰岩和结晶灰岩主要发育孤立粒内(溶)孔,局部发育粒间溶孔或晶间溶孔,未见微裂缝,以孔隙型为主。生物碎屑灰岩的裂缝较为发育,少量微孔隙,属于裂缝型孔隙。前人开展的碳酸盐岩溶蚀规律与孔隙演化实验研究结果表明,对孔隙型白云岩而言,经历持续溶蚀后,相互连通的网状孔隙整体溶蚀加大,溶蚀后孔隙体积和渗透率相应增加,在流体运移方向上没有溶蚀缝发育,主要增加的是基质孔隙,溶蚀的效果较差;孔隙型灰岩内颗粒与胶结物并存,颗粒中泥晶晶粒小、溶蚀快,流体沿着相互连通的粒间或晶间(溶)孔运移与反应后逐渐形成体积较大的溶蚀缝,溶蚀效果较孔隙型白云岩好;对裂缝-孔隙型白云岩或裂缝型灰岩而言,由于裂缝相对于孔隙更加平直、阻力小,流体会优先沿着裂缝运移,溶蚀作用会使局部连通的微裂缝逐渐扩大,在流体运移方向上形成大的溶蚀缝,溶蚀效果较好(佘敏,2016)。

2. 宏观结构特征

宏观上来说,碳酸盐岩的面积、岩层产状以及裂隙发育程度对不同类型碳酸盐岩的岩溶发育有着决定性的作用。按照裂隙的成因和形成阶段分类,主要有沉积成岩裂隙、构造裂隙和溶蚀扩大裂隙。其中,沉积成岩裂隙主要有沉积阶段的层间裂隙和成岩阶段的缝合线等,这些裂隙的宽度较小,一般数微米到数毫米之间,长度从数厘米到数米不等;构造裂隙主要由构造应力作用而形成,宽度从数微米到数厘米之间,延展长度从数厘米到数千米不等,具有明显的方向性、延伸性和穿层性;溶蚀扩大裂隙大多沿着岩石的层面、节理裂隙溶蚀扩大而成,开口裂隙宽度可达十几厘米。

裂隙既是岩溶水的含水介质,也是岩溶水的径流空间。碳酸盐岩与非碳酸盐岩的层组组合,在一定的地质构造作用下,形成多种多样的空间配置格局,控制了岩溶地区的地表水及地下水运动,极大地影响了岩溶的发育。在中厚层的单一灰岩或白云岩地区,由于岩性单一,结构均匀,切层面的节理裂隙发育,延伸长度较大,有利于地下水的循环和岩溶的发育,往往可以发育形成较大的岩溶洞穴;在碳酸盐岩与非碳酸盐岩互层地区,由于单层厚度较薄一般仅1~2m,此种情况下碳酸盐岩与非碳酸盐岩的接触面往往会成为地下水循环的优势结构面,当层面的开启足够宽时,在自然的水力坡度下,地下水能够进入层面发生溶蚀,岩溶相对较发育,但是由于透水性的层面分布面积小,一般不会形成较大的溶洞,仅能形成顺层的溶隙。

通过对青海湖流域关角日吉山地区不同时代的碳酸盐岩含水层的节理、裂隙发育情况统计,结果表明节理裂隙发育程度和开启程度对岩溶的发育有着至关重要的作用。

石炭纪—二叠纪白云质灰岩地层中单位面积的裂隙发育数量最少,裂隙共发育3组,以北西西向及北北东向的两组节理最发育(图4-39)。A组节理N35°~55°W/40°~70°N,间距为0.20~0.50m;B组节理N5°W~N5°E/40°~60°N,间距为0.10~0.25m;C组节理N25°~45°E/50°~90°N,间距为0.07~0.25m。节理面较光滑、平直,多属于密闭性裂隙,开启程度较差,不利于地下水的赋存。

二叠纪结晶灰岩中单位面积的裂隙发育数量居中,主要发育北西向及北东向的两组节理(图4-40)。A组节理N25°~55°W/55°~90°N,间距为0.33~1m;B组节理N35°~65°E/75°~90°N,间距为0.14~0.50m。节理面较光滑、平直,密闭,局部发育张节理,有方解石充填,属区域性构造节理,局部有利于地下水的赋存。

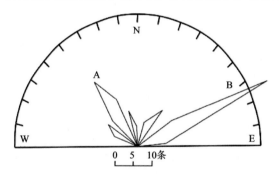

图4-39 石炭纪—二叠纪白云质灰岩地层节理统计

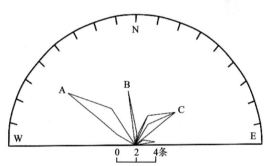

图4-40 二叠纪结晶灰岩节理统计

三叠纪结晶灰岩中单位面积的裂隙发育数量最多,共发育3组(图4-41)。A组节理N35°~65°W/45°~70°S,间距为0.25~1m;B组节理N25°W~N15°E/30°~50°S,间距为0.30~1m;C组节理N45°~65°E/50°~86°N,间距为0.33~0.5m。以密闭节理为主,节理面较光滑、平直,且延长较长,有利于地下水的赋存。

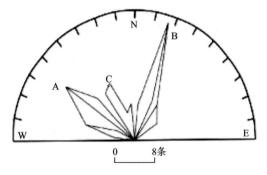

图4-41 三叠纪结晶灰岩节理统计

三、构造

青藏高原岩溶的发育明显受到强烈的内外动力耦合作用下的构造控制作用(马剑飞,

2022)。研究区所处的青藏高原是世界上构造作用最为强烈的地区之一,由于受到了欧亚板块和印度板块的碰撞挤压作用,发生了强烈的隆升,内部形成了一系列以北西西向和北北西向为主的断裂和褶皱,地质构造复杂。45Ma 以来伴随着喜马拉雅运动,青藏高原开始挤压隆升,特别是新近纪以来由于高原的强烈隆升作用,研究区内可溶性岩层被抬升、剥蚀,与之对应的高原岩溶也经历了多期发育过程(崔之久等,1996;高全洲等,2002)。伴随着地壳抬升和气候由暖湿转为寒冷干旱,溶蚀作用逐渐减弱,溶蚀的速率小于高原隆升的速率(崔之久等,1996;章典,2002)。

(一)断裂构造

断裂是岩溶发育的主要控制因素之一,研究区内主要断裂和山体走向基本一致,多为北西西向和北北西向。区域上大的断裂会在一定范围内影响地形和地貌的发育,在断裂带附近,由于各种应力集中,地层节理裂隙发育,岩层破碎,断裂带往往构成地表水系与地下水系的优势渗流通道,有利于地表水与地下水在碳酸盐岩中的运动,从而促使岩溶作用的发生,但是断层的类型、产状、规模和断层形成后的成岩作用等会具体地控制岩溶的发育。

1. 逆断层

逆断层大多由主压应力作用而形成,在主应力作用下断裂带内大多发育断层泥或糜棱岩,透水性较差,不利于大气降水、地下水的径流与储存,岩溶作用较弱。可是当断裂的规模较大时,在逆断层的上盘往往会发育一定规模的张性裂缝,可形成一定规模的岩溶带,但是整体来说溶蚀强度相对较小(图 4-42、图 4-43)。

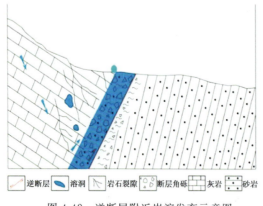

图 4-42 逆断层附近岩溶发育示意图

图 4-43 灰岩逆断层形成的断层泥及裂隙

2. 正断层

正断层大多在张性应力作用下形成,形成的破碎带较宽,断面较为粗糙,断裂带内多为粒径差异大的断层角砾岩和碎裂岩。靠近断裂带附近多发育开启程度较大的张裂缝,有利于大气降水和地下水的渗流,特别是在多组裂缝的交会处易形成小型溶孔或溶洞,岩溶作用较强(图 4-44)。远离断裂带两侧岩溶强度随裂缝发育密度减小而减弱(许欣雨,2022)。

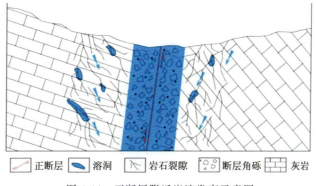

图 4-44　正断层附近岩溶发育示意图

3. 平移断层

主要受到剪切应力的作用，平面上破碎带一般较窄，断裂面比较平直光滑，裂隙闭合，断层面两侧扭节理较发育，并伴生有张节理，较大的扭性断层常伴生有低序次的分支断层，往往在断层走向变化的部位，走滑作用派生的张性裂缝增多，溶蚀作用最为强烈。垂向上由于断面高角度或直立，溶蚀作用延伸的深度较大。但整体来说，扭性断层的岩溶强度介于张性断层与压性断层之间。

4. 断裂的活动性

断裂构造的继承性和复活性对岩溶的发育影响也很大。碳酸盐岩区一些早期的断裂重新复活，使得断裂破碎带的胶结程度较差，有利于溶蚀作用的发生，这些断裂周边岩溶往往较为发育，岩溶水的富水性也相对较强。例如在布哈河流域阳康曲上游发育多组更新世以来的活动断裂，这些活动断裂附近形成的岩溶泉水的流量相对较大，形成岩溶富水区。

（二）褶皱构造

褶皱是影响岩溶发育的另一重要作用，主要对岩溶区地貌以及应力作用造成影响。褶皱的规模从数厘米到上百千米不等，褶皱使得地下深处形成很高的应力作用，一般褶皱的核部受拉张应力会产生与岩层层面平行的节理，在两翼沿层面产生一些差异性滑动。

1. 背斜

在背斜的轴部垂直张性节理较为发育，裂隙宽度大，胶结程度差，且裂隙的充填程度明显低于两翼。地下水沿垂直张性节理发育，然后向两翼运动，故背斜轴部裂隙溶蚀程度较高，相对两翼更容易产生塌陷。背斜轴部岩溶多以漏斗、落水洞等垂直洞穴为主。

2. 向斜

向斜核部发育一组向斜共轭剪理和一组与褶皱枢纽垂直的横张节理，横张节理宽度大、裂面粗糙、充填性差，是储水场所和形成各种最为有利的裂隙类型的岩溶形态场所。如青海湖流域关角日吉山克德陇溶向斜、湟水流域拉脊山花石山复向斜,物探和钻探均显示在这些向斜核部隐伏的岩溶均较发育。

需要注意的是,并不是所有褶皱的核部岩溶更为发育,往往是小型背斜的轴部、浅埋向斜轴部岩溶较为发育(地质矿产部,1990)。对一些大中型褶皱而言,核部可能由非可溶的地层组成或可溶岩埋藏深度较大,使得岩溶水向翼部运移,导致翼部岩溶更为发育(图4-45),如北京的西山向斜(吕金波,2010)和山西的吕梁山复背斜等。这一现象在研究区内药水河地区也有显示,据张磊等(2021)在湟源药水河一带施工的水文地质钻探资料,核部施工的水文地质钻孔涌水量SK04号钻孔涌水量为1650m³/d,降深79.8m,两翼的涌水量及降深分别为2409m³/d、33.02m及2283m³/d、57m,翼部的涌水量明显大于核部,这可能与核部第四系厚度大于两翼、岩溶水向翼部运移有关系。

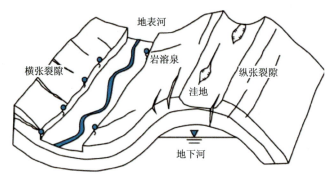

图4-45　褶皱附近岩溶发育示意图(陈宏峰,2016)

四、水循环及水化学

岩溶作用的发生离不开各类水体的作用,水循环和水化学成分是影响岩溶作用的主要因素。

1. 水循环

水循环的速度和参与水循环的水量是影响岩溶的物理机械溶蚀强度的重要因素。在同一气候和地层条件下,地形和构造等因素导致参与岩溶作用的水体循环条件差别较大,进一步导致了岩溶的发育条件千差万别。参与水循环的水体主要包括大气降水、地表水及地下水。就研究区而言,一般沟谷第四系孔隙水水量丰富地区下部埋藏的隐伏岩溶较为发育,如南川河河谷一带沟谷第四系潜水水量较为丰富,其下部的埋藏型岩溶较发育。基岩山区沿着山间地势低洼的沟谷及两岸岩溶较发育,如物探结果显示关角日吉山克德陇溶沟谷和天峻山加木格日沟底部的岩溶较为发育。现代的岩溶大泉附近岩溶水交替循环强烈,岩溶较发育。参与水循环的水体数量主要与地下水的径流量有关,一般采用地下水的径流模数来间接地表征,往往径流模数大的地区,地下水循环交替能力强,对应的机械溶蚀作用强,岩溶的发育程度高。根据实际调查,湟水流域岩溶地区的径流模数大致在1～3L/s·km²之间,其中径流模数最大的为互助五峰、佑宁寺松多一带的断裂构造组合分布地区,也是湟水流域岩溶最发育的地区;青海湖流域岩溶地区的径流模数介于1~2L/s·km²之间,其中径流模数较大的峻河上游江河乡至舟群乡一带和关角日吉山、天峻山地区,为青海湖流域的岩溶发育区。

2. 水化学

水化学成分是决定岩溶化学成因的因素之一。岩溶作用体现为富含CO_2的水体对碳酸盐岩的化学溶蚀,在石灰岩地区其反应过程为$CaCO_3(s)+CO_2+H_2O \longrightarrow Ca^{2+}+2HCO_3^-$,在白云岩地区其反应过程为$CaMg(CO_3)_2(s)+2CO_2+2H_2O \longrightarrow Ca^{2+}+Mg^{2+}+4HCO_3^-$。根据方解石的饱和指数,可以对溶液的可溶性进行最直接的判别。

$$SI_C = \lg \frac{Ca^{2+} \times CO_3^{2-}}{K_C}$$

当溶液中的方解石或白云石饱和指数为0时,溶液中的矿物处于溶解和沉淀平衡状态,化学溶蚀停止;饱和指数小于0时,水体未达饱和,还可以进行矿物的溶解,化学溶蚀作用继续;饱和指数大于0时,水体无溶蚀能力,水中矿物开始析出。因此一般条件下水体中的矿化度越低,水对碳酸盐岩的溶蚀能力越强,水中的CO_2含量越大,地下水对碳酸盐岩的溶蚀能力也越强。

五、气候环境因素

不同的气候环境因素条件也会导致岩溶发育强度不一。气候环境条件主要包括降水量、蒸发量、气温、土壤、植被等。根据中国科学院桂林岩溶地质研究所在13个不同气候条件下开展的石灰岩溶蚀速度观测站点数据,降水量是影响碳酸盐岩溶解的最直接因素,一般降水量越大,其溶蚀作用越强(图4-46)。根据经验公式$DC=0.0079R^{1.23}$,式中DC为溶蚀速度(mm/ka),R为降水量,计算得出湟水流域的溶蚀速度为9.71~18.1mm/ka,青海湖流域的溶蚀速度为10.62~13.11mm/ka。

温度会通过影响植被和土壤的呼吸作用进而影响溶蚀,一般认为植物根系和土壤细菌产生的CO_2会随着温度的升高而增大,CO_2增大使碳酸盐岩进一步溶解(袁道先等,2016)。在现代气候条件下,高原上大气中CO_2浓度低,因此降水的溶蚀能力有限,现代溶蚀速率低,但是由于强烈的寒冻风化作用,碳酸盐岩受到的机械风化作用强,往往形成较大面积的灰岩角峰。

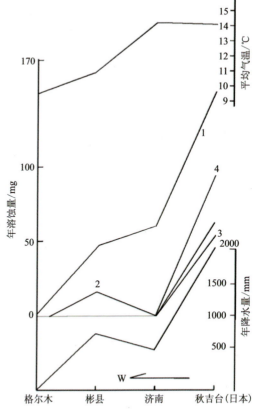

图4-46 北方不同观测站的碳酸盐岩溶蚀速率观测结果(袁道先等,1988)

第五节　古岩溶发育特征

全球碳酸盐地层的广泛分布,导致岩溶发育较为广泛(郝呈禄等,2020),我国的碳酸盐岩主要分布在云南、贵州、广西等西南地区,北方和西北地区尽管发育有灰岩地层,但是岩溶发育程度较低,一直未受重视。近年来,随着经济社会的全面发展,青海地区优质的岩溶水逐步成为重要水源,与之对应的高海拔寒冷地区岩溶发育特征也逐步得到认识(梁永平等,2022)。例如,在2015—2017年青海省黄南藏族自治州河南县发现的地下喀斯特溶洞——仙女洞是青海省首例,也是唯一的喀斯特地下溶洞(保广普等,2018)。青海东北部碳酸盐岩分布区岩溶裂隙发育,地下水以岩溶裂隙水为主,形成较为丰富的岩溶水资源,成为重要的供水水源(刘建立等,2000)。青海东北部地区的岩溶发育不仅受到青藏高原隆升的影响,还受到气候变化的影响和控制(陈梅芬和杨丙章,1993)。从末次冰盛期到早全新世,青海地区的气候由干冷向温暖过渡,相对湿度增加(胡泉旭,2018),在高原气候的影响下,碳酸盐岩分布区形成了独特的高寒-高山岩溶地貌。因此,青海东北部岩溶处于青藏高原隆升的构造背景和高寒气候背景,有其独特的发育规律。

通过研究岩溶在气候、构造等变化下的发育响应,可以总结岩溶发育规律,从而揭示岩溶水资源的变化规律,对合理利用当地岩溶水资源有重要意义。由于青海东北部岩溶研究程度不高,许多岩溶现象和岩溶发育规律值得深入探讨。同时,高海拔、高寒的岩溶发育背景对于青海东北部岩溶发育规律的认识,很少有可用于借鉴的岩溶研究成果。这主要在于青海东部和我国西南、北方地区在气候、地形、地貌、构造等方面具有较大差异,岩溶发育方式不同。

然而,岩溶地区的研究方法对于青海东北部岩溶发育研究仍然具有重要的借鉴意义。例如,中国北方岩溶水主要由大气降水入渗补给(王维泰等,2012),大气降水中的氢氧同位素是环境的响应因子,与气候变化密切相关(隋明浈等,2020)。利用岩溶水记录的氢氧同位素信息可以揭示温度效应和降水量效应,即氢氧同位素值与温度之间通常存在着正相关的关系,与降水量呈负相关关系(Craig,1961),以此反映不同时期的温度、降水量变化。而温度和降水量的变化影响地下水的侵蚀能力和碳酸盐岩的溶蚀速率(周晓光,2013)。那么,青海东北部地区岩溶水的氢氧稳定同位素同样记录了不同时期的气温和降水量变化,这些变化可以影响岩溶发育方式和岩溶溶蚀速率。通过岩溶水 ^{14}C 定年,可以构建青海东北部岩溶发育特征的历史变化,为岩溶水资源的演化提供重要依据。

青藏高原是世界上海拔最高、面积最大的造山成因高原。青藏高原的形成和隆升是地球演化过程中非常重要的地质事件(钟大赉和丁林,1996;赵大咏和刘石年,2022)。青海东部地区经历青藏高原的隆升,使得碳酸盐岩被抬升、剥蚀至地表(陈梅芬和杨丙章,1993),所以青藏高原隆升为青海东北部岩溶发育提供基本条件。青藏高原长期强烈的构造隆升使青海东北部地区的岩层产生大量的褶皱、断裂和裂隙,改善碳酸盐岩的渗流条件,增加了地表水和地下水与碳酸盐岩的接触面积,增大青海东部岩溶发育的强度和范围(倪新锋等,2009)。另外,青藏高原隆升是多期次、非均匀、不等速过程。构造隆升的不同阶段岩溶的发育情况也有区别(王锦国等,2021)。青藏高原快速隆升时期,大气降水淋滤时间短,风化壳主要发生剥蚀和搬运,不利于岩溶的充分发育;而青藏高原夷平时期,有充分的条件和时间发生溶蚀作用,有利于岩溶发育。青藏高原多级夷平面形成的高程和时间控制着青海东北部岩溶发育的高程和时间(华兴和乔卫涛,2021)。总之,青藏高原隆升对青海东北部岩溶发育具有控制作用。

构造运动影响着青海东北部岩溶发育的期次、范围和程度。同时,古气候变化也是影响岩溶发育的主要因素,古气候对岩溶发育的影响主要是温度和降水量两个方面,温度的高低和降水量的大小影响地下水的侵蚀能力和碳酸盐岩的溶蚀速率(周晓光,2013)。其中,降水量的大小对岩溶发育的影响体现在影响地下水的补给条件,水中的 CO_2 随着雨水的渗入而增加,增强了侵蚀能力。气温对岩溶发育的影响体现在对碳酸盐岩溶解速率的控制上。所以,炎热多雨的气候条件下,降水量充沛,岩溶作用迅速,能够形成大量的落水洞以及垮塌角砾岩,岩溶发育程度高(王黎栋等,2008);而在干旱少雨的条件下,能够形成一些小型溶洞和岩溶裂隙,岩溶作用深度较浅(张瑞成和田级生,1989)。

一、土壤封存水的古气候记录

黏土矿物在风化过程中捕获大气降水,由于黏土矿物的含水量高而渗透性差,一部分当时的大气降水被封存在黏土矿物层之间(Han et al.,2011;Hendry et al.,2013;Al-Charideh and Kattaa,2016)。虽然大气降水与黏土矿物会发生水-岩相互作用,但在一定程度上会保留当时大气降水记录的古气候信息。大气降水的氢氧稳定同位素与气候环境要素密切相关,封存水中的 δD 和 $\delta^{18}O$ 可能会随时间而发生变化,但仍然可以利用土壤封存水的氢氧稳定同位素来初步构建青海东北部地区温度、湿度变化情况。

1. 样品采集

在青海东北部进行风化土壤样品的原状采样,共采集土壤样品 17 个。所采集的风化土壤样品大部分来自大通、互助、湟中以及天峻等岩溶发育地区(图 4-47)。

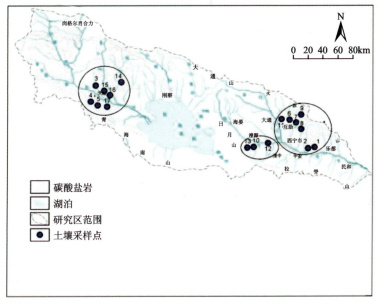

图 4-47 研究区采样点图

采集 500g 原始风化土壤样品,放入烘箱在 60℃下干燥 3 天,磨碎干燥样品,通过筛子筛选后,称取 100g 土样,放入密封袋中保存。采用真空-低温方法提取出 100g 土壤中的封存水,将得到的土壤封存水样装入聚氯乙烯瓶中,用于氢氧同位素测试。用 MAT-253 稳定同位素比光谱仪测定水样 δD 和 $\delta^{18}O$。δD 和 $\delta^{18}O$ 测试结果以 SMOW 标准千分偏差 δ‰表示。

2. 封存水氢氧同位素特征

δD 和 $\delta^{18}O$ 记录着自然界水循环的重要信息,可以揭示地下水的补给来源和各类水文地球化学过程(马斌等,2014)。Craig 在 1961 年构建了表征全球大气降水氢氧稳定同位素相关关系的全球大气降水线(Global Meteoric Water Line,GMWL):$\delta D=8.178\delta^{18}O+10.56$。吴华武等(2014)采用青海湖流域的大气降水线作为当地大气降水线(LMWL):$\delta D=8.69\delta^{18}O+17.5$。

青海东部地区风化土壤封存水的 δD 介于 -97.26‰~-32.52‰之间,均值 -61.28‰。$\delta^{18}O$ 介于 -14.61‰~11.73‰之间,均值 -0.65‰(表 4-5)。利用土壤封存水的 δD 和 $\delta^{18}O$ 值绘制 δD-$\delta^{18}O$ 关系图,并与全球大气降水线(GMWL)和当地大气降水线(LMWL)作比较(图 4-48)。对土壤封存水中 δD 和 $\delta^{18}O$ 值进行线性拟合,得到研究区土壤封存水 δD 和 $\delta^{18}O$ 拟合线:$\delta D=2.40\delta^{18}O-59.71(r^2=0.94)$,与全球大气降水线和当地大气降水线有所不同,说明土壤封存水揭示的地质历史时期的大气降水与现代大气降水有区别。从图 4-48 可以看出,风化土壤封存水的 δD 和 $\delta^{18}O$ 关系点全部位于全球大气降水线和当地大气降水线的附近,表明研究区内土壤封存水来源大气降水,接受大气降水的补给。土壤封存水样点大部分落在雨水线下方,表征土壤封存水在接受大气降水补给的同时还受到蒸发作用的影响。大部分土壤封存水样点向右偏离大气降水线,呈现出明显的 ^{18}O 漂移特征,这是由于土壤封存水自封存以来与含氧岩石长时间充分接触,封存水中的氧同位素与岩石中的氧同位素发生氧同位素交换反应。

表 4-5 风化土壤封存水氢氧稳定同位素和温度表

样品编号	地层年代	系	采样地点	δD/‰	$\delta^{18}O$/‰	温度/℃
1	新生代	第四系	龙口门沟	-97.26	-14.61	-5.51
2			龙口门沟	-69.89	-4.13	0.93
3	中生代	三叠系	天峻石林	-37.02	7.94	8.66
4		三叠系	舟群乡	-59.99	-0.26	3.26
5		三叠系	天峻县	-38.46	8.86	8.32
6	晚古生代	二叠系	关角山南	-47.19	5.38	6.27
7		二叠系	关角山南	-64.83	-2.54	2.12
8		石炭系—二叠系	二郎洞	-78.72	-8.81	-1.15

续表 4-5

样品编号	地层年代	系	采样地点	δD/‰	δ¹⁸O/‰	温度/℃
9	早古生代	寒武系	西坡村	−57.03	3.55	3.95
10			西坡村	−73.52	−6.05	0.07
11	元古代	蓟县系	五峰寺	−48.20	4.10	6.03
12			南门峡	−63.64	1.09	2.40
13			金纺湾	−49.47	−1.93	5.73
14			大通老爷山	−32.51	11.73	9.72
15		长城系	扎麻隆	−57.65	1.79	3.81
16			金纺湾	−65.52	−0.80	1.96

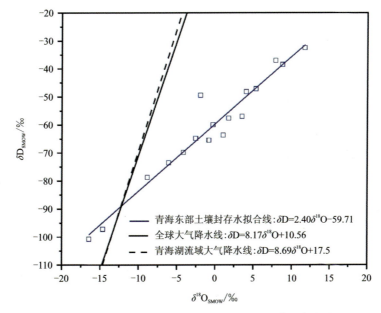

图 4-48 青海东部风化土壤封存水的 δD 和 δ¹⁸O 关系图

3. 封存水氢氧同位素揭示的温度与湿度变化

大气降水中稳定氢氧同位素受到各种环境的影响。各土壤采样点的高程差距不大，氢氧同位素受高程的影响可以忽略。因此，在这里不考虑高程效应。大气降水氢氧稳定同位素具有一定的温度效应，与温度通常具有线性关系(姚檀栋等，2000)。建立氢氧稳定同位素与温度的相关关系对利用古地下水重建古温度变化具有重要意义。大气降水氢氧稳定同位素与温度之间的线性关系因地理位置和气候条件的不同而不同。一般来说，这种关系在大陆内部中纬度地区更加紧密，研究区位于青藏高原东北部，属于中纬度地区，δ¹⁸O 与温度 T 之间具有显著的相关关系。本次研究采用西宁地区降水氢氧稳定同位素与温度的相关关系(Rozanski,1985),关系式为

$$\delta^{18}O = 0.49T - 10.51 \tag{4-1}$$

因为土壤封存水中的氧与含氧岩石中的氧在封存以后的漫长时间里会发生氧同位素交换,所以当前测出的土壤封存水的$\delta^{18}O$已经不能用来代替封存时的原始大气降水的原始$\delta^{18}O$值。本次利用土壤封存水中的δD值来揭示青海东北部地区温度变化。根据当地大气降水线($\delta D=8.69\delta^{18}O+17.5$)推导出当地的$\delta D$与温度$T$的相关关系为

$$\delta D = 4.25T - 73.83 \tag{4-2}$$

根据公式(4-2)和风化土壤样品同位素数据计算的温度变化。将青海东部地区温度变化根据地质年代分为以下几个阶段:元古代,青海东部地区的温度为1.96～9.72℃;古生代,温度为-1.15～6.27℃;中生代,平均温度为6.75℃;新生代,温度为-5.51～0.93℃(表4-5)。根据计算的各地质年代平均温度,作出青海东部地区各地质年代温度图(图4-49)。从图4-49可以看出,自元古代以来,青海东部地区温度处于波动变化中,冷热相互交替。元古代、古生代和中生代温度变化幅度相对不大,中生代时期温度上升。新生代以来,温度降低,这与同时期全球温度变化趋势一致,也与现代青海地区平均温度一致。

大气降水稳定同位素存在降水量效应,但通常在低纬度海洋和海岸地区更加显著。吴华武(2014)和章新平(1995)等分别对青海湖流域和青藏高原东北部的大气降水氢氧稳定同位素及降水量进行了相关性分析,结果表明青海地区具有比较显著的降水量效应,大气降水稳定同位素与降水量之间存在负相关关系,即大气降水中δD值越高降水量则越低。利用风化土壤封存水的δD值作出青海东部地区各地质历史时期δD值变化如图4-50所示。

通过土壤封存水的δD值变化图可以反映青海东部地区各地质历史时期的相对降水量变化。从图4-50可以看出,青海东部地区自元古代以来各地质历史时期降水量呈波动状态,元古代和中生代相对于古生代和新生代来说相对干燥,同时根据他人研究资料,可知青海东部第四系气候也相对干旱,所以青海东部地区在元古代和古生代时期气候则更加干旱。

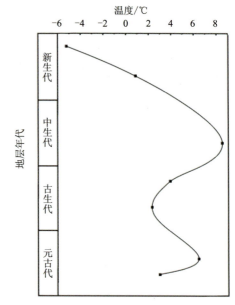

图4-49 青海东部地区地质历史时期温度变化图

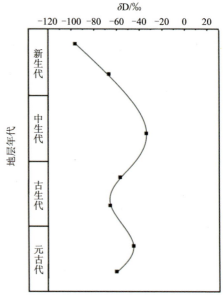

图4-50 青海东部地区各地质历史时期δD变化图

二、岩溶水的古气候记录

末次冰盛期是青海东部地区气候变化的重要时期,也是影响全新世岩溶发育的关键时期。末次冰盛期以来人类活动日趋频繁,对地下水的需求日益紧迫。末次冰盛期以来,青藏高原间歇性的构造隆升非常频繁,与此时气候的频繁变化相呼应。末次冰盛期以来青藏高原的气候变化已经在诸多气候记录档案中进行了解读,主要有冰芯、湖泊沉积物以及黄土。末次冰盛期以来间歇性隆升和气候变化,必然对青海东部岩溶发育产生影响。

1. 样品采集

在青海东部地区开展了岩溶水调查并采集了13组岩溶水样品,采样点位置如图4-51所示。研究区东部岩溶水资源较为丰富,样品主要取自岩溶泉、钻孔、隧道出水点等位置。岩溶泉口和隧道出水点直接采集新鲜水样。选择的钻孔出水段为灰岩,采样之前使用潜水泵进行了5个小时以上的连续抽水,钻孔中水位稳定后开始采集样品,这样确保获得的样品是灰岩地层中的新鲜水样。

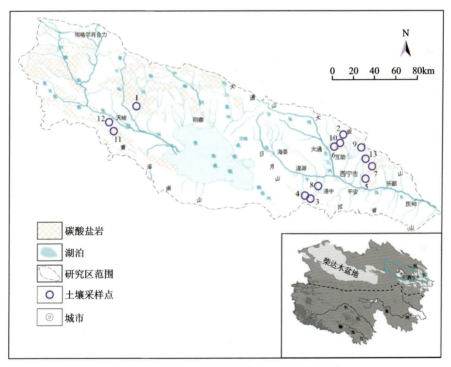

图 4-51　青海东部碳酸盐岩分布及采样点位置

现场测量水样的pH和溶解性总固体(Total Dissolved Solid, TDS),仪器为多参数水质分析仪(热电奥尼龙 STAR-A329 型)。碱度在现场用 0.05mol/L 稀盐酸进行滴定(甲基橙指示剂),滴定精度控制在±0.5mg/L。所有样品都用 0.45μm 滤膜进行过滤,过滤后的水样封存在润洗过的 50mL 聚四氟乙烯瓶中。用于阳离子分析的瓶中要加入优级纯浓 HNO_3,使水样酸化至 pH<2。用于阴离子和氢氧同位素分析的瓶中不用处理,并保留一瓶备用。现场使

用 $BaCl_2$ 将水样中的总溶解无机碳做成 $BaCO_3$ 沉淀,处理的水样量超过 100L,获得的沉淀用于 ^{14}C 测年。将采集的水样保存在 4℃ 的冰箱中,在一周内进行检测。

用离子色谱仪(型号:IC-2100)和电感耦合等离子体光谱仪(ICP-OES,型号:ICAP7600)分别测定水样的阴阳离子,水样中阴阳离子的电荷平衡误差在 ±3% 以内。用稳定同位素比质谱仪(MAT253)分析水样中的氢氧同位素,以 SMOW 为标准,实验室测量的 δD 误差为 ±0.5‰,$\delta^{18}O$ 误差为 ±0.2‰。用超低本底液闪谱仪对水样的 ^{14}C 进行测定,^{14}C 活度用现代碳百分含量(Percent Modern Carbon,PMC)表示,最低检出浓度为 0.1PMC。

2. 岩溶水化学特征

研究区岩溶水样品的阴阳离子数据列于表 4-6 中。岩溶水的 pH 为 7.21~8.21,整体呈弱碱性。水样中 TDS 变化范围为 167.24~740.10mg/L,平均值为 334.42mg/L,为低矿化度水。水样中阳离子以 Ca^{2+} 为主,含量为 44.78~182.13mg/L,平均含量为 75.54mg/L;Mg^{2+} 和 Na^+ 的平均含量分别为 25.48mg/L 和 12.81mg/L;K^+ 的含量最低,平均含量为 1.61mg/L。阳离子的含量按大小排为 $Ca^{2+}>Mg^{2+}>Na^+>K^+$。水样的阴离子中,HCO_3^- 含量最多,为 134.24~861.00mg/L,平均含量为 281.77mg/L;其次为 SO_4^{2-},含量为 22.58~121.74mg/L,平均含量为 59.86mg/L;Cl^- 的含量为 1.88~74.02mg/L,平均含量为 18.24mg/L。水样中阴离子的含量按大小排为 $HCO_3^->SO_4^{2-}>Cl^-$。

表 4-6 青海东部地区岩溶水化学特征和同位素组成   单位:mg/L

样品编号	采样地点	pH	TDS	K^+	Na^+	Ca^{2+}	Mg^{2+}	SO_4^{2-}	Cl^-	HCO_3^-	δD /‰	$\delta^{18}O$ /‰
1	天峻县舟群乡泉	7.21	285.40	1.13	12.02	75.25	13.99	40.53	29.21	226.56	-46.71	-7.59
2	南门峡(泉)	7.55	213.48	1.29	7.29	50.62	15.78	36.49	6.77	190.49	-49.48	-7.90
3	湟中门旦峡(泉)	7.67	391.80	1.18	7.58	81.75	42.28	47.44	3.22	416.70	-60.34	-10.19
4	湟中门旦峡(钻孔)	7.58	379.95	1.05	7.87	83.00	40.26	22.58	2.91	444.56	-64.16	-10.54
5	龙口门沟(泉)	7.83	209.99	0.78	4.41	46.57	21.28	23.51	5.37	216.18	-55.46	-9.13
6	毛家沟(泉)	7.56	290.33	0.89	4.94	64.37	27.28	55.40	5.34	264.22	-55.37	-9.22
7	互助佑宁寺(泉)	7.45	317.62	2.32	4.62	78.62	18.33	121.74	5.91	172.18	-55.07	-8.67

续表 4-6

样品编号	采样地点	pH	TDS	K^+	Na^+	Ca^{2+}	Mg^{2+}	SO_4^{2-}	Cl^-	HCO_3^-	δD /‰	$\delta^{18}O$ /‰
8	湟中药水泉	8.21	740.10	2.94	12.86	182.13	69.22	34.53	7.92	861.00	−65.69	−10.65
9	互助药水泉	7.78	167.24	0.95	1.68	44.78	11.67	23.62	1.88	165.35	−51.38	−8.97
10	大通采矿隧道	7.32	270.78	2.00	31.00	46.09	13.37	67.24	43.96	134.24	−55.85	−9.42
11	天峻关角隧道	7.76	377.29	2.00	40.00	68.14	19.44	84.05	44.67	237.98	−55.30	−9.14
12	天峻县（泉）	7.42	401.10	1.49	27.15	79.04	26.06	110.70	74.02	165.25	−54.25	−9.22
13	互助松多乡北岔沟（泉）	7.34	302.41	2.91	5.17	81.60	12.25	110.37	5.95	168.33	−51.87	−8.93

Piper 三线图能较直观地反映出地下水中主要阴阳离子的组合特征和水化学类型（谷洪彪等，2017）。从青海东北部地区岩溶水 Piper 三线图中可以看出（图 4-52），样品点有一定的集中，说明水化学特征具有一定的相似性；但部分样品点呈散布状态，说明水化学特征还是有所区别的。从阴离子组成来看，以 HCO_3^- 为主，同时部分样品中 SO_4^{2-} 的含量也较高。从阳离子组成来看，以 Ca^{2+} 主，同时 Mg^{2+} 的含量也较高。因此，水化学类型以 HCO_3-Ca 和 HCO_3-Ca·Mg 型为主，部分为 HCO_3·SO_4-Ca·Mg 型。这些岩溶水化学特征与其含水层为海相沉积的碳酸盐岩密切相关。碳酸盐矿物的溶解提供了 HCO_3^- 和 Ca^{2+}、Mg^{2+} 等，而海相沉积背景形成的部分硫酸盐矿物溶解提供了 SO_4^{2-}。

岩溶水的 TDS 和矿物溶解密切相关（李水新等，2014），TDS 与主要水化学组分的关系可以反映矿物溶解情况及其变化（华兴国，2015）。从图 4-53 中可以看出，岩溶水中 TDS 与 Ca^{2+}、HCO_3^- 的相关性较好，r^2 分别为 0.91 和 0.77，且 TDS 与 Ca^{2+}、HCO_3^- 含量较高，说明地下水中水化学组分的主要来源是碳酸盐矿物的溶解。另外，TDS 与 Mg^{2+} 也有较好的相关性（$r^2=0.78$），这进一步说明碳酸盐岩溶解为地下水提供了主要化学组分。Cl^-、Na^+ 和 TDS 的相关性差，发生离子交换的作用微弱，对地下水化学组分的形成基本无影响（华兴国，2015）。

碳酸盐岩的溶解需要 CO_2，随着溶解程度的增加，地下水中 HCO_3^- 含量逐渐增加。地下水水样中 HCO_3^- 和 Ca^{2+}、Mg^{2+} 呈现出较好的正相关关系（图 4-54），进一步说明碳酸盐岩溶解是岩溶水化学组分的主要来源。那么，水化学组分就可以间接指示岩溶发育程度，因为碳酸盐岩的溶解是化学风化作用。补给的大气降水中 CO_2 含量越高，碳酸盐岩地层越破碎，溶解碳酸盐的水-岩相互作用越强，地下水化学组分含量越高；碳酸盐岩中孔隙度越大，孔隙连通性越好，地下水径流越强，岩溶越发育。

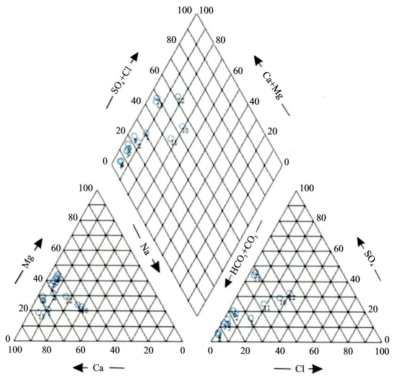

图 4-52 青海东部地区岩溶水 Piper 三线图

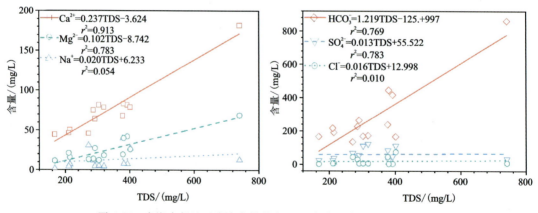

图 4-53 青海东部地区岩溶水样品中 TDS 与主要离子成分的相关性

3. 岩溶水同位素组成特征

氢氧同位素具有识别地下水补给来源的作用(仝晓霞和刘存富,2018)。青海东部地区岩溶水 δD 值在 −65.69‰ ~ −46.71‰ 之间,平均值为 −55.46‰。青海东部地区岩溶水的 $δ^{18}O$ 值在 −10.65‰ ~ −7.59‰ 之间,平均值为 −9.20‰。岩溶水中 δD、$δ^{18}O$ 值的变化范围比较小,说明其具有相似的补给来源。由 δD 和 $δ^{18}O$ 的关系图中可以看出(图 4-55),青海东部地区岩溶水样点均落在全球大气降水线($δD=8δ^{18}O+10$)和青海湖流域大气降水线(吴华武等,

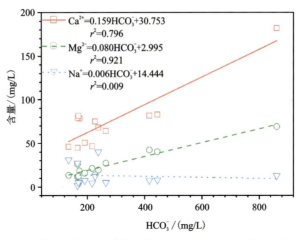

图 4-54　青海东部地区岩溶水样品中 HCO_3^- 与主要阳离子关系

2014)($\delta D=8.69\delta^{18}O+17.5$)的上方,且岩溶水 δD 和 $\delta^{18}O$ 值可以拟合得到线性方程($\delta D=5.75\delta^{18}O-2.58$,$r^2=0.91$,称为岩溶水线)。这表明,岩溶水是大气降水补给来源的,位于雨水线的上方可能是冰雪反复冻融形成的融水混合的结果,水-岩相互作用过程中的"氧同位素交换"不明显,未见"氧漂移"。冰雪融水的冻融过程对质量数更小的氢元素的同位素影响更大,同位素分馏作用更明显,导致冰雪融水的 δD 略为增大。而且,冰雪融水的量越大,这种影响越明显,从而导致岩溶水点落在雨水线上方。另外,这种影响间接指示了大气降水的变化,使得岩溶水的 δD 值可以成为降水量变化的指示器。

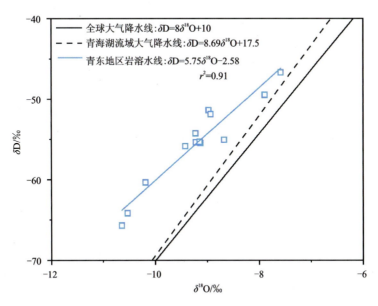

图 4-55　青海东部地区岩溶水 δD 和 $\delta^{18}O$ 关系图

氘过量参数($d=\delta D-8\delta^{18}O$)也可用于反映水与岩石氧同位素交换的程度(刘凯等,2015)。水-岩相互作用越强烈,氧同位素交换程度就越高,水中 $\delta^{18}O$ 富集,d 值就会越小。依据氘过量参数计算得出研究区岩溶水 d 值均为正，介于 13.72‰~21.18‰ 之间，平均值为 18.13‰，与全球大气降水线氘过量参数的平均值($d=10$)有较大的差距，进一步说明岩溶水流动过程中未与研究区内的围岩矿物发生显著氧同位素交换。那么，岩溶水 $\delta^{18}O$ 可以作为温度变化的指示器。

^{14}C 定年是地下水常用和重要的测年方法，^{14}C 的半衰期为 5730a，通常用来测定相对较老的地下水年龄(500~35 000a)(梁杏等，2020)。对研究区岩溶水使用 ^{14}C 进行定年，定年公式为(刘存富，1990)

$$t=(1/\lambda)\ln(A_0/A_样) \tag{4-3}$$

式中：A_0 为"现代碳"标准的放射性比度(dpm/g)；$A_样$ 为 t 时间后样品的 ^{14}C 放射性比度(dpm/g)；λ 为 ^{14}C 的衰变常数(半衰期为 5730a 时，$\lambda=\ln2/5730$)；t 为 ^{14}C 停止与外界交换后距今的年代，即被测样品的年龄(a)。

因为实际工作中用"现代碳百分含量"(PMC)表示 ^{14}C 的浓度，即

$$PMC=(A_样/A_0)\times 100\% \tag{4-4}$$

实验室测得岩溶水样品的 PMC 值，由式(4-3)和式(4-4)计算出的年龄称为 ^{14}C 表观年龄(表 4-7)。由于地下水中溶解无机碳含量及其 ^{14}C 丰度会受到水-岩相互作用、有机质氧化、地质成因 CO_2 混入、越流等作用的影响，改变了初始溶解大气 CO_2 用于定年部分的溶解无机碳的含量和 ^{14}C 丰度，需要进行校正。对初始 ^{14}C 丰度进行校正的公式为

$$t_校=(1/\lambda)\ln(A_t/A_样)=8267\ln(A_t/A_样) \tag{4-5}$$

式中：A_t 为校正后的地下水 ^{14}C 初始浓度(PMC)，$t_校$ 为校正后的地下水的 ^{14}C 年龄(a)。

针对地下水初始 ^{14}C 丰度的校正发展了一系列的经典校正模型，由于可参考的资料和本研究工作的数据有限，本次选取 Vogel 统计模型对 ^{14}C 年龄进行校正(曾帝等，2020)。通过 Vogel 统计模型，得到岩溶含水层系统的 A_t 值为 65%~75%。由于研究区为高海拔、高寒地区，选定 A_t 值为 65%，代入式(4-5)中，将计算出的地下水 ^{14}C 校正年龄列于表 4-7。

研究区岩溶水 ^{14}C 年龄介于 3.61~10.43ka 之间，说明自末次冰盛期(10 000~25 000aB.P.)到全新世都存在岩溶水的补给。末次盛冰期到全新世暖期存在较为明显的气候变化，气温和降水量都发生过显著变化，对青海东部岩溶的发育也会产生不同的影响。

表 4-7 青海东部地区岩溶水 ^{14}C 年龄

样品编号	采样地点	现代碳百分含量(PMC)/%	误差(PMC)/%	^{14}C 表观年龄/ka	^{14}C 校正年龄/ka
1	天峻县舟群乡泉	18.4	1.0	14.00±0.43	10.43
2	南门峡	42.0	1.4	7.17±0.28	3.61
3	湟中门旦峡泉	20.5	1.0	13.09±0.41	9.54
4	湟中门旦峡钻孔	18.5	1.0	13.93±0.43	10.39
7	互助佑宁寺	20.1	1.0	13.25±0.41	9.70
10	大通采矿隧道	18.9	1.0	13.76±0.42	10.21
12	天峻县	25.7	1.1	11.22±0.36	7.67

4. 岩溶水氢氧同位素揭示的温度与湿度变化

大气降水同位素组成与气温具有正相关关系,这种关系称为温度效应。利用温度效应,可以评估出当地大气降水时的温度,在中高纬度地区利用地下水同位素组成的温度效应评估出的温度,与当地多年平均温度较为一致(Dansgaard,1964)。我国西北高寒地区的多年平均气温和大气降水 $\delta^{18}O$ 的线性关系(张应华和仵彦卿,2007)为

$$\delta^{18}O = 0.49T - 10.51 \tag{4-6}$$

将岩溶水的 $\delta^{18}O$ 值代入式(4-6),可以评估出岩溶水受到补给时的平均气温(表4-8)。

表 4-8 青海东部地区岩溶水同位素的温度效应评估结果

样品编号	采样地点	$\delta^{18}O/‰$	平均气温/℃
1	天峻县舟群乡泉	−7.59	5.96
2	南门峡	−7.90	5.33
3	湟中门旦峡泉	−10.19	0.65
4	湟中门旦峡钻孔	−10.54	−0.06
5	龙口门沟	−9.13	2.82
6	毛家沟	−9.22	2.63
7	互助佑宁寺	−8.67	3.76
8	湟中药水泉	−10.65	−0.29
9	互助药水泉	−8.97	3.14
10	大通采矿隧道	−9.42	2.22
11	天峻关角隧道	−9.14	2.80
12	天峻县	−9.22	2.63
13	互助松多乡北岔沟	−8.93	3.22

由表4-8可以看出,由青海东部地区岩溶水评估的古气温在−0.29~5.96℃之间,平均温度为2.68℃,非常接近现代的年平均气温,说明评估的古气温值是可信的。将岩溶水 ^{14}C 年龄和评估的古气温,构建不同时期气温变化曲线(图4-56)。结果表明,青海东部地区自10.43ka以来经历了一次降温和一次升温过程,而且在11~9ka之间存在较为频繁和剧烈的温度波动。11~8ka之间气温降低,碳酸盐岩地区的冰劈和冻融作用增强,地表裂隙增多、变大,地下岩溶发育深度增大,岩溶发育以物理风化为主。8ka以来气温升高,冰雪融水增多,岩溶水流动性增强,岩溶发育的化学风化作用增强。

对于一次持续降雨过程,大气降水的同位素组成与降水量呈现负相关关系,称为降水量效应。在低纬度海洋或海岸地区,降水量效应是明显的。降水量越大,大气降水的同位素组成值越小;降水量越小,大气降水的同位素组成值越大(Dansgaard,1964)。吴华武(2014)和章新平(1995)等分别对青海湖流域、青藏高原东北部地区的大气降水中稳定同位素变化做了

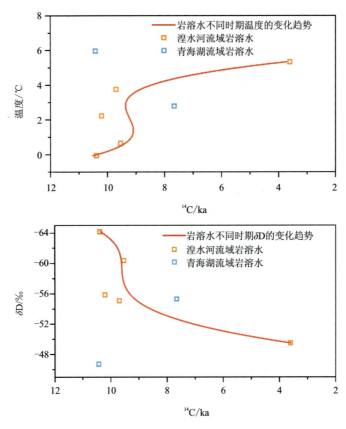

图 4-56　青海东部地区岩溶水不同时期温度和 δD 的变化曲线

相关研究,结果表明在西宁地区存在明显的降水量效应,δD 值与降水量具有较好的相关性。从岩溶水不同时期 δD 的变化曲线图中可以看出(图 4-56),青海东部地区自 10.43ka 以来经历了 δD 值由小变大的过程,而且在 11~9ka 之间存在较为频繁和剧烈的波动。11~8ka 之间 δD 值较低,变化较大,说明当时降水量相对较大,且变化较频繁。降水量增多,地表径流作用加强,地下水补给加强,地下径流作用加强,地表和地下岩溶的化学风化作用增强。8ka 以来 δD 值变大,说明降水量逐步减少。降水量降低,碳酸盐岩地区的冰劈和冻融作用可能减弱,地下水的补给和流动性都会减弱,导致岩溶发育的物理风化和化学风化都变弱。

三、青藏高原隆升以来岩溶发育的响应

青藏高原隆升期间,在各个地质历史时期的状态如何,是目前青藏高原研究中争论的焦点。对于青藏高原形成和隆升的起始时间,观点众多。其中最被广为认可的观点是:印度大陆与亚欧大陆碰撞是青藏高原隆升的起点(李吉均等,1979)。然而,探求青藏高原隆升的根源,我们会发现青藏高原的形成过程有着漫长的地质历史。通常青藏高原被认为是印度大陆和亚欧大陆相互作用的结果,但是与此同时它又是东特提斯的主体范畴,青藏高原的形成和隆升与特提斯的演化密切相关。将青藏高原的形成和隆起分为两个基本过程:第一阶段是特提斯形成演化阶段,即古生代泥盆纪至新生代始新世(罗建宁等,2002);第二阶段是青藏高原

强烈隆升阶段,即始于上新世末至今,最终形成青藏高原的现代特征。

青海东部岩溶主要分布在大通老爷山—互助南门峡、互助松多地区、天峻关角山地区。青海东部岩溶发育的同时受青藏高原隆起和古气候变化的控制。结合青藏高原隆升历史和各地质历史时期古气候条件,讨论自元古代以来各地质历史时期青海东部岩溶发育方式和溶蚀速率变化规律。

元古代是我国发现最早的古岩溶发育的时代,但主要分布在华南地块。元古代和古生代时期青海东部地区气候总体干旱温暖,该时期青海东部仍处于"特提斯海"阶段生成的滨海-浅海相沉积环境,碳酸盐沉积物是青海东部地区岩溶发育的主要地层,为后期岩溶发育提供了基础。

中生代时期青海东部经历了燕山运动,青海东部地区部分隆起,地壳抬升形成的高差增强了地下水的流动性,有利于岩溶发育。但燕山运动时期青海东部的地壳处于连续隆升状态,地壳稳定时间不长,不利于岩溶发育。并且中生代时期青海东部地区气候温暖干燥,虽然岩溶水具有一定的侵蚀性但水动力条件不足,导致岩溶溶蚀速率低。所以青海东部古生代时期古岩溶发育不充分,中生代时期的古岩溶较少。

新生代时期青海东部地区气候变化剧烈,并呈逐渐变冷的趋势。与此同时,新生代经历青藏高原快速隆升时期。所以新生代时期是青海东部地区古岩溶发育的主要时期,也是岩溶发育规律变化的主要时期。新生代以来,青海东部地区经历了青藏高原3次持续抬升和2次夷平,青海东部岩溶在每个阶段的发育方式和溶蚀速率有所不同。青藏高原第一次快速抬升阶段(渐新世—上新世),青海东部地区岩层形成一些构造形迹,为地下水提供流动空间,增强地下水的流动性。降水量相对较少,但温度相对较高,地下水具有较高的侵蚀性,岩溶溶蚀速率相对较高,岩溶发育方式以化学溶蚀为主,岩溶得到充分发育;青藏高原第二次快速抬升阶段(早更新世—中更新世),青海东部整体性抬升,碳酸盐岩抬升至地表,青海东部气候逐渐转冷,岩溶溶蚀速率有所降低,岩溶发育方式转变为以物理风化为主;青藏高原第三次快速抬升阶段(上更新世—全新世),隆升强烈,构造形迹发育,提高了地下水的渗流条件,但气候更加寒冷,高海拔的高山区被冰川覆盖,部分地区分布着多年冻土层。降水量虽相较其他地质历史时期有所增加,但仍不丰富。因此,渗入碳酸盐岩内的地表水、大气降水和冰雪融化水量微小,水动力条件不足,岩溶溶蚀速率低。岩溶发育方式主要以冻融作用和冰劈作用为主。整体而言,青海东部新生代以来,气候总体寒冷干旱,溶蚀速率总体不高,限制了岩溶发育的强度和深度。所以,青海东部地区的岩溶地貌以小型溶洞、岩溶裂隙为主(图4-57)。

伴随着高原地势的抬升,气候更趋寒冷,导致中更新世冰期的来临,青海东部地区山地剥蚀面遭受强烈切割,溯源侵蚀加剧,水文网发育。在末次冰盛期到全新世早期,温度较低,降水量较多。青海东部地区形成了独有的与夷平面和基座阶地相适应的高原层状岩溶峰丛山地地貌和3~5层裂隙型溶洞层。

青海东部不同地区在气候变化的影响下,岩溶发育程度有所不同。青海湖流域降水量较少,温度偏高,在野外采集过程中,青海湖流域的天峻县一带岩溶发育较少,岩溶水采集困难,说明青海湖流域的气候条件不利于岩溶发育。湟水流域气候变化频繁,但总体气温较低,降水量较多。从图4-57中也可以看出,湟水流域的大通老爷山、互助南门峡一带岩溶裂隙丰富,并且存在岩溶大泉,说明湟水流域的气候条件有利于岩溶发育。湟水流域是青海东部地区岩溶主要发育区域,岩溶发育较好。

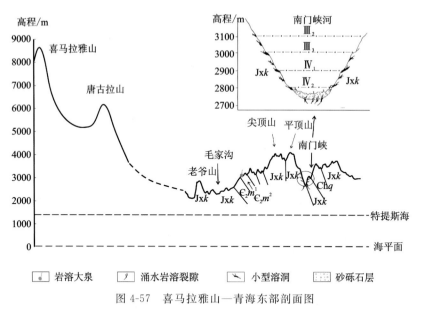

图 4-57 喜马拉雅山—青海东部剖面图

青海东部地区在气候和构造变化下的岩溶发育规律有所变化,说明影响岩溶发育的因素产生了变化(章典和师长兴,2002)。在一定的碳酸盐岩地层和构造背景下,大气 CO_2 分压和气候条件是影响岩溶发育的变化因素(邸爱莉,2020)。高海拔地区大气 CO_2 分压较低,大气降水的侵蚀能力变弱,岩溶的化学风化能力变低。但大气降水增多,地下水径流作用增强,岩溶更容易发育(王冬银等,2009)。青海东部地区海拔总体较高,大气 CO_2 分压低,末次冰盛期青海东部气候寒冷,降水量偏多,冰劈和冻融增强,地下水补给量增加,地下水径流加强,有利于岩溶发育。进入全新世冰后期,气温开始回升,但降水量较少,岩溶发育减弱,限制了青海东部岩溶发育强度和深度。

青海东部地区在末次冰盛期到全新世早期的高海拔、高寒带岩溶发育方式也会有所变化。末次冰盛期气候寒冷,渗入岩石中的水冻结成冰,体积膨大,岩石裂隙变深变宽,水更深入地渗入岩石内部并反复冻融,冻融、冰劈作用强烈,从而形成多种形态的高原岩溶地貌。全新世冰后期,气温升高,冰川消融,昼夜温差较大,冻融作用存在但较弱。所以青海东部地区末次冰盛期岩溶最为发育,岩溶发育方式以冻融、冰劈作用为主。

第五章　岩溶水资源概况

第一节　岩溶水的赋存条件与分布规律

岩溶水的赋存条件与分布规律主要受地形地貌、地层岩性、地质构造、气象水文等自然因素的影响和制约。岩溶发育的碳酸盐岩和储水的断裂、向斜构造是岩溶水形成和赋存的主要场所,因此岩溶水的分布范围与主要碳酸盐岩的出露与分布基本一致。根据前面所论述的碳酸盐岩分布情况,湟水流域主要分布有元古界的白云岩或大理岩、长城系结晶灰岩、蓟县系白云岩和白云质灰岩夹角砾状结晶灰岩及少量的奥陶系结晶灰岩;青海湖流域则主要沉积了二叠系灰岩、泥灰岩以及三叠系灰岩、角砾状灰岩及生物碎屑灰岩。受寒冻风化以及构造作用影响,这些碳酸盐岩岩体的节理裂隙较为发育,同时由于碳酸盐岩的可溶性较好,溶沟、溶隙、溶孔、溶洞等岩溶现象也比较发育,为研究区内岩溶水的形成创造了较好的赋存空间,使得这些地区分布有较为丰富的裂隙岩溶水。

根据碳酸盐岩含水层的埋藏条件,研究区内岩溶水可进一步划分为裸露型和覆盖型。据以往调查资料,研究区内碳酸盐岩多裸露于地表,属于裸露型岩溶水,一些山间沟谷第四系或丘陵区中新生代碎屑岩下部沉积有不同时代的碳酸盐岩,赋存有水量不等的裂隙岩溶水。除此之外,不同于国内西南或其他中低海拔岩溶地区,研究区内青海湖流域布哈河河源和湟水流域大通山、大坂山及拉脊山部分高山区的海拔高程大于3900m,在该海拔以上高山区分布的碳酸盐岩属于多年冻岩,其对应的地下水类型应为基岩冻结层上水,但是,若在多年冻岩之下仍分布有碳酸盐岩,则在下部赋存有覆盖性岩溶水(图5-1)。

裸露型岩溶水的赋存与分布主要受岩溶发育程度控制,岩溶水水量大小与补给源的充沛条件也有关。研究区大部分碳酸盐岩分布区风化及构造裂隙、岩溶溶隙、溶孔等发育一般,多数被泥沙或泥质充填,加之由碳酸盐岩组成的中高山区山势陡峭,不利于裸露型岩溶水的赋存与富集。泉水出露较少,单泉流量一般在0.1~1.0L/s之间。但是在断裂发育地段,尤其是张性断裂附近,构造裂隙及岩溶溶隙、溶孔等岩溶现象极为发育,为裸露型岩溶水的强径流通道及富集场所,径流沿断裂带展布方向可见水量大、水质良好的构造上升泉或泉群,泉水流量可达数十升每秒。

覆盖型岩溶水分布于由碳酸盐岩组成的中高山区山间沟谷第四纪地层或盆地边缘低山丘陵区中新生代碎屑岩下部,以及高山区多年冻岩以下。研究区内对分布于高山区多年冻岩以下的覆盖型岩溶水的研究资料几乎空白,该类型的覆盖型岩溶水埋藏深度一般较大,赋存

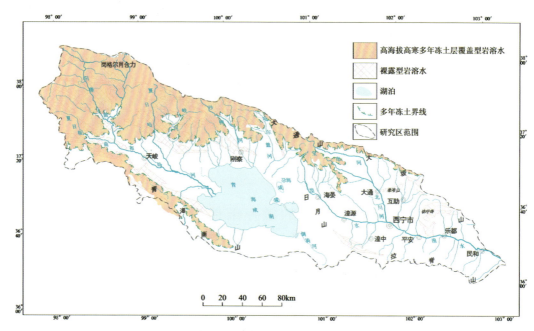

图 5-1 岩溶水不同类型分布图

于构造裂隙以及碳酸盐岩的溶隙、溶孔中,主要接受多年冻土的季节性消融补给,还受到所在地区的构造控制,富水性贫乏到丰富均有。分布于中高山区山间沟谷第四纪地层之下的覆盖型岩溶水,其赋存条件与裸露型岩溶水相近,在张性断裂带附近较为富集,位于断裂带附近的钻孔一般揭露的覆盖型岩溶水水量大,水质良好。远离断裂带或断裂不发育的地段构造裂隙及碳酸盐岩的溶隙、溶孔等一般不发育,碳酸盐岩的储水空间有限,水量一般贫乏。在靠近山间沟谷沟脑一带的岩溶水上部覆盖层薄,岩溶水以潜水为主,水位埋深也较浅。在靠近西宁盆地边缘,元古界的碳酸盐岩与新生代的碎屑岩多呈断层或不整合接触关系,岩溶水在径流的途径中,受到断层或碎屑岩的阻挡,因此具有承压性或承压自流性。在盆地边缘地带山间沟谷往往分布具有承压性或承压自流性的覆盖型岩溶水。已有资料显示,在导水断层与阻水断层的交会处,或以阻水断层为覆盖型岩溶水的隔水边界处和向斜储水构造的轴部地区,往往也分布具有承压性或承压自流性的覆盖型岩溶水。

中高山区岩溶水的直接补给来源为碳酸盐岩裸露区的大气降水及冰雪融水直接入渗补给,但是由于分布及埋藏条件的不同,其补给、径流、排泄条件有着较大的差异。在广大的中高山区,年降水量大多在 400mm 以上,部分地区每年 11 月至次年 3 月山顶常见积雪,是岩溶水形成的重要补给源,同时,裸露型裂隙岩溶水也可直接接受相邻地区基岩裂隙水的补给。雨季在一些季节性的山间沟谷往往会形成流量可观的地表径流,在这些碳酸盐岩分布的山间沟谷内会有大量的地表水入渗补给河谷区第四系松散层下部的覆盖型裂隙岩溶水。海拔高度 3900m 以上多年冻岩以下的覆盖型裂隙岩溶水,受多年冻岩的阻隔,致使不能直接接受大气降水及冰雪融水的入渗补给,其主要补给源为多年冻岩的消融补给,受季节性控制明显。中高山区裸露的碳酸盐岩中构造裂隙及岩溶溶隙、溶孔、溶洞等岩溶现象发育,为岩溶水的赋存提供了便利,天然情况下接受各种补给后的岩溶水会沿着岩溶裂隙径流,但是由于岩溶裂隙的不均一性,岩溶水的径流条件往往较为复杂,但是总的趋势是向着区域某一级别流域的排泄基准面或区域岩溶大泉进行汇流,在此过程中往往在断裂等构造或水流有利部位会形成比较强的岩溶水径流带。低山丘陵区中新生代碎屑岩下部覆盖型裂隙岩溶水的埋藏条件复杂,主要接受邻近基岩裂隙水的侧向补给,以及断裂带地下水的径流补给,补给途径复杂。

岩溶水主要排泄途径包括形成岩溶大泉,或以潜流的形式补给山前平原或丘陵接触带,或以越流的形式补给上覆含水层。近年来,由于公路、铁路等基础设施的修建和完善,在湟水流域的互助北山扎碾公路以及青海湖流域的关角日吉山地区西格铁路二线的修建,开挖形成了较大的贯穿碳酸盐岩的隧道工程,使得隧道两侧影响区域内大量的岩溶水排泄至隧道内,形成新的排泄途径。

第二节 岩溶水富水性

岩溶水的富水性主要依据碳酸盐岩地区形成的岩溶泉的流量以及所施工的水文地质钻孔涌水量来定量确定,其大小主要取决于岩溶的发育程度。然而不同位置处的气象水文、地形地貌、地质构造以及地下水的补给径流排泄等条件不尽一致,岩溶发育的程度千差万别。因此,往往即便是在同一单元内,距离相近的两个位置也会因岩溶发育程度的差异,导致施工的水文地质钻孔涌水量差别大,出现岩溶水的富水性差异显著的现象。

鉴于研究区仅在部分地区开展了专门性的岩溶水勘查工作,因此本次研究首先利用已有资料对岩溶水勘查研究程度相对较高的地区进行详细的富水性划分,并总结出岩溶水的富水性相关规律,然后利用1∶20万区域水文地质普查时期的岩溶泉调查资料,以及结合区域地质背景条件等对岩溶水的富水性进行划分,从而确定富水性的综合等级。

岩溶水富水等级划分上,研究区内基本没有流量大于100L/s的岩溶大泉,流量10～100L/s的岩溶泉数量也不足1%,因此本次研究未参照已有岩溶水富水性标准进行富水性划分。考虑到青海省岩溶水多属于裂隙岩溶水,其富水性特征和基岩裂隙水较为类似。本次研究主要依据裂隙水的径流模数和钻孔涌水量,并结合单泉的流量,将碳酸盐岩裂隙岩溶水进行富水性划分,并分为3个等级:①水量丰富的,$1000 \text{m}^3/\text{d} < Q_{井}$,$3\text{L/s} \cdot \text{km}^2 < M_{泉}$;②水量中等的,$100 < Q_{井} \leqslant 1000 \text{m}^3/\text{d}$,$1\text{L/s} \cdot \text{km}^2 \leqslant M_{泉} \leqslant 3\text{L/s} \cdot \text{km}^2$;③水量贫乏的,$Q_{井} \leqslant 100 \text{m}^3/\text{d}$,$M_{泉} < 1\text{L/s} \cdot \text{km}^2$。

一、湟水流域

湟水流域碳酸盐岩裂隙岩溶水主要分布于拉脊山北部中段和大坂山中部及东部的广大中高山区,这些地区由于降水量充沛,岩溶发育,为岩溶水的形成创造了条件。不同地区出露或分布的碳酸盐岩不尽相同,其中拉脊山地区小南川—湟中青石坡—日月乡茶石浪一带的碳酸盐岩主要为蓟县系花石山群(JxH)结晶灰岩、白云质灰岩、大理岩,大坂山中段的大通老爷山—互助南门峡一带裂隙岩溶水的含水层主要为寒武系($\in_2 h$)白云岩、灰岩、结晶灰岩以及蓟县系花石山群(JxH)结晶灰岩、白云质灰岩,大坂山东段的松多山—张家俄博一带裂隙岩溶水主要赋存于蓟县系花石山群(JxH)结晶灰岩、白云质灰岩、大理岩中的构造裂隙和节理裂隙中。区域地质调查结果显示，岩溶水的富水性不均一，大部分碳酸盐岩裸露区内的单泉流量介于 0.1～1L/s 之间，五峰寺等个别受构造影响的上升泉泉水流量可达 30L/s，泉水矿化度大多小于 0.5g/L，属 HCO_3-Ca·Mg 型水。

（一）大通（老爷山）—互助（南门峡）

西起大通老爷山，东至互助南门峡，中间经过了毛家沟以及互助五峰寺，基本包含了整个湟水流域北部北川河至沙塘川河沟脑一带中高山区的主要碳酸盐岩大面积分布区。出露的含碳酸盐岩的地层主要有长城系青石坡组（Chq），岩性以白云岩、含砾白云岩、板岩、砾岩为主，蓟县系克素尔组（Jxk）岩性以白云岩夹石英岩、砾岩含砾砂岩、碳质灰岩、硅质条带状灰岩为主，寒武系黑茨沟组（$\in_2 h$）岩性主要为灰色、深灰色粉晶灰岩，灰色板岩夹灰岩。区域上该碳酸盐岩分布区大致呈北西向条带状展布，总面积约 68.04km²。根据岩溶水的赋存条件、水理性质及水动力特征，区内岩溶水包括裸露型岩溶裂隙水和覆盖型岩溶裂隙水两种。调查发现裸露碳酸盐岩地区岩溶泉单泉流量在 0.01～35.3L/s 之间，径流模数 0.45～58.79L/s·km²，水量贫乏—丰富皆有，以水量中等区为主，其中水量丰富区主要位于毛家沟至羊胜沟、五峰寺至尖顶山、南门峡沟谷以及南门峡水库东部山区一带；覆盖型岩溶地区水文地质钻孔的涌水量介于 9.52～826.3m³/d 之间，富水性贫乏—中等（图 5-2）。

1. 裸露型岩溶裂隙水

（1）水量丰富区。主要分布于大通县桥头镇毛家沟村青海水泥厂矿山—互助县五峰镇石湾村羊胜沟以西、互助县五峰镇白多峨村五峰寺—台子乡格隆村尖顶山一带和互助县南门峡水库东部一带，总面积为 15.17km²，不同地区的含水层岩性和构造条件不同，以下对各富水分区分别介绍。

毛家沟—羊胜沟以西富水区：西起大通县桥头镇毛家沟村青海水泥厂矿山，东至互助县五峰镇石湾村羊胜沟西侧，总体呈北西-南东向条带状展布，地形上北西高，南东低，北西宽南东窄，分布面积 5.16km²，含水层岩性为寒武系灰色、深灰色粉晶灰岩，灰色板岩夹灰岩，灰岩厚度大，构造裂隙及岩溶溶隙溶孔等发育，岩溶泉流量介于 0.58～35.33L/s 之间，径流模数 7.13～30.46L/s·km²，矿化度 0.182～0.626g/L，平均流量为 13.81L/s，平均径流模数 18.10L/s·km²，水化学类型为 HCO_3-Ca·Mg 型水，总体为水量丰富区（表 5-1）。

野外调查发现，该地区溶洞不是很发育，但在多组断裂构造的影响作用下所形成的构造裂隙极为发育，基岩山区地下水在接受降雨入渗补给后，沿构造裂隙或层间裂隙向西、向南径流，形成层状岩溶裂隙水，在径流过程中受断裂带的影响，泉水出露较多且流量大，形成岩溶水富水区。研究发现除 S50 号泉点流量较小（<1L/s）外，其余泉点均不同程度地受到断裂导水、储水构造的控制，例如 F_3 上盘的 S10 号泉，地下水在径流过程中受西侧 F_3 北东-南西向压扭性断层阻水而富集，在地形较低处以泉的形式出露，流量可达 35.33L/s。

该富水区的中段南侧地下水接受北侧山区基岩裂隙水和岩溶水的补给后，在向南的径流过程中，由于受寒武系玄武岩阻隔而地下水富集于灰岩与玄武岩接触地带，在地形较低处以上升泉的形式出露，出露的岩溶大泉（S16）泉流量达 27.48L/s（图 5-3）。

第五章 岩溶水资源概况

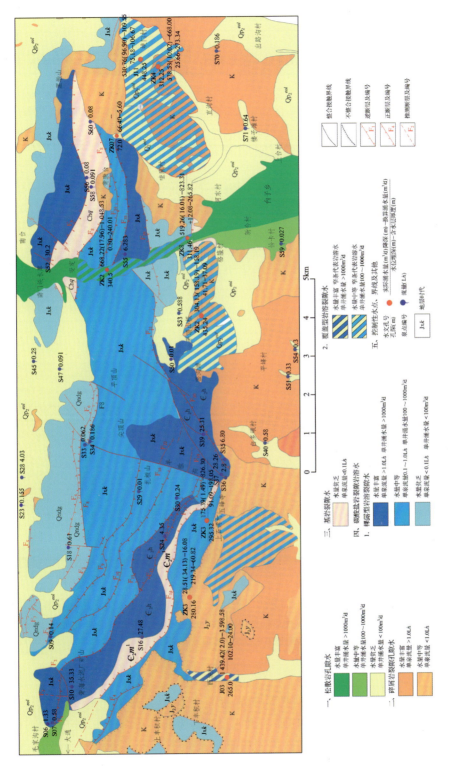

图 5-2 岩溶裂隙水富水区划分图

表 5-1 毛家沟-羊胜沟以西富水区主要泉点调查统计资料一览表

泉点统一编号	坐标位置		泉口高程/m	岩性及时代	泉水类型	流量/(L/s)	径流模数/(L/s·km²)	水化学类型	矿化度/(g/L)
	X	Y							
S10	4093	17747	2808	灰岩($\in_2 m^2$)	上升泉	35.33	30.46	HCO_3-Ca·Mg	0.182
S06	4084	17746	2700	灰岩($\in_2 m^2$)	下降泉	1.33	15.83		
S07	4093	17746	2708	灰岩($\in_2 m^2$)	下降泉	0.58	20.23		
S16	4092	17748	2870	灰岩($\in_2 m^2$)	上升泉	27.48	16.86	$HCO_3·SO_4$-Ca·Mg	0.626
S24	4092	17751	3067	灰岩($\in_2 m^2$)	上升泉	4.35	7.13	HCO_3-Ca·Mg	0.366
平均值						13.81	18.10		

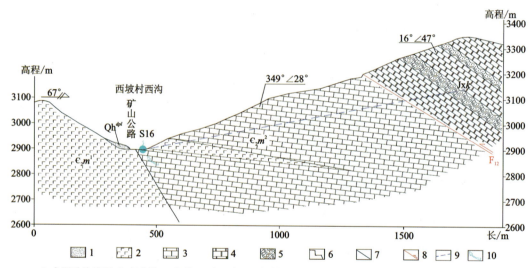

1.含泥砂块碎石;2.玄武岩;3.灰岩;4.白云岩;5.砂质板岩;6.侵入接触界线;7.岩层分界线;8.逆断层;9.推测地下水位线;10.地下水流向

图 5-3 狼窝滩—毛家沟富水区段 S16 号泉点剖面图

五峰寺-尖顶山富水区:南起互助县五峰寺,北至尖顶山,地形上北高南低,该富水区呈近南北向分布,北宽南窄,分布面积 2.16km²,含水层岩性为蓟县系白云岩、碳质灰岩、硅质条带状灰岩以及长城系白云岩,调查期间区内岩溶泉流量介于 2.80~28.22L/s 之间,径流模数 5.83~58.79L/s·km²,矿化度 0.48g/L,平均流量为 18.78L/s,平均径流模数 24.24L/s·km²,水化学类型为 HCO_3-Na·Ca 型,总体为水量丰富区(表 5-2)。

表 5-2　五峰寺-尖顶山富水区主要泉点调查统计资料一览表

泉点统一编号	坐标位置		泉口高程/m	岩性及时代	泉水类型	流量/(L/s)	径流模数/(L/s·km²)	水化学类型	矿化度/(g/L)
	X	Y							
S39	4091	17754	2831	白云岩(Chq)	上升泉	25.31	8.09	HCO₃-Na·Ca	0.483
S36	4090	17753	2833	白云岩(Jxk)	上升泉	2.80	5.83	HCO₃-Na·Ca	0.476
S37	4090	17753	2837	白云岩(Jxk)	上升泉	28.22	58.79		
平均值						18.78	24.24		

该区发育有 4 组北东向的断裂,多组北西西向的断裂,在多组断裂构造的影响作用下形成的构造裂隙极为发育,在断裂带附近的岩层破碎,形成岩溶水富水区。由于 F_{16} 北北东—南南西向压扭性断裂的导水作用,西北部中高山区的地下水沿断裂通道由尖顶山、平顶山地区向南部五峰寺径流,受到 F_{19} 压扭性断裂下盘的阻水作用,大量的地下水富集于 F_{19} 断层北部蓟县系克素尔组(Jxk)白云岩地层中,部分在 F_{19} 断层尾端五峰寺地区以上升泉的形式泄出(图 5-4)。

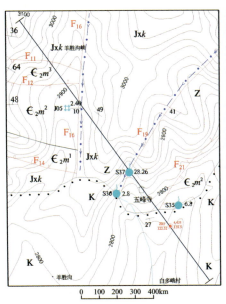

图 5-4　五峰寺-尖顶山富水段 S37 号泉点平面图及照片

此外,西北部山区地下水在由尖顶山、平顶山地区向南西方向的径流过程中,在 F_{22} 北东-南西向压扭性断裂的导水作用下,沿 F_{20} 北东-南西向压扭性导水断裂向西南龙口门沟一带径流,在北东-南西向压扭性断裂 F_{20} 北侧导水而南侧阻水的作用下,地下水最终赋存于 F_{20} 断层北部长城系白云岩地层中,并形成富水区,部分地下水在 F_{20} 断层尾部转折端北侧的龙口门沟的地形低洼处以上升泉形式出露,泉流量达 25.31L/s。

南门峡水库坝址东侧富水区:位于南门峡水库坝址东侧—黑墩山一带,总体地形上北东高而西南低，分布面积 3.18km²，含水层岩性为蓟县系白云岩、碳质灰岩、硅质条带状灰岩。东北部中高山区的地下水在接受大气降水的入渗补给后，沿构造裂隙或层面裂隙径流，受地形影响，一部分向南径流，另一部分向西径流。其中，经由黑墩山、青康台地区向西径流的地下水，由于 F_6 北西-南东向逆断裂的导水和南部长城系青石坡组（Chq）板岩的渗透性较弱，迫使地下水向当地侵蚀基准面——南门峡河径流，并在该区西段一带汇集形成富水区。随后受 F_{31} 断层的影响，在 F_{31} 与 F_6 断裂的交会处形成岩溶大泉（S52），单泉流量最大可达 30.20L/s（图 5-5）。

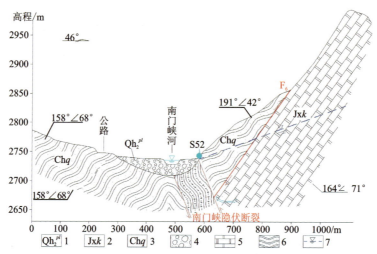

图 5-5　南门峡水库坝址东侧富水区 S52 泉点剖面图

1. 第四系全新统冲洪积；2. 蓟县系克素尔组；3. 长城系青石坡组；4. 含黏土砂卵砾石；
5. 白云岩；6. 砂质板岩；7. 推测地下水位线

五峰寺-窑沟滩水量丰富区：位于五峰寺—窑沟滩一带，地形上总体东北高，西南低，分布面积 2.50km²，含水层岩性为寒武系灰色、深灰色粉晶灰岩，灰色板岩夹灰岩。地下水在接受大气降水的入渗补给后，由东北向西南沿构造层面裂隙径流，因西南部白垩系砂质泥岩的地层相对隔水，地下水在寒武系灰岩中富集而形成富水区，形成的泉水以五峰寺东 S35 泉较为典型，泉流量为 6.80L/s（图 5-6）。

南门峡青康南水量丰富区：位于南门峡沟中段东侧青康台南部，地形上北东高，南西低，分布面积 2.17km²，含水层岩性为蓟县系白云岩夹石英岩、砾岩含砾砂岩、碳质灰岩、硅质条带状灰岩。地下水在径流过程中，受 F_{25}、F_{29} 两条近东西向逆断层控制，总体向当地排泄基准面——南门峡径流，并在该区西端一带富集，部分地下水受到南门峡河谷区隐伏断裂的阻挡，在地势低洼处以上升泉 S55 形式出露，泉流量 6.283L/s。

（2）水量中等区。分布于大通老爷山、毛家沟、扎板山—平顶山、上石湾等中高山区，总面积 29.58km²，含水层岩性为蓟县系白云岩夹石英岩、砾岩含砾砂岩、碳质灰岩、硅质条带状灰岩，寒武系灰色、深灰色粉晶灰岩，灰色板岩夹灰岩，碳酸盐岩地层中广泛发育的岩溶裂隙为岩溶水的赋存提供了较好的赋存空间。在野外调查期间，岩溶泉大多沿溶蚀的岩层面和裂隙溢出，构造上升泉数量相对较少，单泉流量在 0.01～3.24L/s 之间，径流模数 0.83～4.98L/s·km²，矿化度

图 5-6 五峰寺东构造上升泉

0.45g/L,平均流量为 0.65L/s,平均径流模数 2.26L/s·km²,为 HCO_3-Ca·Mg 型水,总体为水量中等区(表 5-3)。

表 5-3 水量中等区主要泉点调查统计资料一览表

泉点统一编号	坐标位置		泉口高程/m	岩性及时代	泉水类型	流量/(L/s)	径流模数/(L/s·km²)
	X	Y					
S04	4094695	17744780	2595	白云岩(Jxk)	下降泉	3.24	4.98
S09	4094	17747	2822	白云岩(Jxk)	下降泉	0.14	0.45
S29	4092	17752	3320	白云岩(Jxk)	下降泉	0.01	1.00
S30	4092	17752	2971	白云岩(Jxk)	下降泉	0.24	0.86
S33	4094	17753	3139	白云岩(Jxk)	下降泉	0.062	1.63
S34	4094	17753	3128	白云岩(Jxk)	下降泉	0.186	4.65
平均值						0.65	1.72

上石湾水量中等区:位于毛家沟村东侧的上石湾村一带,地形上总体北高南低,分布面积 3.68km²,含水层岩性为蓟县系白云岩夹石英岩、砾岩含砾砂岩、碳质灰岩、硅质条带状灰岩。地下水在接受大气降水的入渗补给后,沿构造裂隙或层面裂隙径流。地下水在向南西径流过程中,在 F_{15} 山前隐伏断裂的阻水作用下,于断裂上盘形成水量中等区。据 1978 年在互助县五峰镇石湾村北沟谷中施工的 ZK3 号钻孔资料,孔深 295.32m,揭露蓟县系(Jxk)灰岩、白云岩、白云质灰岩,覆盖层岩性为含粉砂碎石,厚度 5.68m,含水层厚 198.05m,含水层顶板埋深 91.09m,水位埋深 91.09m,涌水量为 175.4m³/d,计算涌水量 826.30m³/d,富水性中等,渗透

系数 0.59m/d，水温 6.5℃，属 $HCO_3\text{-}Ca \cdot Mg$ 型水。

扎板山-平顶山水量中等区：大面积分布于五峰寺北部扎板山—平顶山一带的中高山—中低山区，总面积 23.79km²，含水层岩性以蓟县系白云岩夹石英岩、砾岩含砾砂岩、碳质灰岩、硅质条带状灰岩为主。中高山区寒冻风化作用较为强烈，与之对应的风化岩溶裂隙也较为发育，期间发育有多条北西西向的断裂构造，在断裂附近的岩石裂隙较为发育，形成的泉水流量在 0.01～0.24L/s 之间，径流模数 0.45～4.65L/s·km²，平均流量为 0.128L/s，平均径流模数 1.72L/s·km²，总体为水量中等区。

(3) 水量贫乏区。大面积分布于上丰积村、下丰积村、黑墩山北一带的丘陵区或丘陵与中低山的过渡区，总面积 23.66km²，含水层岩性为长城系青石坡组白云岩、板岩、硅质岩、灰岩、砾质砂岩和蓟县系白云岩夹石英岩、砾岩含砾砂岩、碳质灰岩、硅质条带状灰岩。这些地区的构造往往不甚发育，碳酸盐岩中的节理裂隙发育程度较差，加之地处丘陵区或中低山区，地下水的补给条件相对较差，导致地下水的富水性差，泉水出露较少。

2. 覆盖型裂隙岩溶水

在西坡村、南门峡、峡门村等一些较大的沟谷第四系底部埋藏的蓟县系碳酸盐岩中赋存有水量不等的裂隙岩溶水，钻探资料显示各山间沟谷中沉积的第四系松散堆积物厚度一般小于 50m。在石湾村、格隆村、直沟村等地，部分碳酸盐岩埋藏于数百米的白垩系红层之下，赋存有覆盖型裂隙岩溶水，其富水性往往较一般，覆盖层厚度一般大于 50m。

(1) 水量丰富区。顺沟谷展布于石山乡西坡村的沟谷中上游沟谷地区，地形上北高南低，分布面积 0.31km²。据钻孔揭露，表层 0～5m 为砂砾卵石，5～202m 为白垩系互层的细砂岩及泥岩，202～241m 为侏罗系砂砾岩，241～265m 为蓟县系大理岩，未揭穿。裂隙岩溶水赋存于蓟县系克素尔组大理岩中，2004 年施工期的水位埋深 47.0m，降深 2.0m 时涌水量 1 439.42m³/d，计算涌水量达 3 598.58m³/d（降深 5.0m）。西坡村上游沟谷出露有大面积的白云岩，山区降雨充沛，周边山区所形成的地下水均向沟谷径流排泄，由于沟谷下游小沟村-白多峨村-格隆村隐伏断裂的阻水作用，地下水在西坡村一带富集并形成富水区。目前该钻孔转为生产井，开采量为 720m³/d，仍具有很大的开发潜力（图 5-7，表 5-4）。

图 5-7 石山乡钻孔出水解决周边饮水

表 5-4 西坡村覆盖型岩溶裂隙水钻孔机井资料一览表

孔号	岩性时代	孔深/m	地下水类型	覆盖层岩性及时代	覆盖层厚度/m	单井涌水量/(m³/d)	降深/m	含水层厚度/m	水位埋深/m	计算涌水量/(m³/d)	渗透系数/(m/d)
J03*	大理岩(Jxk)	265.0	承压水	砂砾岩(K)	221.0	1 439.42	2.0	24.0	102.10	3 598.58	28.5

(2)水量中等区。

格隆村水量中等区：分布于小沟村-格隆村隐伏断裂北侧、格隆村沟上游平顶山根一带，地形上北、东、西高而南低，分布面积 3.04km²。据钻孔资料，表层 0～11m 为第四系灰黄色粉砂，11～210.91m 为白垩系(K)砂岩、砾岩，210.91～435.24m 为蓟县系克素尔组(Jxk)灰岩、碳质灰岩，岩芯编录显示在 257.95m、300.00m、304.10m、322.93m、337.02m、346.51m 有多段岩溶裂隙发育段，岩芯破碎，分别在 349m、386.91m 处可见泥质和角砾，推断为较小的断层破碎带，钻孔成井后水位埋深 41.71m，含水层顶板埋深 210.09m，涌水量 304.13m³/d，推断涌水量 325.3 m³/d，计算涌水量 132.21m³/d，渗透系数 0.066m/d，水温 9℃，矿化度 0.63g/L，属 HCO_3-Ca·Mg 型水。地下水的补给主要来源于该区北部 F_{21} 逆断层南侧之间裸露的或被白垩系(K)覆盖的蓟县系克素尔组(Jxk)灰岩含水层和被黄土覆盖的寒武系灰岩含水层的地下水径流，在该区南侧小沟村-格隆村隐伏断裂阻水的控制下，地下水在该区一带富集并形成岩溶裂隙承压水(图 5-8，表 5-5)。

图 5-8 格隆村 ZK2 钻孔抽水

表 5-5　格隆村覆盖型岩溶裂隙承压水钻孔资料一览表

孔号	岩性时代	孔深/m	地下水类型	覆盖层岩性及时代	覆盖层厚度/m	单井涌水量/(m³/d)	降深/m	含水层厚度/m	水位埋深/m	计算涌水量/(m³/d)	渗透系数/(m/d)
ZK2	碳质灰岩(J_xk)	435.24	承压水	砂岩、砾岩（K）	210.91	304.13	158.19	37.07	41.71	132.21	0.066

南门峡水量中等区：呈条带状分布于南门峡水库坝址以南的安定至河东村的南门峡河谷内，地形上北、东、西高而南低，分布面积 1.47km²，上部覆盖层地层主要为第四系冲洪积砂砾卵石，厚度小于 15.0m，其下为蓟县系克素尔组的硅质白云岩，为裂隙岩溶水的含水层。峡谷两侧及上游中高山区地下水接受大气降雨和冰雪融水的入渗补给后，沿断裂汇入南门峡峡谷区，继续沿破碎带往下游径流，遇到 F_{26} 断裂后径流受阻，断层上盘形成覆盖型岩溶水富水区。根据前人在坝址区南端和河东村北部实施的水文地质钻孔资料，抽水降深分别为 17.96m 和 16.01m，实际出水量 668.22m³/d 和 519.26m³/d，计算涌水量分别为 1 048.53m³/d 和 823.31m³/d，属于水量中等区（图 5-9，表 5-6）。

图 5-9　南门峡 ZK8 承压自流水钻孔

表 5-6 南门峡地区覆盖型裂隙岩溶水钻孔资料一览表

孔号	岩性时代	孔深/m	地下水类型	覆盖层岩性及时代	覆盖层厚度/m	单井涌水量/(m³/d)	降深/m	含水层厚度/m	水位埋深/m	计算涌水量/(m³/d)	渗透系数/(m/d)
ZK2	硅质白云岩(Jxk)	340.50	承压水	砂砾卵石(Qh^{al})	12.21	668.22	17.96	240.01	0.80	1 048.53	0.217
ZK8	硅质白云岩(Jxk)	311.46	自流	砂砾卵石(Qh^{al})	4.45	519.26	16.01	265.82	+12.08	823.31	0.08

峡门村水量中等区：位于峡门村及其以北地带，地形上北高南低，分布面积6.20km²，覆盖层地层岩性主要为风积黄土及坡积碎石土，厚度一般小于20m，其下为白垩系(K)砂岩、砾岩、页岩，厚度大于200.0m，部分地区如曹子沟一带第四系之下则直接为蓟县系的白云质灰岩。该区裂隙岩溶水主要赋存于蓟县系克素尔组(Jxk)白云岩、灰岩中，水位埋深一般大于70m，局部25m左右。地下水主要接受该区北部裸露的或被黄土、白垩系(K)覆盖的蓟县系克素尔组(Jxk)白云岩、灰岩含水层的地下水径流补给。根据前人1979年在该区中部南侧实施的ZK4孔及2014年施工的J11水文地质资料，水位埋深25.66～75.18m，降深10.02m及96.90m时，涌水量分别为578.53m³/d及530.76m³/d，换算为5m降深，10in口径时计算涌水量109.55～668.00m³/d，属于水量中等区，渗透系数0.065～0.214m/d，为HCO_3-Ca·Mg型水(表5-7)。

表 5-7 峡门村覆盖型岩溶裂隙水钻孔机井资料一览表

孔号	岩性时代	孔深/m	地下水类型	覆盖层岩性及时代	覆盖层厚度/m	单井涌水量/(m³/d)	降深/m	含水层厚度/m	水位埋深/m	计算涌水量/(m³/d)	渗透系数/(m/d)
ZK4*	白云质灰岩(Jxk)	312.25	潜水	碎石土	13.70	578.53	10.02	273.34	25.66	668.00	0.23
J11	白云质灰岩(Jxk)	448.25	潜水	黄土	14.5	530.76	96.90	106.67	75.18	109.55	0.065

石湾村水量中等区：位于石湾村F_{15}断裂以南，小沟村-格隆村隐伏断裂以北，地形上北高南低，分布面积2.92km²，覆盖层地层岩性主要为白垩系(K)砂岩、砾岩、页岩。根据区域地质资料推测覆盖层厚度大于150m，地下水接受来自北部山区地下水的径流补给，在向南部下游

地区径流过程中受到小沟村-格隆村隐伏断裂的阻水作用,在石湾村一带富集,并储存于蓟县系克素尔组(Jxk)白云岩、灰岩中。根据邻近的ZK3号钻孔推测,该区属于覆盖型裂隙岩溶水的水量中等区。

(3)水量贫乏区。在部分低山丘陵及个别小的山间沟谷中,因流域的汇水面积小、补给条件差,黄土覆盖层或白垩系红层下部赋存的覆盖型裂隙岩溶水水量往往较为贫乏,其分布面积往往较小,图上难以表示。

例如2002年在互助县台子乡哇麻村施工的ZK07号孔,孔深72.0m,揭露蓟县系(Jxk)大理岩、硅质灰岩含水层,表层为厚度21.50m的砂砾卵石,其下为大理岩,其中21.50~27.80m及66.40~72.00m为岩溶裂隙发育带,揭露到碳酸盐岩裂隙溶洞水,水位埋深66.40m,含水层厚度5.60m,富水性等级为贫乏。

2016年在大通县石山乡西坡村施工的ZK3号孔,孔深280.16m,揭露蓟县系(Jxk)白云岩、灰岩、碳质灰岩含水层,表层为厚度23.74m的含粉土碎块石,其下为白云岩,其中23.47~88.03m、93.6~152.26m、183.84~280.16m为岩溶裂隙发育带,揭露到裂隙岩溶水,初见水位132.34m,洗井过程中逐步干枯,含水层顶板埋深219.34m,水位埋深219.34m,含水层厚度60.82m,降深34.13m时,涌水量为28.51m³/d,计算涌水量16.08m³/d,水量贫乏,渗透系数0.014m/d,水温8°C,矿化度0.422g/L,属HCO₃-Ca·Mg型水(表5-8)。

表5-8 覆盖型岩溶裂隙水水量贫乏区钻孔资料一览表

孔号	位置	岩性时代	孔深/m	地下水类型	覆盖层岩性及时代	覆盖层厚度/m	单井涌水量/(m³/d)	降深/m	含水层厚度/m	水位埋深/m	计算涌水量/(m³/d)	渗透系数/(m/d)
ZK07*	台子乡哇麻村	大理岩、硅质灰岩(Jxk)	72.0	潜水	砂砾卵石(Qp_3^{dpl})	21.50			5.60	66.40		
ZK3	石山乡西坡村	白云岩、灰岩(Jxk)	280.16	潜水	含粉土碎块石(Qh^{col+pl})	23.74	28.51	34.13	60.82	219.34	16.08	0.014

(二)松多山

西起互助佑宁寺,东至松多乡,基本包含了整个松多山地区,其中的碳酸盐岩分布区面积约63.45km²,占总面积的70%,碳酸盐岩裂隙岩溶水的主要含水层岩性为蓟县系结晶灰岩、大理岩及硅质灰岩。根据岩溶水的赋存条件、水理性质及水动力特征,本区内岩溶水包括裸露型和覆盖于冻结层上水下部的埋藏型岩溶裂隙水两种类型。裸露碳酸盐岩地区出露的岩溶泉单泉流量介于0.51~6.8L/s之间,个别泉群流量大于10L/s,区内施工的水文地质钻孔涌水量64.71~3240m³/d,富水性中等—丰富,在佑宁寺寺滩村沟谷等覆盖型岩溶地区内施工的水文地质钻孔涌水量介于1402.6~6393.6m³/d之间,为水量丰富区(图5-10)。

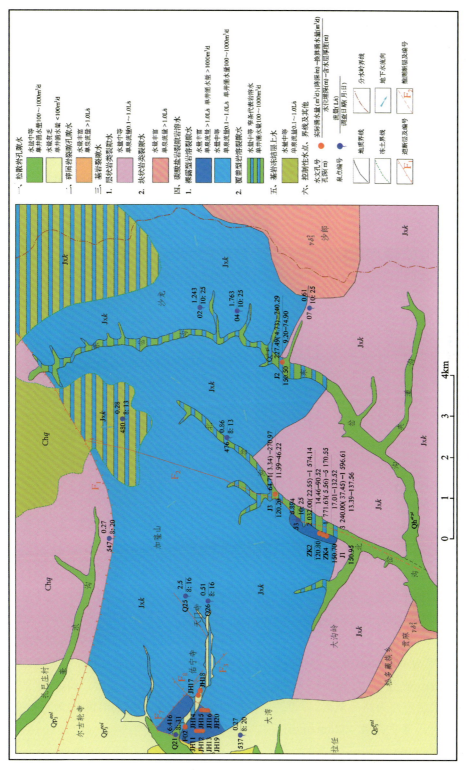

图 5-10 松多山地区水文地质图

1. 裸露型裂隙岩溶水

(1)水量丰富区。主要分布于佑宁寺寺滩沟以及松多乡北岔沟中上部一带,总面积为 1.26km²,不同地区的含水层和构造条件不同,以下对各富水分区分别介绍。

松多乡北岔沟水量丰富区:沿北岔沟沟谷西侧的 F_2 断裂呈条带状分布,宽度上大致为 F_2 断裂的破碎带以及影响带。依据北岔沟沟口开展的地球物理勘探剖面反演及地质推断图,F_2 断层破碎带在东西方向上宽度约 100m,由此确定富水区东西向长约 100m。富水区南部边界为蓟县系灰岩与非灰岩,主要为板岩、砂质板岩、硅质千枚岩的地质界线;根据灰岩的完整程度、出露泉水的流量以及上下游开展的地球物理勘查反演的深部灰岩完整程度,综合确定北部边界为 59 号泉附近出露相对较完整的结晶灰岩,南北长约 1.5 km,推断富水区面积约为 0.15km²(图 5-11)。

图 5-11　东岔沟岩溶泉照片

根据该地段施工的 J1、ZK2 及 ZK4 号水文地质钻孔资料,单井涌水量 1 771.63～3 240.00m³/d,属于水量丰富区。J1 号水文地质钻孔孔深 150.95m,含水层岩性为结晶灰岩,厚度为 137.56m,水位埋深 13.39m,降深 37.45m 时,涌水量 3 240.00m³/d,渗透系数 3.296m/d,矿化度 0.57g/L,水化学类型为 $HCO_3 \cdot SO_4$-Ca 型。ZK2 钻孔孔深 120.80m,含水层岩性为结晶灰岩,厚度为 90.52m,水位埋深 14.46m,降深 22.55m 时,涌水量 2 032.00m³/d,渗透系数 5.08m/d,矿化度 0.53g/L,水化学类型为 $HCO_3 \cdot SO_4$-Ca 型。ZK4 号钻孔孔深 150.70m,含水层岩性为结晶灰岩,厚度为 132.52m,水位埋深 17.01m,降深 5.56m 时,涌水量 1 771.63m³/d,渗透系数 4.28m/d(图 5-12,表 5-9)。

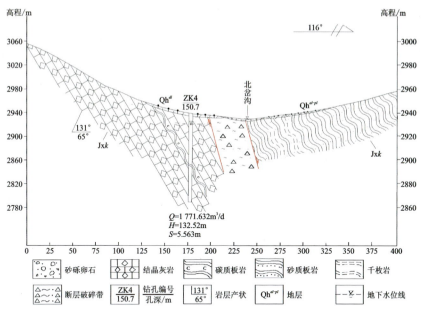

图 5-12 北岔沟水文地质剖面图

表 5-9 北岔沟水量丰富区水文地质钻孔资料一览表

孔号	岩性时代	孔深/m	地下水类型	单井涌水量/(m³/d)	降深/m	含水层厚度/m	水位埋深/m	计算涌水量/(m³/d)	渗透系数/(m/d)
J1	Jxk	150.95	潜水	3 240.00	37.45	137.56	13.39	1 596.61	3.29
ZK2	Jxk	120.80	潜水	2 032.00	22.55	90.52	14.46	1 574.14	5.08
ZK4	Jxk	150.70	潜水	1 771.63	5.56	132.52	17.01	5 170.55	4.28

佑宁寺水量丰富区：分布于佑宁寺寺滩村沟谷 F_2 断裂上盘，东以沟口 F_7 断裂为界，西以 F_8 断裂为界，总体为东西向的条带，地形上东北高、西南低，分布面积 1.11km²，含水层为蓟县系结晶灰岩。根据本地区施工的水文地质钻探资料，裂隙岩溶水含水层岩性主要为白云质灰岩、结晶灰岩，含水层厚度大于 65m，钻进过程中浆液漏失严重，岩芯破碎，溶隙分布不均匀，钻孔单井涌水量 1 402.6～6 393.6m³/d，降深 0.46～10.73m，渗透系数 203.4～456.8m/d。顺沟实施的大地电磁测深结果、抽水试验结果以及钻探岩芯，均表明该地区灰岩的溶隙和裂隙发育程度存在较大的差异，使得钻孔之间涌水量、降深等出现较大的差异，最大单孔涌水量可达 6 393.60m³/d，降深仅 0.46m，最小单孔涌水量为 1 402.60m³/d，降深 10.73m（表 5-10，图 5-13）。

表 5-10　佑宁寺水量丰富区水文地质钻孔资料一览表

孔号	孔深 /m	单井涌水量 /(m³/d)	降深 /m	含水层厚度 /m	水位埋深 /m	计算涌水量 /(m³/d)	渗透系数 /(m/d)
JH11	29.80	4 209.02	3.77	11.62	19.07	4 686.00	220.2
JH12	41.28	6 393.60	0.46	21.33	20.45	65 229.00	307.9
JH13	47.80	3 744.94	1.38	20.98	28.16	11 331.70	258.3
JH14	65.48	4 975.80	1.56	27.18	38.30	15 502.83	203.4
JH15	54.00	3 338.37	1.37	11.54	42.46	9 087.80	240.6
JH16	61.08	4 790.90	2.32	20.92	40.87	8 604.60	456.8
JH19	42.80	5 826.33	1.25	20.60	22.29	18 915.10	431.3
JH20	64.90	1 402.60	10.73	20.93	45.27	693.50	245.3
F02	41.80	1 972.50	2.96	24.48	17.32	6 511.09	

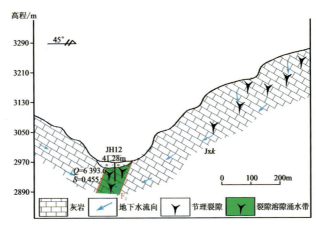

图 5-13　佑宁寺沟谷水文地质剖面图

（2）水量中等区。广泛分布于佑宁寺寺滩村河谷两侧山区和松多北岔沟、东岔沟一带的基岩山区，总面积 3.039km²，含水层岩性为蓟县系结晶灰岩。

碳酸盐岩裸露区溶洞和溶蚀裂隙等岩溶现象较为发育，泉水大多沿溶蚀的岩层面和裂隙溢出，部分断裂构造区形成上升泉，单泉流量在 0.51~6.42L/s 之间，径流模数在 1.2~4.2L/s·km² 之间，矿化度 0.5g/L 左右，平均流量为 2.49L/s，平均径流模数 2.76L/s·km²，为 $HCO_3·SO_4$-Ca 型或 $SO_4·HCO_3$-Ca·Mg 型水，总体为水量中等区（表 5-11，图 5-14）。

表 5-11 水量中等区主要泉点调查统计资料一览表

泉点统一编号	位置	坐标位置 X	坐标位置 Y	岩性及时代	泉水类型	流量 /(L/s)	径流模数 /(L/s·km²)	水化学类型	矿化度 /(g/L)
Q25	天门寺北	4073	18251	结晶灰岩(Jxk)	下降泉	2.50	4.20		
Q21	佑宁寺	4073	18247	结晶灰岩(Jxk)	下降泉	6.42		$HCO_3·SO_4$-Ca	0.632
Q26	天门寺	4072	18251	结晶灰岩(Jxk)	下降泉	0.51	1.20		
02	沙龙	4072	18259	结晶灰岩(Jxk)	下降泉	1.24	3.36	$SO_4·HCO_3$-Ca·Mg	0.54
04	鹿场	4071	18258	结晶灰岩(Jxk)	下降泉	1.76	2.29		
			平均值			2.49	2.76		

图 5-14 佑宁寺岩溶泉照片

水量中等区位置上一般会远离控水构造一定的距离。例如,佑宁寺地区 F_2 断层为主要的控水构造,其上下盘皆为蓟县系结晶灰岩,断层顺沟谷呈东西向展布,性质上来说为正断层,断层作用形成的破碎带及其影响带内的岩石破碎,节理裂隙发育,地下水极易沿着断层作用形成的破碎带形成富水区。同时,又因为断层的影响作用有限,相较于富水区在远离破碎带地区的结晶灰岩裂隙、溶隙整体发育程度稍差,岩溶裂隙水主要赋存于浅部强分化层的节理裂隙中,富水性稍差。在 F_8 断裂以东地区则因为地层发生较为明显的变化,断层以西的富水区为中厚层的结晶灰岩,而断层以东的灰岩中碳质板岩夹层数量多,灰岩含水层中溶隙发育程度也稍差,因此所施工的水文地质钻孔的单孔涌水量 300 m^3/d,降深 30~75m(表 5-12)。

表 5-12 佑宁寺水量中等区水文地质钻孔资料一览表

孔号	孔深 /m	单井涌水量 /(m³/d)	降深 /m	含水层厚度 /m	水位埋深 /m	计算涌水量 /(m³/d)	渗透系数 /(m/d)
JH17	110.00	300.00	75.00	64.00	32.00	20.00	1.36
JH18	68.58	300.00	30.00	32.58	32.30	50.00	3.12

2. 覆盖型裂隙岩溶水

按照覆盖层的不同分为两大类,其中在松多乡北岔沟及东岔沟等一些较大的沟谷中覆盖层为第四系砂砾卵石,由于沟谷的汇水面积小,因此各山间沟谷中第四系松散堆积物厚度一般小于50m。东岔沟J2号水文地质钻孔孔深150.50m,含水层岩性为结晶灰岩,厚度为74.9m,水位埋深9.20m,降深4.73m时,涌水量227.49m³/d,渗透系数1.030m/d。北岔沟上游三岔口施工的J3号水文地质钻孔孔深120.20m,含水层岩性为结晶灰岩,厚度为46.22m,水位埋深11.99m,降深3.34m时,涌水量64.71m³/d,渗透系数0.359m/d(表5-13)。

表 5-13　岩溶裂隙水水量中等地段钻孔资料一览表

钻孔编号	孔深/m	含水层厚度/m	水位埋深/m	渗透系数/(m/d)	降深/m	钻孔涌水量/(m³/d)	换算涌水量/(m³/d)	矿化度/(g/L)	水化学类型
J2	150.50	74.90	9.20	1.030	4.73	227.49	740.29	/	/
J3	120.20	46.22	11.99	0.359	3.34	64.71	270.97	0.47	$HCO_3 \cdot SO_4-Ca$

此外,松多山海拔大于3850m以上的中高山区,因表层多年冻土或冻岩的存在,在冻结层水之下分布有埋藏型岩溶水。鉴于多年冻土区内泉水流量和动态特征受到多年冻土的影响,变化较大,不能表现该地区碳酸盐岩岩溶裂隙水的特征。因此本次研究对覆盖于多年冻土下的碳酸盐岩岩溶裂隙水的富水性参照就近分布的裸露型岩溶水进行评价,属于水量中等区。

(三)拉脊山北麓青石坡—小茶石浪地区

该区分布于湟水南岸拉脊山西段北麓的中高山区,西起日月乡小茶石浪,东至小南川,中间经过了青石坡及大南川。区域内分布的碳酸盐岩地层主要包括长城系白云岩、含砾白云岩、蓟县系白云质灰岩、碎裂岩化灰岩和古元古界湟源群刘家台组大理岩,大致为两个近北西向展布的条带,组成了复式向斜构造,总面积约175.26km²。区内绝大部分碳酸盐岩裸露于地表,相较于湟水北部地区,该区域岩溶发育程度稍差,地表岩溶个体形态规模甚小,裂隙型溶洞的长、宽、高一般小于10m,在部分大厚度碳酸盐岩段与其下部非可溶岩的接触带或不整合面处的岩溶相对较发育,裂隙岩溶水主要赋存于碳酸盐岩的岩溶裂隙和构造裂隙中;据调查资料,区内岩溶泉单泉流量介于0.012~8.92L/s之间,径流模数0.38~10.53L/s·km²,富水性由贫乏—丰富皆有,大部分为水量中等区,仅一些断裂、向斜等构造组合控制的地段为水量丰富区。在甘河青石坡、盘道东岔沟窑洞湾、药水河等较大的支沟中,碳酸盐岩埋藏于第四系砂卵砾石层之下,分布有埋藏型裂隙岩溶水,单井涌水量小于100m³/d到大于1000m³/d皆有(图5-15)。

第五章 岩溶水资源概况

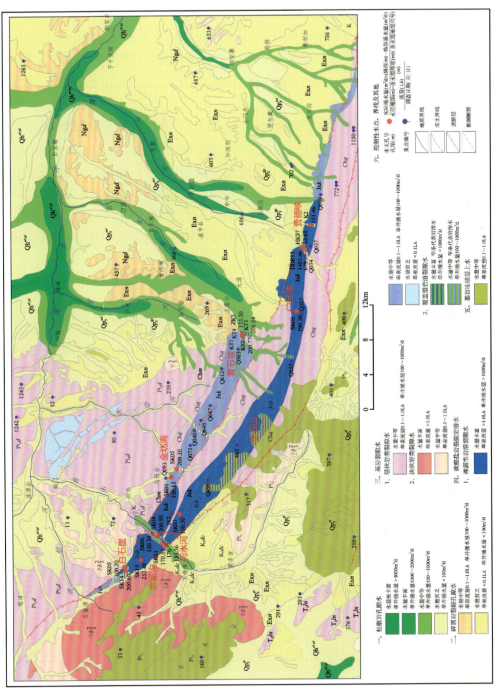

图 5-15 青石坡—小茶石浪地区水文地质图

1. 裸露型岩溶裂隙水

该类水主要分布于湟水南岸由碳酸盐岩组成的中高山区,岩溶水的富水性除决定岩溶化程度外,还与构造、地貌、气候及补给条件有关,一般在岩层经历了多次强烈的构造运动和补给条件好的地区或地段,尤其是断裂破碎带附近,构造裂隙及溶隙、溶洞发育,储水条件好,透水性强,水交替迅速,往往形成水质好、水量丰富的裂隙溶洞水,反之则富水性减弱,水量变小甚至无水。

(1)水量丰富区。分布于南川河上游贵德峡、华山村、门旦峡、盘道上游柏木峡、花石山以及药水河左岸宗家沟至白石崖一带的中高山区,北以长城系青石坡组与蓟县系克素尔组的分界断裂为界,南部到分水岭多年冻土下限,东以贵德峡和碇门峡分水岭为界,西至花石山白石崖,受到了花石山复向斜构造、拉脊山山前压扭性断裂以及北东向、北西向导水断裂的影响,总面积 102.32km²。碳酸盐岩含水层包括了长城系白云岩、含砾白云岩、蓟县系白云质灰岩、碎裂岩化灰岩。由于靠近拉脊山分水岭,该地区降水量为湟水南岸的极值,补给条件优越。受构造和物理风化作用的影响,各流域内均可见大小、高程不一的溶洞,灰岩表层溶隙发育,广泛发育的构造裂隙和岩溶裂隙为地下水的形成和赋存创造了有利条件。该地区岩溶泉较为发育,泉流量在 0.2~8.92L/s 之间,径流模数 2.3~10.56L/s·km²,平均流量为3.36L/s,平均径流模数 5.76L/s·km²,矿化度均值 0.33g/L,水化学类型为 HCO_3-Ca·Mg 型或 HCO_3·SO_4-Ca·Mg 型。另据宗家沟左岸茶康台以北施工的 SK15 号水文地质钻孔资料,钻孔深度 253.40m,水位埋深 17.82m,揭露含水层厚度为 183.70m,降深 26.81m 时,涌水量为 3 340.22m³/d,换算涌水量 1 989.7m³/d(表 5-14)。

表 5-14 水量丰富区主要泉点调查统计资料一览表

流域单元	泉点编号	位置	坐标位置 X	坐标位置 Y	岩性及时代	泉水类型	流量/(L/s)	径流模数/(L/s·km²)	水化学类型	矿化度/(g/L)
南川河	679	骟马台	4031	17727	结晶灰岩(Jxk)	下降泉	8.92	6.50	HCO_3-Ca·Mg	0.17
南川河	Q34	黑坡	4030	17727	结晶灰岩(Jxk)	下降泉	1.58	5.28		
南川河	Q37	小马鸡沟	4031	17729	结晶灰岩(Jxk)	下降泉	1.30	6.38		
南川河	Q587	门旦峡	4032	17722	白云质灰岩(Jxk)	上升泉	2.25	2.33	HCO_3-Ca·Mg	0.502
甘河	Q552	白石头沟上游南沙沟	4032	17716	白云岩(Jxk)	下降泉	1.96			0.502
盘道沟	Q40	东岔河	4073	18251	结晶灰岩(Jxk)	上升泉	2.50		HCO_3-Ca·Mg	0.2
盘道沟	Q661	东岔河源头柏木峡	4039	17707	白云岩(Jxk)	下降泉	0.61	3.59	HCO_3·SO_4-Ca·Mg	0.318

续表 5-14

流域单元	泉点编号	位置	坐标位置 X	坐标位置 Y	岩性及时代	泉水类型	流量/(L/s)	径流模数/(L/s·km²)	水化学类型	矿化度/(g/L)
药水河	287	雪隆沟上游巴水沟南坡	4045	17700	白云岩(Jxb)	上升泉	6.00	10.53	HCO₃-Ca·Mg	0.270
	Q490	白水河上游花石山	4042	17702	白云质灰岩(Jxk)	下降泉	0.30	5.32		
	196	药水村	4049	17696	白云岩(Jxk)	下降泉	3.82	2.45	HCO₃-Ca·Mg	0.396
	321	小茶石浪沟脑	4043	17700	白云质灰岩(Jxk)	上升泉	3.15	8.28	HCO₃-Ca·Mg	0.282
平均值							3.36	5.76		0.33

该富水区的成因大致可以分为3种。其一为岩溶裂隙控水型,根据区域地质条件,该区域处于拉脊山隆起带北麓,花石山复向斜东端,整个复向斜主要由青石坡向斜、花石山向斜及其间的背斜组成,在复向斜内部沿山体展布方向又发育了大量的北西向断裂和顺沟的北东向断裂,在强烈的构造作用和寒冻风化作用下,岩石的节理裂隙较为发育,一些较大的节理裂隙处形成的泉水流量较大,如骟马台679号泉从陡崖下的碎石块石及结晶灰岩的裂隙溶洞中流出(图5-16),泉口海拔3038m,高出河水面30m。在高山泉口50m左右的陡崖上构造裂隙溶洞发育,溶洞大小、形态各异,有扁平、椭圆及圆筒状等。在1m²面积上有两组裂隙:一组产状为235°∠49°,共计6条,裂隙宽5mm;另一组产状为53°∠48°,共计6条,裂隙宽3mm。资料显示,该泉常年涌流不息,年际动态变化大,1980年7月16日堰测流量为8.9L/s,1983年8月31日堰测流量为7.1L/s,2019年7月堰测流量为4.46L/s,矿化度0.1g/L,属于HCO_3-Ca·Mg型淡水。

单一断层控水型是另一种大流量泉水的成因。拉脊山北麓地区断层构造发育,碳酸盐岩夹持于两条北西—北西西向展布的逆断层之间,受断层的挤压作用,断层附近的蓟县系克素尔组白云质灰岩,力学性质较硬,极易形成以断层角砾为主的断层破碎带,有利于接受基岩裂隙水的侧向补给,形成碳酸盐岩类裂隙岩溶水,而断层附近的长城系青石坡组及磨石沟组的千枚岩,力学性质较软,受挤压后则极易形成以泥质为主的断层破碎带,具阻水性,不利于地下水的运移,因此往往在灰岩侧形成相对的岩溶富水区。如盘道东岔河峡谷中发育的泉水(Q40)直接从灰黑色白云岩溶洞中流出,泉水的形成受到北西西向压扭性断裂的影响,在泉水周边的白云岩中发育有150°∠31°、130°∠82°、265°∠75°共3组较发育的裂隙,泉水处的溶洞宽10m,高2m,深5.1m,泉流量1.8L/s(2019年5月),为矿化度0.2g/L的HCO_3-Ca·Mg型淡水,水温4℃(图5-17)。

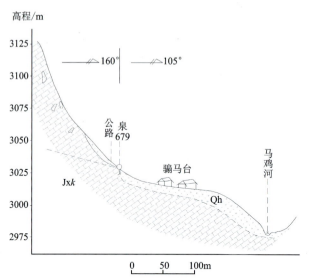

图 5-16　华山村骟马台 679 号泉剖面示意图

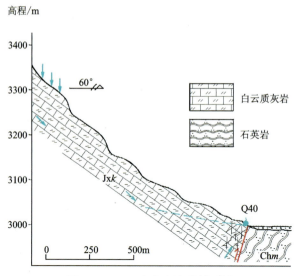

图 5-17　Q40 泉水文地质剖面图

组合构造控水是各山间支沟富水区形成的另一重要类型。调查和物探资料显示，在药水河上游、白水河上游西侧支沟、门旦峡及贵德峡等地区，顺沟的走滑断层较为发育，这些断裂形成地下水径流的通道，来自南部分水岭一带的地下水沿着断层形成强径流带，在走滑导水断裂与北西向压扭性断裂的共同作用下，断裂交会处构造裂隙及溶隙、溶洞发育，储水条件好，透水性强，水交替迅速，往往形成水质好、水量丰富的裂隙溶洞水，所出露的泉水流量较大。例如，在门旦峡河右岸山体坡脚处出露一构造上升泉群，呈线性出露，共出露 5 处构造上升泉，单泉流量 0.102～0.513L/s，合计流量为 2.245L/s，水化学类型为 HCO_3-Ca·Mg 型，水温为 12～21.5℃，具有一定的地热异常。根据区域地质条件，该构造上升泉群主要接受中高山区大气降水补给,受断裂构造控制,其中顺沟发育的 F_{10} 断层破碎带以构造角砾岩为主,构成良好的导水通道。北西向的 F_3 断层及其次级 F_{3-1} 断层上盘为灰岩,下盘以砂砾岩为主,破碎带为泥岩,断层上盘充水,下盘隔水;此外,因 F_3 断层规模相对较大,切割较深,具有一定的导热作用。地下水在接受大气降水及冰雪融水的入渗补给后,经 F_{10} 导水断层进入深部循环后,受到 F_{10} 断层的导水作用最终以构造上升泉的形式出露地表(图 5-18)。

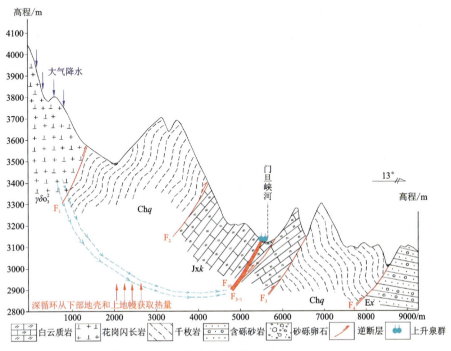

图 5-18　门旦峡泉水出露模型图(吴艳军,2021)

(2)水量中等区。大面积分布于拉脊山北麓克素尔—马场村—青石坡、克素尔—花石山—小南川以及波航河上游石崖湾至黄羊坡一带的中高山区,碳酸盐岩地层岩性包括蓟县系白色、灰白色白云质灰岩、碎裂岩化灰岩,古元古界刘家台组大理岩。从地貌上来说,该地区主要位于湟水南岸拉脊山北麓各沟谷的中上游地区,大气降水相对水量丰富区有一定的减少,岩溶主要发育强度也有降低,主要表现为零星分布的岩溶石丛和小型的溶蚀洞穴,其特点是沿着裂隙及断裂带比较发育。岩溶石丛零星分布在各支沟 3500~3700m 的山体顶部一带,大小不一,高 10~20m 不等;溶洞零星分布于山体中上部,多呈不规则形状,大小不一,洞口直径一般 1~5m,洞深 0.5~5m,高 2~8m,均为无水干溶洞。区内泉水出露较多,但发育不均,其流量变化较大,分布不均,但受断裂导水、储水构造和接触带储水构造等控制明显,单泉流量 0.012~0.794L/s,径流模数 0.38~4.64L/s·km²,平均流量为 0.341L/s,平均径流模数 2.36L/s·km²,属水量中等区,水化学类型以 HCO_3-Ca 型或 HCO_3-Ca·Mg 型水为主,矿化度小于 0.5g/L(表 5-15)。

表 5-15 碳酸盐岩类裂隙岩溶水水量中等区泉点统计一览表

流域单元	泉点编号	位置	泉口标高/m	含水层岩性	流量/(L/s)	径流模数/(L/s·km²)	溶解性总固体/(mg/L)	水化学类型
南川河	39	硖门峡中上游	3180	白云质灰岩(Jxk)	0.186	1.691		
甘河	Q563	甘河上游照壁山		白云质灰岩(Jxk)	0.794			
康城川	Q612	八盘垭豁	3066	白云质灰岩(Jxk)	0.221	2.160		
盘道	Q647	盘道月亮沟黄羊坡	3362	白云质灰岩(Jxk)	0.303	3.443		
盘道	Q648	盘道东大沟	3360	白云质灰岩(Jxk)	0.240	0.380		
盘道	Q78	盘道西岔冬赛玛喔	3340	白云质灰岩(Jxk)	0.012			
盘道	Q401	葫芦山	2980	白云质灰岩(Ptl)	0.218	4.640		
药水河	Q93	白水河石崖湾	3080	白云质灰岩(Jxk)	0.114	2.530		
药水河	227	药水河右岸	2924	白云质灰岩(Jxk)	0.483	1.670	0.218	HCO_3-Ca
药水河	282	雪隆沟中上游	3099	白云岩(Jxb)	0.828	2.670	0.256	HCO_3-Ca
波航河	Q013	石崖湾村	3080	白云质灰岩(Jxk)	0.281			
波航河	Q005	冰沟大山阳坡根	3170	白云岩(Jxb)	0.349	2.050	0.414	HCO_3-Ca·Mg
平均值					0.340	2.360		

(3)水量贫乏区。分布于湟源大华波航河上游、灰条沟及硖门以东等部分山区一带,这些地区或地貌上位于山区与河谷交接的山前或区域出露的碳酸盐岩面积小,沟谷汇水面积也相对较小,岩溶发育程度稍差,碳酸盐岩泉水较少,所发现的岩溶泉单泉流量大多小于0.1L/s,流量较小,属于水量贫乏区。

2. 覆盖型岩溶裂隙水

在南川河上游华山村、甘河上游青石坡、药水河药水村及门旦峡、贵德峡等一些较大的沟谷，表层为第四系冲洪积砂砾卵石，下部为蓟县系或长城系碳酸盐岩，在其中的构造裂隙或岩溶裂隙、溶孔中赋存碳酸盐岩类裂隙岩溶水，上部覆盖层受沟谷沉积环境的影响，厚度不一，一般厚度小于50m。这些沟谷中往往地表水发育，且多为常年性河流，大量的地表水在向沟谷下游排泄过程中入渗补给河谷区松散岩类孔隙潜水，接受补给的第四系潜水又可以通过表层的裂隙与裂隙岩溶水形成水力联系，钻孔涌水量介于14.01～4 020.39 m^3/d之间，属于水量中等—丰富区。

（1）水量丰富区。

青石坡水量丰富区：分布于甘河上游青石坡一带的沟谷区，河谷宽160～200m，地形上西南高东北低。河谷区内沉积的第四系卵石层厚度不等，总体从甘沟、白石头沟交会处开始逐渐变厚，其中沟口交会处堆积厚度为30m，至青石坡老桥处厚度增加至70m，分布相对稳定，为良好的地下水赋存场所。根据水文地质钻探资料，含水层岩性为蓟县系花石山群克素尔组白云质灰岩，含水层厚度为65.9～133.54m，隔水顶板埋深68.3～70.2m，降深12.00～34.84m，实际涌水量为338.86～2 137.54 m^3/d，计算涌水量为202.02～3 183.87 m^3/d，渗透系数为0.097～0.420m/d，矿化度小于0.5g/L，水化学类型为HCO_3-Ca·Mg型（表5-16、图5-19、图5-20）。

表5-16 青石坡地区覆盖型裂隙岩溶水钻孔资料统计一览表

钻孔编号	孔深/m	含水层 岩性	含水层 厚度/m	水位埋深/m	顶板埋深/m	降深/m	实际涌水量/(m^3/d)	计算涌水量/(m^3/d)	渗透系数/(m/d)	备注
ZK3	133.30	白云质灰岩（Jxk）	65.90	2.82	70.2	12.00	2 137.54	3 183.87	0.420	
KT2	200.77	白云质灰岩（Jxk）	131.97	2.98	68.8	34.84	351.91	202.02	0.097	
KT3	201.84	白云质灰岩（Jxk）	133.54	3.64	68.3	31.04	338.86	218.37	0.324	
KT1		砂砾卵石 白云质灰岩	61.9(Q) 134.76(Jxk)	3.87		3.495	5 928.77		37.41	混合水
KT4		砂砾卵石 白云质灰岩	66.5(Q) 231.47(Jxk)	2.79		2.15	4 932.89		38.67	混合水
KT5		砂砾卵石 白云质灰岩	66.25(Q) 231.55(Jxk)	3.38		19.5	7 348.38			混合水

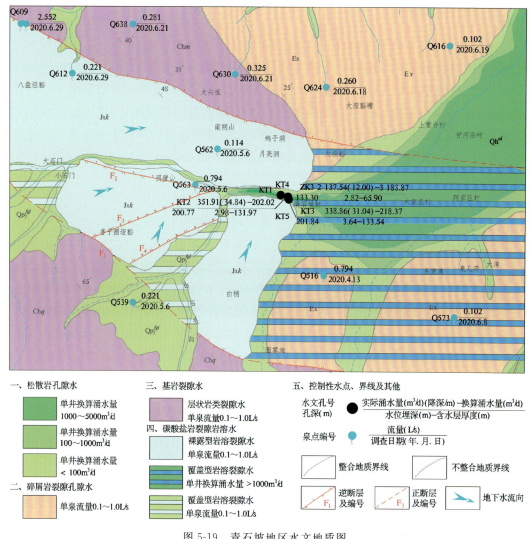

图 5-19 青石坡地区水文地质图

由于下伏灰岩溶隙和裂隙相的不均匀性,往往难以寻找到较为理想的稳定隔水层,在勘查过程中也就难以实现上部第四系和下部岩溶水的分层止水和抽水工作。在该地区的岩溶水勘查过程中,仅局部地段的个别孔实现了孔内"止水成功",大部分开展的仅是混合抽水试验,由此也说明了沟谷区内的第四系松散岩类孔隙水与下伏的岩溶裂隙水是同一个地下水流系统,两者之间的水力联系密切。

南川河上游水量丰富区:分布于南川河上游华山村以及贵德峡一带的沟谷区,地形上西南高东北低。该区域与青石坡地区同处一个构造单元,其构造展布特征比较类似,岩溶富水区的形成机理也比较一致。区内北西向发育的拉脊山北坡断裂为压性-压扭性深大断裂,其北侧阻水南侧充水,是影响该地区岩溶富水性的主要控水构造,在南北向平移导水断层和拉北断层次级断层的共同作用下而形成富水区。在构造作用下,富水区分布的覆盖型裂隙岩溶水多具承压自流性。

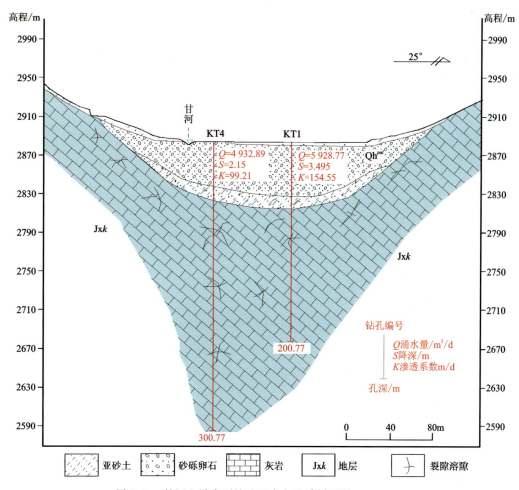

图 5-20　甘河上游青石坡地区水文地质剖面图(彭亮,2011)

据贵德峡上新庄镇 K2 水文地质钻孔资料,孔深 181.46m,0~14.10m 为灰白色卵石层,14.1~38.32m 为青灰色灰岩,38.32~125.64m 为青灰色碎裂岩,125.64~156.53m 为浅灰色断层角砾,156.53~167.73m 为青灰色碎裂岩,167.73~181.46m 为深灰色断层泥,含水层岩性为断层角砾和碎裂岩,厚度 87.32m,裂隙岩溶水承压自流,水头高出地表 6.0m,降深 19.26m 时,涌水量为 1 139.18m³/d,自流量为 450m³/d,换算涌水量为 1 024.3m³/d,推算该钻孔降深至隔水顶板的最大涌水量为 2 637m³/d。据水质分析报告,矿化度 0.298g/L,水化学类型为 HCO_3-Ca·Mg 型(图 5-21)。

据南川河上游华山村一带的地热钻孔资料,在第四系下部均揭露了碳酸盐岩裂隙岩溶水,因顺河谷发育的北东向张(张扭)性断裂构成热矿水排泄的良好通道,北西西向拉脊山北麓压扭性深大断裂形成阻水构造,两组断裂的共同作用下华山村一带的裂隙岩溶水具有较高的温度,钻孔揭露温度 15~41℃不等,属于热矿水,钻孔出水量从每天几方到几千方不等,主要取决于钻孔所处断裂的位置,在断裂的共用上盘处水量相对较大,为水量丰富区(图 5-22)。

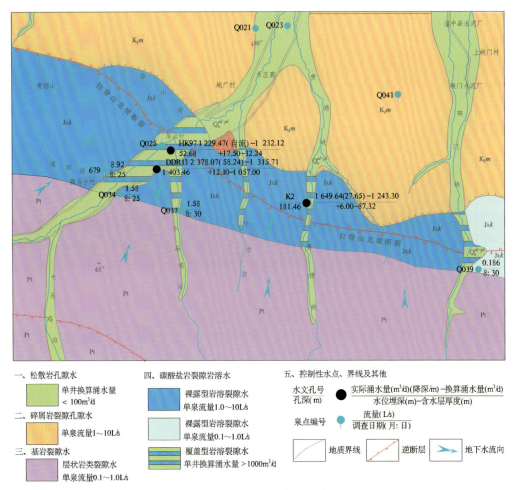

图 5-21　贵德峡地区水文地质图

图 5-22　华山村上游地热地质钻孔

例如,HK97号钻孔孔深52.68m,20.44~52.68m为白云质灰岩含水层,厚32.24m。成井后井水自流,承压水头高出地表17.5m,自流量1 229.47m³/d,矿化度1.55g/L,水化学类型为HCO_3-Ca型。2012年在该区域施工的DDR13号地热地质钻孔孔深1 403.46m,在103~1160m段出现多段含水层,含水层岩性为灰岩碎裂岩,该孔为承压自流井,承压水头高出地表12.1m,降深58.24m时,单井涌水量2 378.07m³/d,矿化度2.178g/L,水化学类型为HCO_3-Ca·Mg型(表5-17)。

表5-17 贵德峡地区裂隙岩溶水量丰富区钻孔资料统计一览表

孔号	位置	岩性及时代	孔深/m	降深/m	单井涌水量/(m³/d)	含水层厚度/m	水位埋深/m	计算涌水量/(m³/d)	水化学类型	矿化度/(g/L)
HK97	华山村	白云质灰岩(Jxk)	52.68	自流	1 229.47	32.24	+17.50	1 232.12	HCO_3-Ca	1.55
DDR13	华山村	灰岩碎裂岩(Jxk)	1 403.46	58.24	2 378.07	1 057.00	+12.10	1 315.71	HCO_3-Ca·Mg	2.178
K2	贵德峡	结晶灰岩及破碎带	181.46	19.26	1 139.18	87.32	+6.00	1 024.30	HCO_3-Ca·Mg	0.298

金坊湾水量丰富区:分布于白水河上游金坊湾一带的河谷区,两侧为侵蚀构造中山,中部为白水河河谷平原,呈条带状展布。含水层岩性为蓟县系花石山群克素尔组(Jxk)白色、灰白色白云质灰岩、碎裂岩化灰岩,主要构造有花石山向斜以及北西向F_6断裂及顺沟展布的F_{11}断裂。根据在花石山向斜的轴部、F_6阻水断层与F_{11}导水断层的交会处实施的SK01号水文地质钻孔资料,该孔孔深180.15m,含水层岩性为蓟县系克素尔组(Jxk)白云质灰岩、碎裂化灰岩,岩芯呈碎块状,极为破碎,含水层厚度为102.30m,隔水顶板埋深96.70m,水头高度为+5.40m,自流量为130.291m³/d,降深51.30m时,涌水量为4 246.21m³/d,计算涌水量1 479.59m³/d,矿化度0.270g/L,水化学类型为HCO_3-Ca·Mg型(图5-23)。

茶康台-白石崖水量丰富区:分布于湟源茶康台—白石崖一带药水河及波航河河谷区。这一带蓟县系克素尔组(Jxk)结晶灰岩岩体节理裂隙发育,地下水在循环径流过程中长期溶蚀、溶滤作用,溶隙、溶孔等岩溶现象比较发育,这一特征使大气降水极易入渗补给碳酸盐岩裂隙岩溶水,也为裂隙岩溶水创造了良好的赋存条件。

白石崖三道沟河谷区施工的水文地质钻孔SK05、SK14,分别于7.64m、7.44m处揭露灰岩,含水层厚度为69.2m、30m,降深23.87m和33.71m时,钻孔涌水量分别为3 491.42m³/d、2 166.74m³/d,换算涌水量分别为2 335.92m³/d和1 026.50m³/d,矿化度小于0.3g/L,水化学类型为HCO_3-Ca·Mg型(表5-18)。

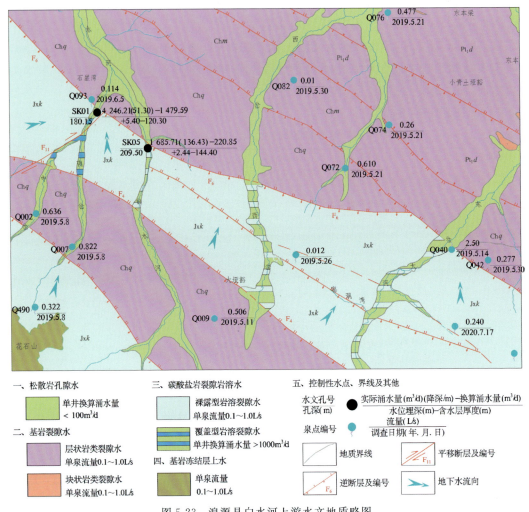

图 5-23 湟源县白水河上游水文地质略图

表 5-18 茶康台-白石崖覆盖型裂隙岩溶水代表性钻孔统计表

钻孔编号	位置	孔深/m	含水层			降深/m	实际涌水量/(m³/d)	计算涌水量/(m³/d)	矿化度/(g/L)
			岩性	厚度/m	埋深/m				
SK05	湟源加牙麻村	100.20	灰岩	69.20	7.64	23.87	3 491.42	2 335.92	0.242
SK14	湟源加牙麻村	200.60	片麻岩、灰岩	30.00	7.44	33.71	2 166.74	1 026.50	0.252
176	湟源克素尔村	158.36	灰岩	39.40	7.82	3.36	845.86	4 020.39	
SK12	石崖湾	200.50	灰岩	95.00	7.80	26.50	2 757.89	930.09	

石崖村一带水量丰富的裂隙岩溶水分布与断裂构造的展布密切相关。根据石崖湾村实施的地球物理勘探结果,第一电性层为低阻层,电阻率变化在 100Ω·m 以内,厚度变化范围在地表到 50m 之间,岩性为冲洪积砂砾层;第二电性层为高阻层,电阻率变化在 100Ω·m 以上,埋深在第一电性层底部,南端点至 900m 岩性为灰岩,距南端点 900m 至北端点处岩性为石英岩,灰岩与石英岩为断层接触。距南端点 350m、900m 处电阻率陡变,推断为两处北倾断裂,倾角 80°左右。近北西向逆断裂控制了石崖村一带的碳酸盐岩裂隙岩溶水的富水性(图 5-24)。据石崖湾村施工的 SK12 号水文地质孔资料,孔深 200.50m,于 5.2m 处揭露结晶灰岩,含水层厚度为 95.00m,水位埋深 7.80m,降深 26.50m 时,单井涌水量为 2 757.89m³/d,计算涌水量为 930.09m³/d,计算至隔水层顶板的最大涌水量为 3 980.51m³/d,矿化度 0.26g/L,水化学类型为 HCO_3-Ca·Mg 型(图 5-24)。

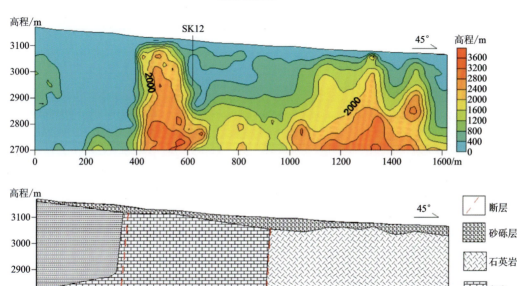

图 5-24 湟源县石崖湾村物探反演及地质推断示意图(张磊等,2021)

(2)水量中等区。

门旦峡水量中等区:呈条带状分布于门旦峡中上游的河谷内,地形上西南高东北低,上部覆盖层地层主要为第四系冲洪积砂砾卵石,厚度小于 15.0m,其下为蓟县系克素尔组(Jxk)白云质灰岩、结晶灰岩,为裂隙岩溶水的含水层。北东向 F_3 断层和顺沟 F_{10} 断层共同控制了该地区的岩溶富水性(图 5-25)。

据南川河上游华山村一带的地热钻孔资料,在第四系下部均揭露了碳酸盐岩裂隙岩溶水,因顺河谷发育的北东向张(张扭)性断裂构成热矿水排泄的良好通道,北西西向拉脊山北麓压扭性深大断裂形成阻水构造,两组断裂的共同作用下华山村一带的裂隙岩溶水具有较高的温度,钻孔揭露温度15～41℃不等,属于热矿水,钻孔出水量从每天几方到几千方不等,主要取决于钻孔所处断裂的位置,在断裂的共用上盘处水量相对较大,为水量丰富区(图5-22)。

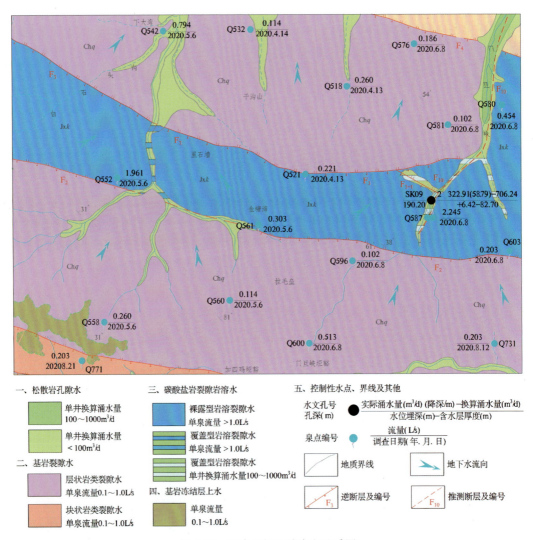

图5-25 湟中区门旦峡水文地质图

药水河-宗家沟-白石崖水量中等区:分布于湟源县南药水河颜家庄-克素尔敖包、宗家沟以及雪隆沟的沟谷区,分布面积2.82km²,裂隙岩溶水赋存于蓟县系克素尔组(Jxk)白云质灰岩、结晶灰岩中,其上部为厚度小于20m的松散岩类孔隙水。该地区整体位于大东岔向斜构造内,裂隙岩溶水的富水性受到该向斜构造的影响,向斜核部的水量要大于两翼。据区域地质资料,区内断裂较为发育,断裂附近构造裂隙及岩溶溶隙、溶孔等发育,更有利于覆盖型裂隙岩溶水的富集,以至于向斜两翼的水量相比核部更丰富。

根据药水村附近施工的水文地质钻孔资料,计算涌水量介于330.21～1 165.40m³/d之间,其中SK03钻孔于17.5m处揭露灰岩,含水层厚度为126.61m,最大涌水量为2 409.58m³/d,计算涌水量为1 165.4m³/d。SK06号和SK04号钻孔分别于15.9m和118.03m处揭露灰岩,含水层厚度分别为 44.10m 和 32.54m;SK06 号孔降深为 57.05m 时,最大涌水量为 2 283.29m³/d,计算涌水量为 639.17m³/d;SK04 号钻孔降深为 79.84m 时,最大涌水量为 1 650.84m³/d,计算涌水量为 330.21m³/d,为水量中等地段。矿化度均小于 0.5g/L,水化学类型属于 HCO_3-Ca·Mg 型或 HCO_3-Ca 型(图 5-26,表 5-19)。

花石山水量中等区:分布于花石山海拔大于 3900m 以上的中高山,因表层多年冻土或冻岩的存在,在冻结层水之下分布有埋藏型的岩溶水。鉴于该地区的裸露型裂隙岩溶水属于水量中等区,因此参照就近分布的裸露型岩溶水进行评价,属于水量中等区。

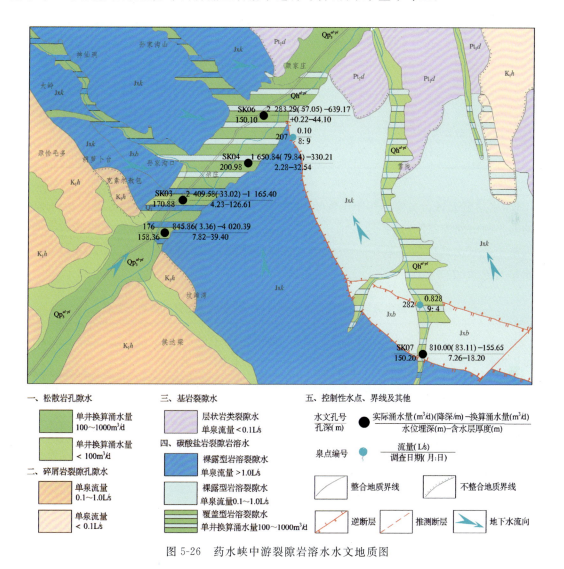

图 5-26 药水峡中游裂隙岩溶水水文地质图

表 5-19 药水村地区覆盖型裂隙岩溶水钻孔资料一览表

孔号	位置	岩性(地层)	孔深/m	地下水类型	单井涌水量/(m³/d)	降深/m	含水层厚度/m	水位埋深/m	计算涌水量/(m³/d)	矿化度/(g/L)	水化学类型
SK03	宗家沟沟口	白云质灰岩(Jxk)	170.88	承压水	2 409.58	33.02	126.61	4.23	1 165.40	0.27	HCO$_3$-Ca
SK04	尕庄	白云质灰岩(Jxk)	200.98	承压水	1 650.84	79.84	32.54	2.28	330.21	0.312	HCO$_3$-Ca·Mg
SK06	药水村	白云质灰岩(Jxk)	150.10	承压水	2 283.29	57.05	44.10	+0.22	639.17	0.436	HCO$_3$-Ca·Mg
SK07	雪隆沟	白云质灰岩(Jxk)	150.20	承压水	810.00	83.11	18.20	7.26	155.65	0.236	HCO$_3$-Ca

(3)水量贫乏区。主要分布于子沟峡、大南峡、大高岭、灰条沟、山根村等碳酸盐岩地层构成的较小的山间沟谷区,这些地区由于沟谷形成汇水面积较小,补给条件差导致富水性差。前人施工的水文地质钻孔单井涌水量 79.40~90.63m³/d,计算涌水量 14.01~27.96m³/d,为水量贫乏区(表 5-20)。

表 5-20 湟水流域南部覆盖型裂隙岩溶水水量贫乏区钻孔资料一览表

孔号	位置	岩性(地层)	孔深/m	地下水类型	单井涌水量/(m³/d)	含水层厚度/m	水位埋深/m	计算涌水量/(m³/d)	水化学类型	矿化度/(g/L)
K7	湟中区峡门峡	灰岩(Jxk)	193.23	承压水	79.40	116.00	10.92	27.96	HCO$_3$·SO$_4$-Mg·Ca	0.386
K8	湟中区大南峡	灰岩(Jxk)	180.00	承压水	79.40	162.50	6.39	17.33	HCO$_3$-Mg·Ca	0.422
K9	湟中区子沟峡	灰岩(Jxk)	180.88	承压水	86.66	108.00	3.13	14.01	HCO$_3$-Ca·Mg	0.244
K10	湟中区尕中峡	灰岩、断层角砾(Jxk)	180.00	承压水	90.63	167.09	8.31	21.68	HCO$_3$-Ca·Mg	0.392

(四)湟水流域其他地区

除了以上研究程度较高地区赋存有碳酸盐岩裂隙岩溶水外,湟水流域的水磨沟花园寺、引胜沟仓家峡上游、羊官沟、水磨沟上游一带也赋存有水量不等的岩溶水,含水层为蓟县系克素尔组白云质灰岩、结晶灰岩。据区域水文地质调查,不同地区的裂隙岩溶水富水性具有一定的差异。

土官沟至下水磨沟一带灰岩分布于大坂山东部靠近分水岭地区,面积约 $129.3km^2$。由于海拔相对较高,这些地区大气降水量相对较大,地下水的补给条件相对较好。从构造上松多山复向斜储水构造正好位于该富水区中部,核部和两翼由蓟县系碳酸盐岩和部分碎屑岩组成,由于褶皱部位的岩层层面裂隙和拖拉牵引而产生的拉张裂隙十分发育,因此靠近向斜核部极易形成岩溶集中溶蚀带,构成向斜储水富水区。北部中高山区地下水在接受大气降水的入渗补给后,沿构造裂隙或层面裂隙向南部径流过程中,由于沟谷下游侵入岩的阻挡,地下水在灰岩地层中富集,泉水往往在向斜核部且地势较低的小型沟谷内出露,单泉流量一般在 $2.5L/s$ 左右,径流模数 $2.43\sim6.9L/s\cdot km^2$,属于水量丰富区(表 5-21)。

松花岭至仓家峡一带灰岩分布于大坂山东部分水岭下部地区,面积约 $98.95km^2$。相较于土官沟至下水磨沟一带,由于灰岩的出露位置在分水岭下段,浅部风化作用相对较弱,地下水补给条件差,水循环交替作用亦较缓慢,仅发育一些溶孔和溶蚀裂隙,因此该地区的岩溶水富水性稍差,泉水于灰岩岩溶裂隙或灰岩与碎屑岩的接触面上形成,单泉流量大多介于 $0.1\sim1.0L/s$ 之间,径流模数 $1.15\sim3.76L/s\cdot km^2$,属于水量中等区(表 5-21,图 5-27~图 5-29)。

表 5-21 水磨沟至羊官沟一带岩溶泉资料一览表

富水性分区	点号	坐标		泉口标高/m	位置	含水层岩性	流量/(L/s)	径流模数/(L/s·km²)	矿化度/(g/L)	水化学类型
		X	Y							
土官沟至下水磨沟水量丰富区	157	4060	18280	2400	支沟源头	结晶灰岩	2.97	6.9		
	530	4060	18270	3430	半山坡	结晶灰岩	1.24	2.43	0.414	HCO₃-Ca
	161	4060	18280	3520	俄博沟源头	结晶灰岩	2.53			
	155	4060	18280	3360	支沟源头	结晶灰岩	2.88			
松花岭至仓家峡水量中等区	532	4060	18270	3440	坡脚处	结晶灰岩	0.64		0.201	HCO₃-Ca
	486	4060	18250	3480	支沟沟脑	石英砂岩	0.303	1.15		
	503	4070	18260	3500	支沟沟脑	板岩	0.912			
	518	4060	18260	2860	沟谷西侧	片岩	0.544	3.76		
	505	4070	18260	3560	沟脑	结晶灰岩	0.483			

图 5-27　仓家峡一带出露的蓟县系白云质灰岩及溶洞

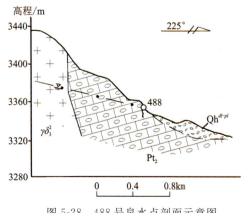

图 5-28　488 号泉水点剖面示意图

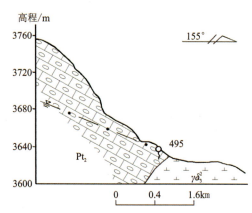

图 5-29　495 号泉水点剖面示意图

二、青海湖流域

青海湖流域碳酸盐岩裂隙岩溶水主要分布于青海南山的石乃亥—苏吉塘、关角日吉山、天峻山以及布哈河北岸的阳康曲、夏日哈—峻河、沙柳河等地区。不同地区分布的碳酸盐岩不尽相同,其中青海南山北麓地区裂隙岩溶水主要赋存于三叠纪碳酸盐岩中,以郡子河群大加连组($T_{1-2}d$)和江河组($T_{1-2}j$)灰岩、角砾状灰岩及生物碎屑灰岩为主,阳康曲、夏日哈—峻河、沙柳河一带含水层主要为三叠系大加连组($T_{1-2}d$)灰岩、角砾状灰岩及生物碎屑灰岩和二叠系巴音河群草地沟组($P_{1-2}c$)灰岩、泥灰岩。受碳酸盐岩地层以及构造的影响,不同地区或同一地区不同构造部位的裂隙岩溶水富水性有一定的差异,其中大部分碳酸盐岩裸露区内的单泉流量在 1～10L/s 之间;但是在布哈河及阳康曲上游一带发育有一系列北西—北西西向、北北西—南北向、北北东—北东东向断层,部分断层具有长期活动和多期活动的特点,断层控水作用明显,沿部分断层破碎带及两侧形成一些流量较大的上升泉,流量介于 5～23.27L/s

之间,舟群寺岩溶泉流量达54L/s,矿化度大多小于0.5g/L,属HCO_3-Ca·Mg型水(图5-30)。

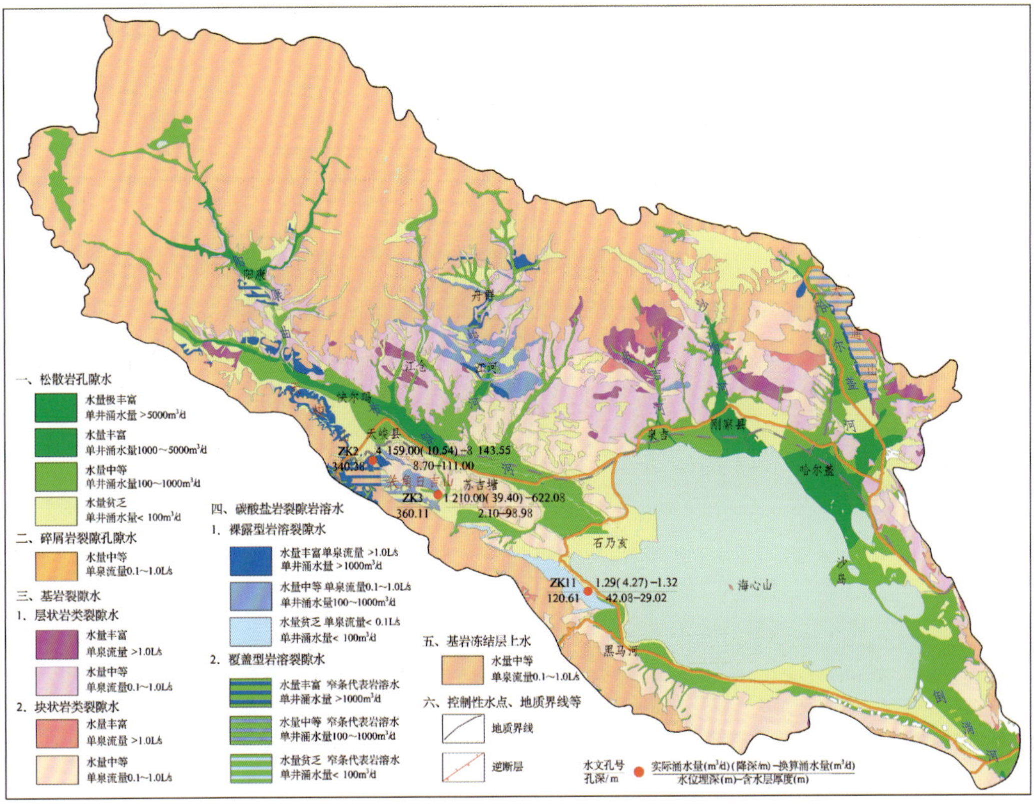

图 5-30 青海湖流域水文地质略图

(一)青海南山北麓地区

青海南山北麓地区岩溶水主要分布于石乃亥—苏吉塘、关角日吉山、天峻山一带,主要含水层为三叠系江河组或大加连组结晶灰岩、二叠系草地沟组结晶灰岩。根据近年开展的岩溶水勘查以及1:20万区域水文地质普查工作,该地区岩溶水单泉流量介于1~95L/s之间,单孔涌水量在1.3~5132m³/d之间,为水量贫乏—丰富区。

1. 裸露型

(1)水量丰富区。主要分布于关角日吉山北麓切格日绞合木沟和天峻山加木格日沟,其形成均与区域的向斜构造和断裂构造密切相关。

关角日吉山富水区:主要位于赛尔雄—切格日曲一带,面积约21.28km²,受到克德陇溶向斜构造和F_6断裂构造的共同影响。含水层为三叠系江河组($T_{1-2}j$)灰岩、角砾状灰岩及生物碎屑灰岩。在野外调查期间,整个切格日绞合木沟域内的岩溶泉或沿断层呈串珠状出露,或沿溶蚀的岩层面和裂隙溢出,单泉流量在0.64~5.12L/s之间,富水性强,矿化度一般小于0.5g/L,属于HCO_3-Ca型或HCO_3-Ca·Mg型水(图5-31,表5-22)。

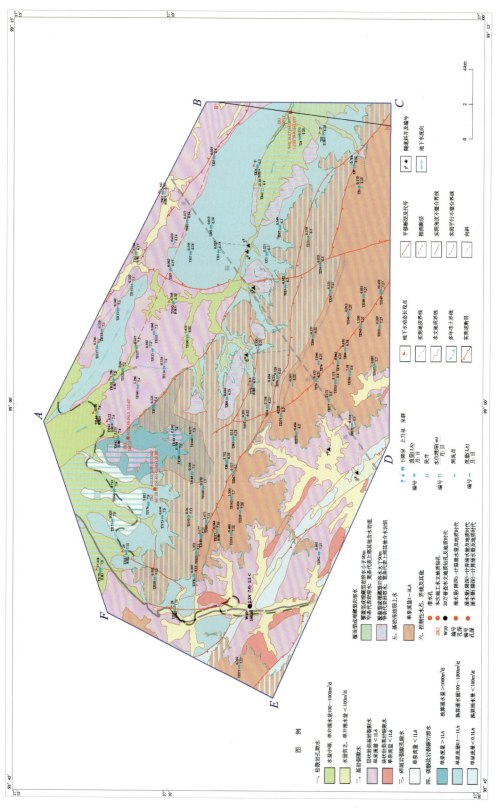

图 5-31 关角日吉山地区岩溶水水文地质图

表 5-22 三叠纪碳酸盐岩泉水富水性资料一览表

点号	坐标 X	坐标 Y	泉口标高/m	位置	含水层岩性（地层）	流量/(L/s)	矿化度/(g/L)	径流模数/(L/s·km²)	水化学类型	水温/℃	气温/℃
TJ174	4116	494	3723	琼果卡肉	结晶灰岩（$T_{1-2}j^1$）	2.88		6.62		3	12
TJ143	4118	498	3618	切格日绞合木	结晶灰岩（$T_{1-2}j^1$）	5.12	0.48	27.43	HCO_3-Ca·Mg	8	20
TJ175	4115	493	3807	卡会	结晶灰岩（$T_{1-2}j^1$）	0.64		10.17		1	12

另据切格日绞合木施工的 ZK2 号钻孔资料，该钻孔布设于 F_6 断裂的上盘，孔深 340m，在 217.4m 以上均为 $T_{1-2}j^1$ 结晶灰岩，217.4m 处为 F_6 断裂的破碎带，破碎带厚 1.3m，218.7m 以下为断层下盘的砂岩夹砂岩或砂岩夹泥岩，具有较好的阻水作用，钻探施工阶段在 160～165m 处漏浆现象严重，钻进过程中有轻微掉钻现象，判断该位置有隐伏岩溶发育。据钻孔抽水试验资料，该地段水位埋深 8.70m，降深 5.71m 时，出水量为 3 231.27m³/d，降深 10.54m 时，出水量为 4 159.00m³/d，降深 20m 时的计算涌水量为 5 132.60m³/d，富水性好，矿化度 0.400g/L，属于 HCO_3-Ca·Mg 型水（图 5-32、图 5-33、表 5-23）。

图 5-32 切格日曲 ZK2 钻孔岩芯

图 5-33 切格日曲 ZK2 钻孔抽水试验

表 5-23 三叠纪纯碳酸盐岩含水岩组钻孔富水性一览表

孔号	位置	孔深/m	水位埋深/m	含水层厚度/m	降深/m	实际涌水量/(m³/d)	计算涌水量/(m³/d)	矿化度/(g/L)	水化学类型
ZK2	切格日绞合木	340.00	8.70	111.00	10.54	4 159.00	5 132.60	0.400	HCO_3-Ca·Mg

天峻山富水区：主要位于加木格日流域一带灰岩山区，面积约 31.41km²。由于该地区仅开展有 1∶20 万区域水文地质普查工作，因此受工作程度的限制，该富水区为根据区域地质背景资料推测的富水区。

根据区域地质资料，该地区地层主要为三叠系郡子河群江河组厚层—巨厚层灰岩、角砾状灰岩及生物碎屑灰岩和二叠系巴音河群厚层结晶灰岩，白云质灰岩，钙质白云岩夹薄层灰岩。作为天峻山主体的灰岩地层纯度高、厚度大，在强烈的寒冻风化和水流的溶蚀作用下，溶沟、溶槽、石芽、石林和溶洞等岩溶较发育。加木格日沟溶洞内的裂隙统计资料显示，1m² 共发育有 5 组 47 条节理裂隙，主要节理方向为北西向，岩溶裂隙发育程度高，为裂隙岩溶水的赋存提供了有利条件（表 5-24）。

整个天峻山地区构造较为复杂，总体上由天峻山向斜和天峻山背斜组成，向斜构造的核部大致位于加木格日沟，沟谷两侧山体构成了向斜两翼，两翼为中高山区，海拔较高，降水量相对丰富，地下水的补给条件较为优越。裸露的岩体和广泛发育的岩溶裂隙，为大气降水及冰雪融水的下渗和地下水的径流提供了有利条件。加木格日沟为区域内的侵蚀基准面，两翼

表 5-24 加木格日沟溶洞内的裂隙统计资料一览表

编号	走向	数量/条	宽度/cm	裂隙充填情况
1	40°～220°	5	0.1	无充填
2	120°～300°	13	1	间有泥质充填
3	170°～350°	20	0.2	无充填
4	100°～280°	7	0.5	泥质充填
5	10°～190°	2	0	无充填

的碳酸盐岩裂隙岩溶水均向沟谷核部运移，使得核部形成岩溶水富水区。根据区域资料，该地区单泉流量 0.72～22.7L/s 不等，平均流量 9.08L/s，平均径流模数 21.1L/s·km²，矿化度小于 0.5g/L，属 HCO_3-Ca·Mg 型水（表 5-25）。

表 5-25 天峻山一带泉水富水性资料一览表

点号	坐标 X	坐标 Y	泉口标高/m	位置	时代	流量/(L/s)	径流模数/(L/s·km²)	矿化度/(g/L)	水化学类型
TJ107	4123	17488	3782	沙陇切沟内	T_{1-2}	2.25	22.45	0.244	HCO_3-Ca
TJ124	4126	17488	3686	加木格日沟卡托日	T_{1-2}	2.17	27.85	0.202	HCO_3-Ca
TJ128	4132	17477	3793	天峻沟内	T_{1-2}	11.8	31.89	0.237	HCO_3-Ca
TJ130	4131	17478	3781	天峻沟内多让	T_{1-2}	7.73	32.23	0.224	HCO_3-Ca
TJ132	4128	17481	3897	天峻沟内	T_{1-2}	20.49		0.45	HCO_3·SO_4-Ca·Mg
TJ136	4126	17482	3911	天峻沟内仓矿琼哇	T_{1-2}	2.17		0.187	HCO_3-Ca
TJ190	4135	17478	3882	染格合支沟中	T_{1-2}	0.72	1.59	0.164	HCO_3-Ca
TJ178	4136	17481	3592	哈熊沟西1km	T_{1-2}	11.72	24.94	0.226	HCO_3-Ca·Mg
TJ172	4134	17482	3670	快尔玛乡南	T_{1-2}	22.7	6.98		
						9.08	21.1		

(2)水量中等区。广泛分布于关角日吉山北部赛尔雄-克德陇溶向斜两翼及北麓山前窝布敌鄂至哈曲岗一带，分布面积约 64.18km²，含水层为三叠系郡子河群江河组厚层—巨厚层

灰岩、角砾状灰岩及生物碎屑灰岩,广泛发育的节理裂隙及溶洞等为裂隙岩溶水的赋存运移创造了良好的条件。在构造隆升以及寒冻风化作用下,其岩溶裂隙发育,节理面较光滑、平直,且延长较长,属区域性构造节理。野外调查期间,在不同高程处可见多期溶洞,其大小程度不一,小者仅几十厘米,大者可见深度达10m,高度一般5~8m,宽度3~8m,最长可达19m。克德陇溶向斜和窝布敌鄂至哈曲岗向斜构造分别控制了这两个地区裂隙岩溶水的富水性。根据调查其单泉流量在0.05~11.9L/s之间,多数在0.1~0.5L/s之间,径流模数0.63~8.75L/s·km²,大多数介于2~3L/s·km²之间,富水性中等,矿化度0.28~0.5g/L,属于HCO_3-Ca型或$HCO_3 \cdot SO_4$-Ca·Mg型水(表5-26)。

(3)水量贫乏区。分布于青海湖南岸黑马河文不冬至苏吉塘一带,大致呈北西向分布于青海南山北麓,面积约133.87km²,含水岩组为三叠系江河组灰岩、角砾状灰岩及生物碎屑灰岩。虽然岩石的溶蚀作用较强,溶洞和节理裂隙发育程度较好,但是由于地貌上多处于基岩山区的中下部,补给条件一般,区内单泉流量一般介于0.1~0.5L/s之间,其富水性较差,矿化度一般小于0.3g/L,大多数属于HCO_3-Ca型(表5-27)。

据象鼻山北坡尕日纳一带施工的ZK11号钻孔资料,钻孔揭露地层为三叠系灰岩、粉砂岩及细砂岩,含水层厚度29.02m,岩芯较为破碎,水位埋深42.08m,降深4.27m时,涌水量0.015L/s,单位涌水量0.004L/s·m,矿化度2.31g/L,属Cl-Na·Mg型水,也进一步说明该地区的岩溶水富水性条件较差。

表5-26 关角日吉山水量中等区岩溶泉资料一览表

富水性分区	点号	坐标 X	坐标 Y	泉口标高/m	位置	含水层岩性	时代	流量/(L/s)	径流模数/(L/s·km²)	矿化度/(g/L)	水化学类型	水温/℃	气温/℃
克德陇溶沟	TJ5	4105	515	3614	那果壤	结晶灰岩	$T_{1-2}j^1$	11.9	8.75	0.28	HCO_3-Ca	5	20
	TJ21	4109	508	3791	拉拢哇日玛	微晶灰岩	$T_{1-2}j^1$	0.22	2.21			1	12
	TJ28	4112	514	3716	折合陇岗	微晶灰岩	$T_{1-2}j^1$	0.05	3.51	0.34	$HCO_3 \cdot SO_4$-Ca	2	16
	TJ79	4110	501	3848	俄当	结晶灰岩	$T_{1-2}j^1$	0.54	2.81	0.5	$HCO_3 \cdot SO_4$-Ca·Mg	3	−7
窝布敌鄂至哈曲岗	TJ111	4117	506	3719	俄根西当	结晶灰岩	$T_{1-2}j^1$	0.10	1.33	0.39	HCO_3-Ca	3	10
	TJ113	4117	505	3785	哈曲岗	结晶灰岩	$T_{1-2}j^1$	0.14	2.33			3	11
	TJ115	4118	504	3738	梅陇尼哈	结晶灰岩	$T_{1-2}j^1$	0.12	0.63			3	10
	TJ117	4119	503	3741	梅陇尼哈	结晶灰岩	$T_{1-2}j^1$	0.74	2.7			3	10

表 5-27 黑马河文不冬至苏吉塘水量贫乏区岩溶泉资料一览表

点号	坐标 X	坐标 Y	泉口标高/m	位置	含水层岩性	时代	流量/(L/s)	径流模数/(L/s·km²)	矿化度/(g/L)	水化学类型
254	4080	17554	3400	象鼻山北坡	结晶灰岩	$T_{1-2}j^1$	0.48		0.28	HCO_3-Ca
355	4084	17550	3421	沟谷中	灰岩	$T_{1-2}j^1$	0.22		0.25	
551	4086	17548	3360	峡谷中	灰岩	$T_{1-2}j^1$	0.06		0.27	HCO_3-Ca
268	4088	17546	3254	象鼻山北坡	结晶灰岩	$T_{1-2}j^1$	0.14		0.28	HCO_3-Ca·Mg
545	4076	17562	3430	沟谷中	灰岩	$T_{1-2}j^1$	0.005			

2. 覆盖型

覆盖层可以分为两个类型。其中,在克德陇溶沟及加木格日沟等一些较大的沟谷覆盖层为第四系砂砾卵石或砂砾卵石与三叠系砂岩板岩,沟谷底部为三叠系郡子河群结晶灰岩,赋存埋藏型的岩溶水。另外,在关角日吉山及天峻山地区海拔大于 3900m 以上的中高山多年冻土或冻岩之下分布埋藏型的岩溶水。根据裸露型岩溶水的富水性和水文地质钻孔抽水资料,其富水性为丰富—中等。

(1)水量丰富区。

天峻山加木格日沟水量丰富区:分布于天峻山加木格日沟的沟谷区,覆盖层为第四系冲洪积砂砾卵石,厚度一般小于 50m,沟谷宽 160～1000m 不等,地形上西南高东北低。加木格日沟沟谷两侧为中高山区,海拔最高 4700m,降水量相对丰富,且部分高海拔地区常年积冰积雪,为区内地下水和地表水提供了充沛的补给源。整个加木格日沟流域面积约 175km²,为青海南山北部面积较大的沟域,沟域内形成的地表径流均汇集于沟谷中,由于沟谷内沉积的砂砾卵石颗粒粗大,渗透系数大,汇集于沟谷内的地表径流大量入渗补给松散岩类孔隙潜水。沟谷第四系直接与灰岩相接,浅部的灰岩裂隙发育程度较好,接受补给的第四系松散岩类孔隙潜水能进一步通过表层的岩溶裂隙补给其下部的裂隙岩溶水。此外,沟谷两侧中高山的裂隙岩溶水在接受大气降水、冰雪融水和冻结层上水的入渗后,除少部分经短暂的地下运移在山体坡脚处或断裂带以泉的形式泄出,大部分地下水会以深部径流的形式向向斜核部汇集,经过两方面的补给,在向斜核部形成覆盖型岩溶水的富水区。

切格日绞合木水量丰富区:泉水调查和水文地质钻孔抽水试验资料显示,受到克德陇溶向斜和 F_6 断裂的共同影响,切格日沟为裸露型裂隙岩溶水富水区。但是在切格日沟沟口的达尔角合地区出露有部分三叠系郡子河群江河组上段的砂岩、砂质板岩,其厚度大于 50m,该套地层的下部即为三叠系郡子河群江河组灰岩,由此推测达尔角合砂岩下部埋藏有水量较为丰富的裂隙岩溶水,其覆盖层厚度大于 50m。

在海拔高于3900m的切格日沟源头中高山,因表层的碳酸盐岩被冻结形成冻岩,在冻结层水之下分布有埋藏型的岩溶水,含水层为二叠系及三叠系结晶灰岩。参照该地区裸露型裂隙岩溶水的富水性确定为水量丰富区(图5-34、图5-35)。

图5-34　切格日曲源头多年冻岩(二叠系灰岩)

图5-35　切格日曲源头多年冻土区灰岩冻结层上水泉(三叠系灰岩)

(2)水量中等区。

克德陇溶沟水量中等区:与天峻山加木格日沟岩溶水的富水性成因较为类似,但是由于全长32.65km的西格二线新关角隧道的修建,改变了原来的地下水流场,自然条件下向斜南北两翼基岩山区所形成的地下水均向向斜核部(克德陇溶沟)排泄,由于隧道的开挖,隧道底标高(3379m)以上影响范围内的地下水沿隧道排泄,仅隧道底标高以下地下水汇集于沟谷内,人为造成了泉流量的衰减或消亡。例如向斜北翼的TJ26号泉点,1981年9月开展1∶20万区域水文地质普查时实测的泉水流量高达95L/s,2016年西格二线新关角隧道修建期时对该泉调查时泉水已完全干涸,但是从泉眼及泉水形成的沟道推测泉水鼎盛时期的流量较大,由此也说明了大型的基础设施建设对区域水文地质条件的影响较大(图5-36)。

图5-36　克德陇溶沟向斜北翼因隧道排水消亡的岩溶泉(TJ26)

ZK3号钻孔资料显示,克德陇溶沟谷内第四系砂砾卵石厚度仅为12.1m,12.1～141.2m为砾状灰岩,141.2m以下为互层的灰岩砂岩。三叠系裂隙岩溶水赋存于12.1～141.2m之间的砾状灰岩中,上部覆盖层为砂砾卵石,厚度12.00m,小于50m;据ZK3号钻孔抽水试验资料(表5-28),成井口径10in,水位埋深2.10m,降深26.87m时,出水量为968.45m³/d,降深39.4m时,出水量为1 210.00m³/d,单位涌水量为0.36L/s·m,计算涌水量为843.06m³/d,富水性中等,矿化度0.43g/L,属于$HCO_3·SO_4$-$Na·Ca$型水。

表5-28　克德陇溶沟埋藏性岩溶含水岩组钻孔富水性一览表

孔号	覆盖层时代（岩性）	覆盖层厚度/m	水位埋深/m	顶板埋深/m	含水层厚度/m	降深/m	实际涌水量/(m³/d)	计算涌水量/(m³·d)	矿化度/(g/L)	水化学类型
ZK3	Q(砂砾卵石)	12.10	2.10	12.00	98.98	39.40	1 210.00	843.06	0.43	$HCO_3·SO_4$-$Na·Ca$

关角日吉山北坡水量中等区:分布于关角日吉山主脊北坡海拔大于3900m以上的中高山,东起拉陇岗,中间经茶木康岗、肯德仑,西至关角尼合,大致为整个关角日吉山分水岭北部地中高山区,分布面积约96.75km²。这些地区地表广泛出露地层为三叠系或二叠系结晶灰岩,由于海拔高,表层灰岩被冻结而赋存冻结层上水,在冻结层上水之下分布有埋藏型的岩溶

水。按照就近原则,裸露型岩溶水水量中等,因此将埋藏于冻结层上水之下的裂隙岩溶水的富水性确定为水量中等(图5-37)。

图 5-37　多年冻土区灰岩冻结层上水泉(二叠系灰岩)

(3)水量贫乏区。主要分布于青海湖南岸象鼻山一带的中高山区,分布面积约123.34km²。这些地区埋藏型的裂隙岩溶水主要赋存于冻结层上水之下,因该地区裸露型裂隙岩溶水的富水性较差,故推测该地区的埋藏型裂隙岩溶水富水等级为水量贫乏。

(二)布哈河北

布哈河北部地区的岩溶水主要分布于布哈河上游阳康曲汇入口至快尔玛乡、峻河舟群乡至江河乡两岸基岩山区,含水层为二叠系生物碎屑灰岩或三叠系结晶灰岩,其富水程度受到补给条件和岩溶裂隙发育程度的制约。区域出露的泉水流量有大有小,大者达数百升每秒,小者流量不到1L/s,往往在断裂构造附近岩溶裂隙较为发育,地下水的富水性较好,调查发现在灰岩断裂带附近的泉水流量往往达到几十升每秒。此外,在沙柳河及哈尔盖河上游左岸马老德山一带多年冻土层以下分布有覆盖性岩溶水,含水层为蓟县系白云质灰岩或白云岩。

1. 裸露型

(1)水量丰富区。

江河乡-舟群富水区：分布于舟群和结力松沟口以下的峻河两岸,分布面积约11.77km²。含水层为三叠系郡子河群厚层—巨厚层灰岩、角砾状灰岩及生物碎屑灰岩,受构造和寒冻风化作用影响,裂隙较为发育,沿裂隙发育大小不一的溶洞,个别规模较大,如区域内的占将织合玛空溶洞为青海湖流域发现的规模最大溶洞,可容纳近百人,深110余米,洞内潮湿,洞壁可见白色—浅黄色、灰黄色微透明的析出物,为石灰华,厚2～5cm,系裂隙水活动所致。由于洞穴中崩塌堆积物的覆盖以及河流的下切,溶洞相对抬升,未发现地下水活动痕迹。碳酸盐岩裂隙岩溶水多储存于灰岩的裂隙或溶洞、溶隙之中，因地形切割至含水层或构造，部分地下水泄出形成泉，泉水流量 1.46~187L/s 不等，大多数流量大于 5L/s。其中，舟群寺西北发育的岩溶泉为区内流量较大的泉水，泉水沿溶孔呈股状分 3 处自洞顶向下溢出，洞口高出地表 0.5~1.5m，宽 5.6m，深度约 2.5m，由洞口向内 2m 处溶洞变窄，仅有大裂缝与之沟通，泉水泄出后全部汇入峻河一级支流恰日欧河内，泉水总流量可达 54.0L/s，流量常年稳定，被当地牧民奉之为神泉（表 5-29、图 5-38、图 5-39）。下唤仓以北 10km 的峻河左岸发育有另一处较大岩溶泉群，泉水从多处灰岩裂隙中涌出，泉群流量可达 187L/s，由于泉水的常年性侵蚀，在峻河河谷形成了固定的泉水沟道，泉水流量较稳定，水温 6~9℃，矿化度 0.304g/L，属 HCO_3-Ca 型水。

表 5-29　舟群—江河乡一带泉水富水性资料一览表

点号	坐标		位置	泉口高程 /m	流量 /(L/s)	矿化度 /(g/L)	水化学类型
	X	Y					
741	4130	17530	拉裁龙哇	3561	1.51	0.31	HCO_3-Ca
699	4130	17530	莫合拉钦	3570	1.46	0.36	HCO_3-Ca
385	4140	17520	索德织合空	3700	10.11	0.28	HCO_3-Ca
715	4140	17530	结合琼	3460	8.04		
713	4140	17530	赛尔创	3460	187	0.304	HCO_3-Ca
413	4160	17530	舟群寺	3660	54.0	0.35	HCO_3-Ca
417	4160	17530	茫扎	3810	8.03		

图 5-38　舟群寺岩溶泉泉口

图 5-39　舟群寺岩溶泉全貌

阳康曲上游断裂构造富水区：断裂对岩溶水的富水性起着至关重要的作用,整个青海湖流域内阳康曲上游的断层分布密集,走向各异。这些断层具有长期和多期活动的特点,多数断层在挽近地质时期表现更加活跃,断层性质多变。这些活动断层的存在,不仅连通了浅层地下水与深循环地下水的水力联系,并具备储水空间,同时也是深层地下水的主要补给与排泄通道。这些断层的破碎带(图 5-40)沿灰岩侧泉水大量出露,断层充水特征明显,往往沿着断层带在碳酸盐岩地区形成脉状的岩溶水富水区,其分布宽度一般仅限于构造破碎带 200～300m 范围内,长度与断层带周边灰岩的分布基本一致。

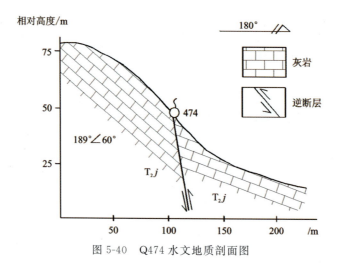

图 5-40　Q474 水文地质剖面图

根据该地区断层的展布特征,可以进一步分为北西—北西西向充水逆断层组、北北西—南北向充水断层组、北北东—北东东向充水断层组 3 组。野外调查发现,破碎带两侧的岩石受多期次构造变动的影响,节理、裂隙和揉皱较发育,泉水沿断层破碎带线状展布,大多数泉水流量介于 1.13~23.27L/s 之间,最大泉流量 23.27L/s,矿化度小于 0.50g/L,水化学类型多属 HCO_3-Ca 型或 HCO_3-Ca·Mg 型(表 5-30)。

表 5-30 碳酸盐岩地区断层充水带泉点资料一览表

断层名称	泉点编号	类型	流量/(L/s)	含水层岩性	出露位置	矿化度/(g/L)	水化学类型
拉普策-青海南山断裂	84	下降泉	1.13	灰岩	上盘		
	161	上升泉	23.27	灰岩	下盘	0.312	HCO_3-Ca
	778	下降泉	1.38	砂岩	上盘		
	1164	上升泉	3.89	千枚岩	下盘	0.289	HCO_3-Ca·Mg
隆木什断裂	474	上升泉	5.0	灰岩	上盘	0.28	HCO_3-Ca
	1167	下降泉	1.69	砂岩	上盘		
	1169	上升泉	3.4	砂岩	上盘	0.339	HCO_3-Ca·Mg
扎马马尔迪	628	下降泉	1.18	灰岩	下盘	0.224	HCO_3-Ca
	633	上升泉	6.96	灰岩	上盘	0.35	HCO_3-Ca
希格尔曲断裂	186	上升泉	13.27	灰岩	下盘	0.253	HCO_3-Ca

(2)水量中等区。主要分布于阳康曲布哈河汇入口两侧的基岩山区和峻河索德织合空,分布面积约 101.97km²,含水层岩性为三叠系中—厚层状结晶灰岩、角砾状灰岩夹少量砂岩,表层灰岩中溶蚀洼坑、裂隙及小溶洞较发育,碳酸盐岩裂隙岩溶水赋存于裂隙溶孔中,单泉流量一般大于 1L/s,径流模数 1.1~3.45L/s·km²,矿化度小于 0.5g/L,属 HCO_3-Ca 型水,水量中等(表 5-31)。

表 5-31 布哈河北中等区岩溶泉资料一览表

富水性分区	点号	坐标 X	坐标 Y	泉口标高/m	位置	含水层岩性	时代	流量/(L/s)	径流模数/(L/s·km²)	矿化度/(g/L)	水化学类型
富水性分区	774	4120	17450		萨隆沟	灰岩	T_{1-2}	2.45		0.295	HCO_3-Ca
	TJ278	4142	17480	3654	巧卜旦	灰岩	T_{1-2}	1.763	1.91	0.414	HCO_3-Ca
	TJ270	4145	17478	3860	织合塞日勒	灰岩	T_{1-2}	0.26	1.86		
峻河	39	4150	17530	3700	左木陇哇	灰岩	T_{1-2}	6.48	1.6		
	49	4150	17520	3850	左木陇哇	灰岩	T_{1-2}	7.42	3.45		
	58	4170	17540	3720	德勒瓦尔马	灰岩	T_{1-2}	0.72	1.1	0.32	HCO_3-Ca
	699	4130	17530	3540	拉载龙哇	灰岩	T_{1-2}	1.46	1.32		
	741	4130	17530	3443	拉载龙哇	灰岩	T_{1-2}	1.51	1.08		

(3)水量贫乏区。大面积分布于峻河江河乡角宰、峻河中上游两侧的支沟内以及沙柳河左岸马老得山前一带,分布面积约 231.35km²。其中,峻河一带含水层岩性为三叠系中—厚层状结晶灰岩、角砾状灰岩,沙柳河一带的含水层岩性为蓟县系白云岩和白云质灰岩。这些地区处于河谷与山区的交接地段,远离控水构造,岩溶发育程度较差或地下水补给条件较差,区内单泉流量一般介于 0.1~3.14L/s 之间,其富水性较差,矿化度一般小于 0.3g/L,大多数属于 HCO_3-Ca 型水(表 5-32)。

表 5-32 布哈河北水量贫乏区岩溶泉资料一览表

泉点编号	含水层岩性	标高/m	流量/(L/s)	调查日期	泉点编号	含水层岩性	标高/m	流量/(L/s)	调查日期
53	灰岩	3735	0.24	5.30	622	砂岩、灰岩	3730	3.14	7.16
205	灰岩	3880	0.14	5.19	677	灰岩	3780	0.17	7.8
261	灰岩	3800	1.40	6.2	683	灰岩	3500	0.68	7.8
371	灰岩	3680	0.11	7.8	691	灰岩	3480	0.57	7.8
447	灰岩	3700	0.33	5.28	693	灰岩	3473	0.57	7.9
477	灰岩	3980	0.10	6.2	695	灰岩	3540	0.15	7.9
559	灰岩、砂岩	3590	0.17	6.20	727	灰岩	3780	0.40	7.8
777	灰岩	3490	0.09	5.31					

2. 覆盖型

根据前人工作成果,在阳康曲、峻河和沙柳河及哈尔盖河上游左岸马老德山一带多年冻土层以下分布有覆盖性岩溶水。其中,马老德山和热水一带含水层蓟县系北门峡组灰岩、结晶灰岩或白云岩,厚度大于 2814m。阳康曲上游多为三叠系及二叠系中—厚层状结晶灰岩或生物碎屑灰岩,峻河上游含水层多为三叠系结晶灰岩。这些地区多位于河流的源区,海拔高,表层岩石被冻结形成冻岩,在冻结层下的灰岩裂隙溶隙中赋存有岩溶裂隙水。冻结层上水与冻结层下的碳酸盐岩裂隙岩溶水具有较大的差别。例如 1079 号泉处于冻结区,出露在蓟县系白云岩岩层中,水温 5~7℃。而该地区出露的冻结层上水泉点的水温一般为 1~3℃,二者之间温度差别明显(图 5-41)。

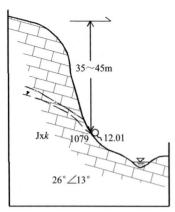

图 5-41 冻结层下岩溶裂隙水溢出成泉剖面示意图

限于勘探程度,目前尚未对这些地区冻结层下的岩溶裂隙水富水性进行过勘查,因此根据这些地区附近裸露型裂隙岩溶水或基岩裂隙水的富水性进行推测,认为马老德山一带多年冻土层以下分布的覆盖性岩溶水富水性为水量贫乏;阳康曲上游一带多年冻土层以下分布的覆盖性岩溶水富水性为水量中等。但是在峻河舟群寺及其他一些受构造影响的地区，埋藏于冻结层下的裂隙岩溶水的富水性可达到水量丰富。

第三节 岩溶水的富水性影响因素

岩溶水与岩溶的分布规律基本一致，其富水性一定程度上取决于岩溶的发育强度，仅在岩溶强烈发育的地区才有可能形成岩溶水的富水区或强径流带。根据前述碳酸盐岩的岩石化学组分和结构组合特征，地质构造、水动力条件和气候环境因素等决定了岩溶发育的特征，也控制了岩溶水的分布和富水性。

一、地形地貌

地形地貌对裂隙岩溶水富水性的影响主要是通过控制地下水的补给与赋存条件而实现的。

在基岩山区，同一流域不同高程的气象站点资料表现出随海拔高度的增加呈降水量递增，而蒸发量递减的规律；青海省内一般地势每升高 1000m，降水量增加 130~140mm，蒸发量减少 30~50mm。故从气象条件来说，地势高耸的中高山区降水量明显增加，岩溶水的补给条件要好于山前构造剥蚀低高山；与此同时，中高山区构造隆升活动及寒冻风化作用更为强烈，岩体节理裂隙也更为发育，为裂隙岩溶水创造了良好的赋存空间，富水性好。构造剥蚀低高山区因山势较低，气候干燥，降水量少，富水性稍差。这些规律在湟水流域表现得较为典型，例如湟水流域南部靠近拉脊山分水岭地区的南川河上游贵德峡、华山村、甘河上游门旦峡、盘道上游柏木峡一带中高山区为水量丰富区，而克素尔—马场村—青石坡以及克素尔—花石山—小南川一带处于湟水南岸拉脊山北麓各沟谷的中上游，为岩溶水水量中等区，灰条沟及硖门一带处于山区与湟水河谷交接的山前，岩溶泉水出露少，泉水流量小，属于水量贫乏区。

在较大的山间沟谷中，沿着沟谷地表径流所形成的主河道，往往岩溶发育，形成强径流带，流域内山区地表水向沟谷汇流，大量的地表水通过溶隙裂隙等向下部入渗补给裂隙岩溶水，使得沟谷大多成为干谷，沟谷底部则成为岩溶富水区，天峻山加木格日沟和关角日吉山克德陇溶沟即为此种成因。

另外，在树枝状沟谷交会地带往往也是断裂的交会处，岩溶发育较为强烈，岩溶水接受上游地下水的径流补给后，大致沿两条沟谷走向径流，在径流过程中受到断层的控水作用，在断层的某一侧形成富水区，湟水流域南部拉脊山地区青石坡、门旦峡等即是此种成因。

二、地层岩性

岩性是富水区形成的基础(张福存，2021)，地层岩性对裂隙岩溶水富水性的影响主要是通过影响地下水的赋存条件而实现的。

微观上，岩石的化学组分影响了碳酸盐岩的化学溶解量，进一步影响富水性。一般地层中碳酸盐含量越高，岩体越脆，受到雨水、地表水及地下水等的侵蚀作用也越强烈，往往能形成延伸较长的岩溶裂隙或较大的溶洞,为裂隙岩溶水的运移和赋存创造了良好的条件,富水性明显较好。

宏观上,碳酸盐岩岩溶含水层与非碳酸盐岩的组合方式会导致碳酸盐岩在岩溶作用方面的明显差异,关角日吉山及天峻山地区岩溶水的含水层为二叠系、三叠系结晶灰岩,灰岩地层厚度大,岩石质地坚硬,溶蚀作用集中沿构造裂隙、断层带发育,并逐渐扩大裂隙通道,岩溶发育强烈,但是差异性明显,岩溶水的富水性强,但不均匀性也较为明显。湟水流域岩溶水含水层大多为蓟县系白云质灰岩、结晶灰岩、大理岩与千枚岩、砂板岩互层,由于碎屑岩层起着相对隔水和溶蚀边界的作用,强岩溶发育带大多沿着碳酸盐岩与碎屑岩的接触面发育,溶蚀深度与地层产状有关。岩溶水的储水空间主要为岩溶管道、溶隙,构成条带状多层含水层结构。在石炭系等一些夹层状岩溶含水层组中,由于碳酸盐岩层较薄,不溶物含量较高,岩溶发育微弱或不发育,以构造裂隙为主要赋水空间,岩溶水赋存于细小的溶孔、溶隙中,仅沿构造破裂带含水层富水性较强。

三、地质构造

地质构造控制了岩溶含水层与相对隔水层在空间上的组合形式和特征,对岩溶水系统的边界、水文地质结构类型和特性起着决定性作用,从而也决定了其水文地质及岩溶水富集的特征。在有利的构造条件下,几乎任何一种基岩中都可以形成相对的富水地段;而在不利的构造条件下,即使是所谓的含水性最好的石灰岩也不一定富水(刘光亚,1978)。研究发现区内的断裂以及褶皱等区域地质构造对裂隙岩溶水的富水性起决定性作用,局部节理裂隙、小构造走向也会影响岩溶水的富水性。

(一)褶皱储水构造

由间互状岩溶含水层组构成的褶皱构造,不透水的非可溶岩层构成隔水边界,透水的碳酸盐岩层成为含水介质,在适宜的补给条件下,褶皱构造中储集岩溶水,形成褶皱储水构造。根据《水文地质手册》(2012),褶皱型储水构造主要有单斜储水构造、潜水盆地储水构造、背斜储水构造和向斜储水构造。研究区内背斜储水构造和向斜储水构造较为典型(图5-42)。

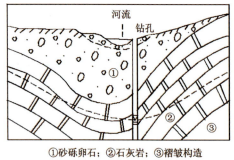
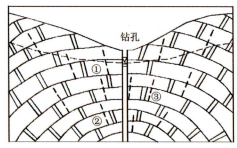

图5-42 褶皱储水构造示意图

从空间形态和地质结构来看,向斜储水构造通常都有利于岩溶水的聚集,是典型的汇水构造,向斜储水构造由翼部圈闭的非可溶岩层或可溶岩的地下水分水岭组成隔水边界,岩溶水从地形较高的岩溶透水层裸露区接受补给,向地形较低的核部或翼部汇集,溢流排泄,构成良好的岩溶水富集条件。向斜轴部和转折端等构造应力较为集中,节理裂隙甚为发育,岩层比较破碎,在补给源较为充沛的情况下往往形成富水地段。如湟水南岸的东岔沟向斜,以元古界刘家台组变质岩为隔水边界,翼部及核部的蓟县系花石山群白云质灰岩、结晶灰岩构成了层状含水层,在该向斜的核部区域大致形成了沿药水河药水村-宗家沟-白石崖等的富水区。在青海湖流域关角日吉山克德陇溶沟向斜向西延伸至天峻山加木格日沟,沿向斜也大致形成了克德陇溶沟和加木格日沟两个富水区。

背斜储水构造由圈闭的非可溶岩层及地下分水岭组成岩溶水系统边界。岩溶水的补给、径流、排泄特征与向斜储水构造相似,一般背斜轴部和倾伏端张裂隙发育,岩石破碎,岩溶发育强烈而不均匀,常常形成富水块段。这一特点在湟水流域南岸花石山复向斜中有一定的显示。

(二)断裂储水构造

断裂型储水构造包括了断层储水构造和断块储水构造。研究区内大多为断层储水构造,根据形成断层储水的断裂构造特征,进一步划分为单一断裂控水型和断层组合控水型两种(图5-43)。

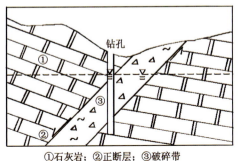

①石灰岩;②正断层;③破碎带
正断层破碎带裂隙充水型

①砂岩、泥岩互层;②石灰岩;③逆断层
逆断层上盘充水、下盘阻水型

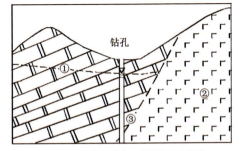

①砂质板岩;②石灰岩;③逆断层
逆断层下盘充水、上盘阻水型

①石灰岩;②玄武岩;③侵入岩接触带
侵入岩接触带阻水型

图5-43 断裂水储水构造示意图

1. 单一断裂控水型

断层破碎带或影响带中的构造裂隙构成含水层,断层的导水性与断层性质及断层两盘的岩性密切相关,往往形成断裂破碎带充水型或一侧导水另一侧阻水的储水构造,即为单一断裂控水型断层储水构造。

一般而言,张性和张扭性断裂的张开程度较大,断裂面粗糙不平,断层破碎带往往被大小不等、棱角状岩块组成的角砾岩所充填,糜棱岩少,破碎带附近裂隙发育,透水性和富水性较好。在碳酸盐岩地区,由于其岩性本身具备可溶性的特点,溶裂和裂隙相对发育,接受降水和地表水补给的能力强。地下水在径流过程中遇到断层时,在张性断层断裂带和断层影响带内,特别是在胶结差的角砾岩和张裂隙中往往富含丰富的岩溶裂隙水。

压性和压扭性断裂一般形成于强烈的挤压作用下,断层破碎带内强烈片理化和糜棱岩化,断裂带的透水性和含水性差。但当规模较大的压性和压扭性断层某一盘为可溶性岩石时,仍可能具备含水条件。特别是当断层一侧为灰岩等坚硬脆性岩石,另一侧为板岩等软弱塑性岩石时,断层破碎带一般充填较好,导水性较弱,灰岩等坚硬岩层一侧,裂隙较为发育,含水性也较强。如关角日吉山地区的克德陇溶逆断裂,区域延伸长度20.5km,倾向南西,倾角$50°\sim60°$,断层形成的挤压破碎带宽$5\sim10$m,破碎带内泥岩充填,断层上盘为三叠系结晶灰岩,下盘为三叠系砂板岩,由于断层上盘为灰岩,破碎带附近的灰岩裂隙较为发育,具备较好的储水空间,并形成了切格日曲富水区。在湟水流域侏罗系、白垩系、古近系碎屑岩往往与火成岩或碳酸盐岩等呈断层接触,脆性岩石(灰岩)逆冲于红色建造之上,下盘起到阻水作用,上盘灰岩充水形成富水区。

2. 断层组合控水型

该类型在湟水流域广泛分布,一般是走滑导水断裂与压扭性断裂组合控水。例如湟水流域南部拉脊山北缘断裂为区域性的压扭性深大断裂,由数条不连续的断裂组成,全长约230km,为子沟峡、门旦峡、贵德峡、白水河、药水河等地区的主要控水构造。前人在峡门峡、大南峡、子沟峡、尕中峡内施工的水文地质钻孔,虽部分钻孔揭露到地下溶洞,揭穿拉北断层带,但钻孔涌水量均小于100m³/d。而在门旦峡、贵德峡、白水河一带顺河谷方向的导水断裂较为发育,在二者交会处施工的水文地质钻孔涌水量大多大于1000m³/d。分析认为,拉脊山北缘逆断层为阻水断层,断层带附近的元古界灰岩虽然岩溶和节理裂隙较为发育,但该套地层富水性分布极为不均,水量中等及水量丰富区段受南北向平移导水断层和拉脊山北缘断层次级断层控制。

(三)阻水型储水构造

在岩溶水的径流方向因受到低透水性的侵入岩或碎屑岩阻挡而形成富水区。湟水流域部分地区碳酸盐岩直接与侵入岩或中新生代的碎屑岩相接,侵入岩和碎屑岩构成了阻水体,截断了地下水的流动,使得水位抬高,在地势低洼的沟谷区形成地下水富集区。如互助南门峡河谷区埋藏型裂隙岩溶水的富水区即受到了沟谷下游侵入岩的阻挡(图5-44)。

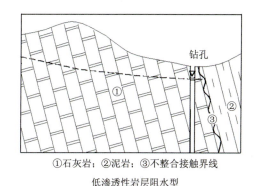
①石灰岩；②泥岩；③不整合接触界线
低渗透性岩层阻水型

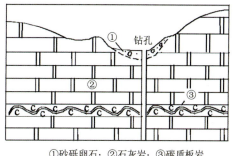
①砂砾卵石；②石灰岩；③碳质板岩
深覆盖裂隙岩溶充水型

图 5-44 阻水型储水构造示意图

第四节 岩溶水资源量评价

岩溶水资源是一种重要的地下水资源，全球人口的 25%依靠岩溶水作为主要饮用水源(Ford Williams，1989)。如美国佛罗里达州全州 51%的淡水水源取自 Sliver 岩溶泉，该泉的枯水期流量 15.3m³/s(袁道先，2016)。我国北方干旱和半干旱区也有许多岩溶泉出露。据不完全统计，天然流量 100m³/s 以上的泉有 150 个以上，天然流量 1m³/s 以上的泉有 60 个左右。由于水质优良，这些流量较大的泉大部分已作为当地重要的开采水源，如山西娘子关泉、郭庄泉、柳林泉、延河泉等。青海省内岩溶泉分布较广，一些流量较大的岩溶泉不仅仅是当地一些牧民群众的饮用水源，更因为泉水所赋予的神话传说而成为当地群众的精神信仰。青海东部湟水流域的一些工业园区和城镇的重要水源地也是岩溶水，例如佑宁寺水源地和台子乡水源地的取水水源均为岩溶水，开展岩溶水资源评价对于全面掌握岩溶水资源概况、提出岩溶水开发利用靶区有重要意义。

岩溶水资源评价一般包括岩溶水水量评价和水质评价两个部分。水量评价包括天然资源、可开采资源和储存量评价，岩溶水水量评价始终伴随开发利用进行，从单井到水源地，再到岩溶水系统(梁永平，2022)，但是由于岩溶发育的不均匀性和各向异性明显，地下岩溶的发育条件复杂多变。针对岩溶水的这些特点，采用怎样的方法进行岩溶水资源评价，对于准确掌握岩溶水资源有着重要意义。

水质评价一般为地下水质量、生活饮用水及锅炉用水评价，但是由于整个研究区内岩溶水水质均较好，故本次对水质不做专门的评价，但是对锶、二氧化硅等一些营养矿物含量较高的岩溶水进行矿泉水水质评价。不同时期岩溶水资源评价技术方法不同。在 20 世纪 60 年代岩溶水资源研究程度较低，常用的岩溶水资源评价有解析法、均衡法、补给量法和排泄量法。70 年代末开始，随着小型计算机的使用，水文地质学者(钱学薄，1982；周仰效，1986)利用黑箱法先后开展了山西娘子关泉的流量模拟预测。80 年代开始，人工神经网络方法、时间序列法、层次分析法、系统分析法、GIS 方法等诸多新方法新理论被尝试应用于岩溶水资源的评价中。而后,随着计算机性能的提高和地质监测手段的不断发展,许多依赖于准确含水层参数的数值模拟技术开始得到了大量的运用。特别是 MODFLOW 和 FEFLOW 等国际主流模拟软件的引入推动了地下水模拟技术的迅速发展。

整个青海东北部地区的面积约 45 201 km², 其中的岩溶水分布区面积约 6509 km², 大部分的岩溶分布区仅开展有 1∶20 万的区域水文地质调查工作, 湟水及青海湖流域的个别地区开展了 1∶5 万的岩溶水调查工作。总体来说, 岩溶水研究工作程度较低, 全区施工的水文地质钻孔 50 余眼, 研究人员仅对少部分富水区的个别主要富水构造进行了钻探验证, 使得区域内与岩溶水相关的水文地质参数较少, 无法详细掌握研究区内的岩溶水资源分布情况, 不具备大面积开展解析法或数值模拟计算资源的条件。故而本次研究在综合分析吸收前人资料的基础上, 主要利用补给量总和法和径流模数法等水文分析方法对岩溶水天然资源进行概略评价, 在个别钻孔控制程度稍高的富水区采用补给带宽度法计算岩溶水的天然资源量。

一、水资源计算方法

1. 径流模数法

按地貌类型及分水岭进行计算分区,以研究程度高、泉域边界较清楚、有长观资料的典型地段地下径流模数进行比拟,求取岩溶水天然资源量。在径流模数选取中,对不受构造控制的泉点按照泉域法求取其径流模数。对受构造控制的泉点按照泉域法结合构造边界,适当地求取其径流模数。

$$Q = 3.154 M \times F$$

式中:Q 为天然资源量($10^4 m^3/a$);M 为地下水径流模数($L/s \cdot km^2$);F 为岩溶含水层分布面积(km^2)。

2. 补给量法

对难以统计主要排泄项流量的岩溶水系统可以采用补给量法,分别计算出各系统大气降水、地表水或其他水源对岩溶裸露区的补给量,汇总后得到岩溶水的天然资源量。

$$Q = Q_{降水} + Q_{河} + Q_{其他}$$

式中:$Q_{降水}$ 为大气降水入渗量;$Q_{河}$ 为地表水入渗量;$Q_{其他}$ 为其他水源入渗量。

$$Q_{降水} = 100\alpha F \cdot H$$

式中:F 为地下水系统面积(km^2);H 为地下水系统范围内年平均降水总量(m);α 为降水入渗系数。

降水入渗系数

$$\alpha = \frac{Q}{0.1 F \times H}$$

式中:Q 为观测期的泉水流量;H 为观测期内泉域系统的降水量(mm);F 为泉水流域面积(km^2)。

有长期观测资料的岩溶水系统应按照泉水的观测资料进行计算。无长观资料时需将调查所得数据校正为平均流量或利用 1∶20 万区域水文地质调查资料确定 α 值。

3. 排泄量法

根据均衡原理,在一个岩溶水系统内

$$Q_{补} - Q_{排} = \Delta W$$

式中:$Q_{补}$ 为年总补给量;$Q_{排}$ 为年总排泄量;ΔW 为岩溶水调蓄变化量。

对泉排或开发程度较高的岩溶水系统,岩溶水调蓄量为 0,可以用多年平均排泄量来计算天然资源量,即

$$Q_{排} = Q_{泉} + Q_{采} + E$$

式中:$Q_{泉}$ 为泉水排泄量;$Q_{采}$ 为开采量;E 为岩溶水蒸/散发量。

由于岩溶水的埋深最浅在数米,最多可达数百米,故此蒸/散发量极小,可以忽略不计。

4. 补给带宽度法

在一些勘查工作程度较高的地区,可用抽水试验单孔或群孔补给带宽度法确定天然补给量,计算公式为

$$Q = EB \frac{Q_k}{2R}$$

式中:Q 为地下水径流量(m^3/d);Q_k 为抽水试验涌水量(m^3/d);E 为经验系数;B 为含水层宽度(m);R 为抽水试验影响半径(m)。

二、岩溶水资源分区

岩溶水的形成受到气候、自然地理和地质背景等多因素的影响,气候条件和自然地理密切相关,因此本次对岩溶水的分区综合考虑自然地理和地质背景两个方面。首先按照地下水形成的自然地理单元及水系进行划分,以水系为基础、分水岭为边界,将研究区共分为湟水流域水文地质单元(Ⅰ)及青海湖流域水文地质单元(Ⅱ)两个一级水文地质单元。一级水文地质单元之间地下水不发生水力联系,构成相对独立的补给、径流和排泄体系。

在一级水文地质单元内以次一级的沟域为主要划分依据,同时综合考虑碳酸盐岩的分布、控水构造的展布以及岩溶水文地质工作的开展情况进行二级水文地质单元的划分,将整个湟水流域大致划分为大通(老爷山)-互助(南门峡)、松多山(佑宁寺-松多乡)、大坂山东段(仓家峡-张家俄博)、药水河、甘河、南川河 6 个二级单元。将青海湖流域划分为青海南山北麓、布哈河北两个二级单元。但是由于青海湖流域开展的专门性岩溶水或基岩山区找水工作较少,仅在关角日吉山地区开展了 1∶5 万的岩溶水调查工作,研究程度稍高,其他地区仅开展有 1∶20 万的区域水文地质普查工作,因此将岩溶发育条件类似的石乃亥-苏吉塘、关角日吉山、天峻山合并为青海南山北麓二级单元;阳康曲、夏日哈-峻河、沙柳河合并为布哈河北二级单元(表 5-33)。

表 5-33 岩溶水不同类型分布图

一级水文地质单元		二级水文地质单元		备注
编号	名称	编号	名称	
I	湟水流域	I₁	大通(老爷山)-互助(南门峡)	北川河、沙塘川河、林川河
		I₂	松多山	佑宁寺-松多乡
		I₃	大坂山东段	仓家峡-张家俄博、大西沟-土官沟
		I₄	药水河	药水河、宗家沟、雪隆沟、白水河
		I₅	甘河	青石坡
		I₆	南川河	贵德峡、门旦峡
II	青海湖流域	II₁	青海南山北麓	石乃亥-苏吉塘、关角日吉山、天峻山
		II₂	布哈河北	阳康曲、夏日哈-峻河、沙柳河

三、岩溶水资源计算

(一)湟水流域

1. 大通(老爷山)-互助(南门峡)计算块段

该地区于 2016 年开展了系统的岩溶水资源调查评价工作,采用径流模数法和大气降水入渗系数法对碳酸盐岩岩溶裂隙水资源进行了较为详细的计算,但是在降水入渗和径流模数等关键参数的取值上未考虑岩溶水富水性的差别,统一赋值可能存在一些误差。本次研究在该报告的基础上,综合考虑该地区开展过的《1∶20 万湟源幅区域水文地质普查报告》和《青海省互助地区农业供水水文地质勘察报告》,按照岩溶水富水性的差别对各块段进行逐一赋值,最后得到该块段岩溶水的天然资源量。

(1)大气降水入渗系数 α。根据经验数据结合本地区特点,参照《1∶20 万区域水文地质调查报告》《1∶5 青海省互助地区农业供水水文地质勘察报告》和《1∶10 万青海省互助土族自治县区域水文地质调查报告》,确定大气降水入渗系数 0.16~0.35。水量丰富区岩溶裂隙化发育程度较高,大气降水补给条件好,取最大的降水入渗系数 0.35,在山前丘陵一带岩溶发育程度低,取最小的降水入渗系数 0.16,岩溶富水性中等的取二者的均值。

(2)计算段面积 F。在 1∶5 万地质图上求得。

(3)降水量 H。根据互助县多年降水资料,降水量随海拔升高而增大,递增率为 40.7mm/100m。整个计算块段内碳酸盐岩的平均海拔为 3096m,互助县气象站海拔 2480m,按递增率推算出计算区降水量为 766.67mm。

(4)地下水径流模数 M。地下水径流模数多用泉域法求得,利用各富水分区内泉域明显的泉点求出该区地下水径流模数的平均值作为计算参数,无代表性泉点出露的地层区,引用该级别的富水性分区中的径流模数平均值(表 5-34)。

表 5-34　大通(老爷山)-互助(南门峡)岩溶水资源量计算

富水性分区	亚区	块段	面积/km²	径流模数/(L/s·km²)	径流量/(m³/d)	降水量/mm	入渗系数	入渗量/(m³/d)
水量丰富区	Ⅰ	毛家沟-上石湾村	5.16	18.1	8 061.6	2.10	0.35	3 786.5
	Ⅱ	五峰寺	2.16	24.2	4 520.5	2.10	0.35	1 588.0
	Ⅲ	南门峡东	3.18	21.15	5 812.8	2.10	0.35	2 336.5
	Ⅳ	五峰寺	2.50	24.2	5 231.4	2.10	0.35	1 837.8
	Ⅴ	青康台南	2.17	21.15	3 969.0	2.10	0.35	1 595.4
水量中等区	Ⅵ	老爷山	2.12	2.26	413.6	2.10	0.255	1 133.4
	Ⅶ	上石湾村北	3.68	2.26	718.6	2.10	0.255	1 969.4
	Ⅸ	平顶山-尖顶山	23.79	1.72	3 534.8	2.10	0.255	12 729.1
水量贫乏区		南门峡-黑墩山/上下封积村等	23.66	0.45	919.9	2.1	0.16	7 944.2
合计					33 182.1			34 920.3

采用径流模数法计算得出大通—互助一带碳酸盐岩裂隙岩溶水的地下水天然资源约 $3.32\times10^4\text{m}^3/\text{d}$,而采用大气降水入渗系数法进行验收地下水资源量约为 $3.49\times10^4\text{m}^3/\text{d}$,二者数值较为接近,说明计算出的资源量总体较为合理。但是考虑到大气降水具有一定的高程效应,全部采用平均海拔的降水量作为计算值,会使得高山区资源量偏小,而富水性较差的丘陵前缘资源量偏多,且入渗系数利用了经验值,不够准确。而地下水径流模数大多依据野外实际资料,采用泉域法求得,前人对偶测的泉水流量也进行了校正(王俊,2016),因此,可采用径流模数法计算所得的 $3.32\times10^4\text{m}^3/\text{d}$ 作为该地区的岩溶水总资源量。从资源量计算结果可以看出,该地区的岩溶水资源分布极不均匀,其中水量丰富区的岩溶水资源量占比高达 85% 左右。

2. 松多山计算块段

该地区分别开展了佑宁寺水源地水文地质勘查及互助县松多地区岩溶水供水水文地质勘查,其中佑宁寺地区提交了 C 级详查资源储量,总体来说研究程度较高,本次研究沿用了前人的水资源计算结果。

(1)佑宁寺地区岩溶水资源。当含水层岩性很不均匀,难以确定整个含水层渗透系数与厚度时,可用抽水试验单孔或群孔补给带宽度法确定天然补给量,计算公式为

$$Q = EB\frac{Q_k}{2R}$$

式中:Q 为地下水径流量(m^3/d);Q_k 为抽水试验涌水量(m^3/d);E 为经验系数,2~4;B 为含水层宽度(m);R 为抽水试验影响半径(m)。

佑宁寺地区地下水主要补给源为北部山区基岩裂隙水及碳酸盐岩岩溶裂隙水的径流补给,佑宁寺沟口 F_7 断层及 F_8 断层构成地下水补给边界,利用 JH12 孔单孔抽水试验及开采性抽水试验参数,经验系数取平均值 3,补给带宽度取 F_7 至 F_8 之间宽度 980m,分别采用单孔抽水试验及开采性抽水试验资料计算得出,佑宁寺地区岩溶水的天然资源量为 $4.29\times10^4 m^3/d$ 和 $3.87\times10^4 m^3/d$(贾小龙,2016;表 5-35)。

表 5-35　补给带宽度法计算地下水径流量一览表

项目 抽水试验资料	经验系数	含水层宽度 B/m	涌水量 $Q_k/(m^3/d)$	影响半径 R/m	径流量 $Q/(m^3/d)$
单孔抽水试验	3	980	6 393.6	218.98	4.29×10^4
开采性抽水试验		980	25 807	980	3.87×10^4

由于群孔开采性抽水试验更能代表佑宁寺地区的水文地质补给条件,所取得参数更符合实际,由此本次研究取开采性抽水试验计算所得 $3.87\times10^4 m^3/d$ 作为该地区的地下水天然资源量。

(2)上水磨沟松多山岩溶水资源。上水磨沟松多山地区水量丰富的沟谷区采用补给带强度法进行计算岩溶水资源量,对水量中等的基岩山区则采用径流模数法进行计算(吴艳军,2017)。

水量丰富区岩溶水资源量计算:计算时将 F_2 断层以东和相对较为完整的结晶灰岩概化为隔水边界,结合野外调查及地球物理勘探资料,含水层宽度为 100.0m,钻孔涌水量取 J1 号钻孔 S_3 落程抽水试验时的涌水量 $3240m^3/d$(降深 37.450m,小于含水层厚度的一半),抽水孔影响半径计算值为 359.4~1 592.5m(在不考虑隔水边界的前提下),但是碳酸盐岩裂隙岩溶水强径流带宽度为 100m,因此影响半径取 100。代入补给带宽度法计算公式,计算得富水区内的地下水天然资源量为 $6480m^3/d$。

水量中等区岩溶水资源计算:根据前述富水性划分方案,整个水磨沟上游北岔沟流域及东岔沟流域裂隙岩溶水均为水量中等区,面积约 $46.46km^2$,平均径流模数为 $2.64L/s\cdot km^2$,裂隙岩溶水的天然资源量为 $10 597.4m^3/d$(吴艳军,2017),计算成果见表 5-36。

水磨沟松多山岩溶水天然资源量为二者之和,即 $1.71\times10^4 m^3/d$,整个松多山地区岩溶水资源总量为 $5.58\times10^4 m^3/d$。

表 5-36　水磨沟裂隙岩溶水天然资源计算成果表

区代号	亚区名称	代号	块段代号	块段平均径流模数/(L/s·km²)	块段面积/km²	地下水资源量/(m³/d)	合计/(m³/d)
I	北岔沟流域	I₁	I₁₋₂	2.64	17.46	3 982.56	3 982.56
	东岔沟流域	I₂	I₂₋₃₋₁	2.64	14.96	3 412.32	4 931.44
			I₂₋₃₋₂	2.64	6.66	1 519.12	
II	西北角基岩山区	II₁	II₁₋₃	2.64	6.83	1 557.90	1 557.90
	东侧基岩山	II₂	II₂₋₂₋₁	2.64	0.19	43.34	125.45
			II₂₋₂₋₂	2.64	0.36	82.11	
合计							10 597.4

3. 大坂山东段(大西沟-土官沟)计算块段

依据前述的岩溶水富水性分区,采用径流模数法计算该区域的裂隙岩溶水资源量。根据《1:20万天祝幅区域水文地质普查报告》,水量中等区的径流模数加权平均值为 2.88L/s·km²,水量丰富区的径流模数加权平均值为 6.77L/s·km²,按照径流模数法计算得出大坂山东段大西沟—土官沟一带岩溶水的天然资源量为 $7.14 \times 10^4 \text{m}^3/\text{d}$。采用大气降水入渗系数法对该分区的岩溶水资源量进行验算,其中降水量为碳酸盐岩分布区的平均高度插值,乐都区碾伯镇的多年平均降水量为 329.6mm,海拔为 1979m,计算高度为 3500m,按照 16mm/100m 的高程增加值,则降水量插值为 573.12mm,入渗系数根据岩溶发育程度分别取 0.255 和 0.35,则计算出的碳酸盐岩总的降水入渗量为 $83603.96 \times 10^4 \text{m}^3/\text{d}$(表 5-37)。

表 5-37　大坂山东段(大西沟-土官沟)裂隙岩溶水天然资源计算成果表

富水性分区	亚区	面积	径流模数/(L/s·km²)	径流量/(m³/d)	降水量/mm	入渗系数	入渗量/(m³/d)
水量中等区	引胜沟	48.705	2.88	12 119.4	1.57	0.255	19 501.4
	直沟	49.33	2.88	12 274.9	1.57	0.255	19 751.7
水量丰富区	土官沟	1.1	2.88	273.7	1.57	0.255	440.4
		79.9	6.77	46 735.7	1.57	0.350	43 910.4
合计				71 403.71			83 603.96

4. 拉脊山南麓计算块段

依据岩溶水富水性分区,采用径流模数法计算该区域的裂隙岩溶水资源量。在径流模数的参数选择上,根据各流域内典型的岩溶泉计算结果分别取值,按照径流模数法计算得出拉脊山南麓岩溶水的天然资源量为 $5.92\times10^4 m^3/d$;其中,药水河、南川河和甘河一带的岩溶水资源量分别为 26 337.4m^3/d、9 227.8m^3/d、12 864.8m^3/d。主要的裂隙岩溶水资源分布于药水河、南川河及甘河一带的中高山岩溶水量丰富区(表5-38)。

表5-38 拉脊山南麓裂隙岩溶水天然资源计算成果表

流域单元	富水性分区	面积/km²	径流模数/(L/s·km²)	径流量/(m³/d)
丹麻河	水量贫乏	7.13	0.45	277.2
南川河	水量丰富	20.86	5.12	9 227.8
甘河	水量丰富	25.67	5.12	11 355.6
甘河	水量中等	10.33	1.691	1 509.2
甘河	小计			12 864.8
盘道沟	水量丰富	11.66	3.59	3 616.7
盘道沟	水量中等	23.48	2.82	5 720.9
盘道沟	水量贫乏	22.04	0.45	856.9
盘道沟	小计			10 494.4
药水河	水量丰富	44.13	6.65	25 355.3
药水河	水量中等	4.16	2.29	823.1
药水河	水量贫乏	4.09	0.45	159.0
药水河	小计			26 337.4
波航河	水量中等	1.71	2.05	302.9
合计				59 204.6

采用大气降水入渗系数法对该分区的岩溶水资源量进行验算,其中降水量取平均海拔较为接近的湟中鲁沙尔镇的多年平均降水量 539.9mm,入渗系数根据区域水文地质普查报告取值 0.25,则计算出的碳酸盐岩区总的降水入渗量为 $6.48\times10^4 m^3/d$,二者较为接近,计算结果较为可信。

(二)青海湖流域

1. 关角日吉山北麓岩溶水系统

关角日吉山地区由于关角隧道的修建和排水作用,区内地下水的补、径、排条件发生了较大的改变,隧道影响范围以内,底标高以上的裂隙岩溶水基本完全由隧道泄出,造成部分泉水的干涸和衰减,形成了开发程度较高的岩溶水系统,可以利用排泄量总和法计算整个地区的地下水天然资源量,然后再利用水化学与同位素分析技术方法,识别出主要岩溶水的资源量。

采用排泄量总和法,作为评价整个区域地下水总资源量的基础,并采用入渗系数法、径流模数等水文分析法对排泄量总和法计算出的资源量进行验证,岩溶水主要的排泄项 Q 包括隧道排泄量 $Q_{隧道}$ 和岩溶泉排泄量 $Q_{泉}$。

$$Q = Q_{隧道} + Q_{泉}$$

(1)岩溶泉排泄量。关角日吉山地区山体高耸,大部分地区海拔大于3950m,出露的泉水较多,从水理性质来说与冻结层上水较为类似,未纳入岩溶泉的排泄量统计中。经统计,非多年冻土区内较大的岩溶泉总流量为40.33L/s。

(2)隧道排泄量。根据2014—2015年的逐月长期观测资料,隧道北口流量介于412~986.7L/s之间,老隧道北口的排泄量为20~44.5L/s,取隧道流量的平均值作为排泄的地下水量,则新隧道北口排泄的地下水量为709.9L/s,老隧道北口排泄的地下水量为29.6L/s(表5-39)。

表5-39 关角隧道排水量(L/s)统计情况一览

年	2014								2015											
月	5	6	7	8	9	10	11	12	1	2	3	4	5	6	7	8	9	10	11	12
新隧道南口	54.5	57.5	78	87.5	180	220.3	159	115	109.5	96	88	86.7	93	100	136.3	148.3	141.7	133	119.5	100
新隧道北口	412	545	726	760.5	805.7	811.7	721.3	643	587.5	587	522	477.5	588	574.3	878.3	985.7	986.7	920.5	855	810
老隧道北口	27.5	26.5	26	30.5	43.5	31	29	34.5	44.5	26.5	21	24	20	26	37	29	31	31	27.5	26
老隧道南口	37.5	29	29.5	33.5	44	30.5	34	30	25.5	21	21.5	27	25	25	49	46	39.5	42	32	28

隧址区内无常年性河流,因此理论上来说,隧址区内的大气降水、冻结层上水、基岩裂隙水、裂隙岩溶水均可能为隧道涌排水的直接来源。但是根据隧道施工条件,新隧道南北出口的标高分别为3330m和3393m,老隧道南北出口的标高分别为3679m和3704m,结合地形分析,隧道大部分位于地表以下300~500m,远超过该地区大气降水的有效入渗深度。同时由于冻结层上水仅赋存于海拔3950m以上的高山区,且含水层厚度一般5~20m不等,由此冻结层上水也不会对隧道形成直接补给,隧道涌排水的主要补给来源仅可能为基岩裂隙水和裂

隙岩溶水。

老隧道总长度3.98km,分水岭北部长度1.8km,地表上看所穿越地层基本全部为灰岩,时代上分别属于三叠系或二叠系,因此推测老隧道北口排出的地下水基本全为裂隙岩溶水(图5-45)。

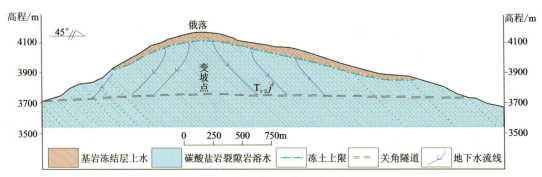

图5-45 老隧道地下水排泄示意图

根据新关角隧道施工资料,隧道总长度为32.64km,变坡点以分水岭为界,分水岭以北的隧道长度为15.32km,分别穿越三叠系结晶灰岩段6.86km、三叠系砂岩段4.21km、志留系变质粉砂岩4.25km,说明新隧道北口排泄的地下水资源包括了裂隙岩溶水和基岩裂隙水,可利用水化学结合同位素分析法,评估识别出关角隧道涌排水来源的比例(彭红明,2022;图5-46)。

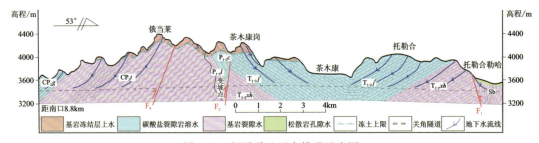

图5-46 新隧道地下水排泄示意图

为分析确定隧道排水中的裂隙岩溶水比例,根据含水层类型、地貌单元等的不同,2016年8月15—25日对隧址区的代表性泉点、隧道排水和雨水进行采样,共采集全分析10组,简分析50组,氢氧稳定同位素样品19组(表5-40)。

从水化学特征来说,新隧道北口涌排水的矿化度为0.44g/L,水化学类型为$HCO_3·SO_4$-Ca;新隧道南口涌排水的矿化度为0.85g/L,水化学类型为$SO_4·HCO_3$-Ca·Mg;老隧道北口涌排水的矿化度为0.39g/L,水化学类型为HCO_3-Ca·Mg;老隧道南口涌排水的矿化度为0.46g/L,水化学类型为$HCO_3·SO_4$-Ca·Mg。岩溶水的矿化度均值为0.37g/L,水化学类型为HCO_3-Ca型或HCO_3-Ca·Mg型,北口基岩裂隙水矿化度均值为0.64g/L,水化学类型以$HCO_3·SO_4$-Ca·Mg型为主,南口基岩裂隙水矿化度均值为0.91g/L,水化学类型为$SO_4·HCO_3$-Ca·Mg型。老隧道南、北两侧涌排水的矿化度和主要阴阳离子含量比值均与岩溶水较接近(图5-47、图5-48),推测老隧道南、北两侧涌排水均主要来源于岩溶水。新隧道北口涌排水矿化度和主要离子含量比值介于岩溶水和基岩裂隙水之间,且更接近于岩溶水,因此推测北口涌排水由岩溶水和基岩裂隙水混合组成,且主要来源于岩溶水;新隧道南口涌排水矿化度、主要阴阳离子含量与基岩裂隙水较为接近,故此推测新隧道南口涌排水主要来源于基岩裂隙水。

表 5-40　研究区部分采样点水化学特征表

点号		主要离子含量/(mg/L)						矿化度/(g/L)	水化学类型	含水层岩性与地下水类型	
		Ca^{2+}	Mg^{2+}	Na^+	HCO_3^-	SO_4^{2-}	Cl^-				
TJ142		116.2	63.2	86	402.7	228.1	134.7	0.83	$HCO_3 \cdot SO_4$-$Ca \cdot Mg \cdot Na$	$T_{1-2}xh$ 粉砂质板岩	基岩裂隙水
ZK1		80.2	35.2	44.5	355.6	110.5	46.1	0.49	$HCO_3 \cdot SO_4$-$Ca \cdot Mg$		
TJ62		74.15	12.15	42.33	268.5	28.82	35.45	0.32	HCO_3-Ca	Sb_2 变质粉砂岩	
TJ121		102.2	40.1	54.8	311.2	175.3	70.9	0.6	$HCO_3 \cdot SO_4$-$Ca \cdot Mg$	$T_{1-2}xh$ 粉砂质板岩	
TJ134		152.3	66.8	65.9	463.8	232.9	124.1	0.87	$HCO_3 \cdot SO_4$-$Ca \cdot Mg$		
TJ171	分水岭北	86.2	37.7	123.2	445.4	91.3	124.1	0.69	$HCO_3 \cdot Cl$-$Na \cdot Ca$	N_2a 砾岩	孔隙裂隙水
TJ23		68.1	3.6	18	158.7	67.2	21.3	0.26	$HCO_3 \cdot SO_4$-Ca	$T_{1-2}j^1$ 结晶灰岩	冻结层上水
TJ34		58.1	3.6	35	158.7	81.7	21.3	0.28	$HCO_3 \cdot SO_4$-$Ca \cdot Na$		
TJ85		92.2	4.9	23	207.5	91.3	24.8	0.34	$HCO_3 \cdot SO_4$-Ca		
TJ149		88.2	9.7	14	164.8	117.7	21.3	0.34	$HCO_3 \cdot SO_4$-Ca		
TJ5		76.2	10.9	10.3	201.4	57.6	21.3	0.28	HCO_3-Ca	$T_{1-2}j^1$ 结晶灰岩	碳酸盐岩裂隙岩溶水
TJ49		108.2	6.1	11.5	292.9	43.2	24.8	0.34	HCO_3-Ca		
ZK2		90.18	30.38	17.5	268.5	60.04	63.81	0.4	HCO_3-$Ca \cdot Mg$		
ZK3		62.12	14.58	72	219.7	129.7	35.45	0.43	$HCO_3 \cdot SO_4$-$Ca \cdot Na$		

续表 5-40

点号		主要离子含量/(mg/L)						矿化度 /(g/L)	水化学类型	含水层岩性与地下水类型	
		Ca^{2+}	Mg^{2+}	Na^+	HCO_3^-	SO_4^{2-}	Cl^-				
TJ242	分水岭南	100.1	42.1	60	320.1	172.5	68.5	0.6	$HCO_3·SO_4$-$Ca·Mg$	Cg^c 石英砂岩	基岩裂隙水
二郎洞		188.6	102.5	61.5	395.4	551.4	99.6	1.22	$SO_4·HCO_3$-$Ca·Mg$	CPt 变质岩	
TJ201		82.16	23.09	21.67	207.5	132.1	24.82	0.39	HCO_3-Ca	P_1^b 结晶灰岩	裂隙岩溶水
TJ217		108.2	18.2	24	183.1	187.3	31.9	0.47	$SO_4·HCO_3$-Ca	P_1^b 结晶灰岩	冻结层上水
TJ246		92.2	9.7	52.8	128.1	235.3	21.3	0.48	$SO_4·HCO_3$-$Ca·Na$	CPt 变砂岩	
TJ271		72.1	6.1	67	97.6	254.6	14.2	0.47	SO_4-$Ca·Na$		
老隧道北口		98	25.1	19	295.1	48	53.2	0.39	HCO_3-$Ca·Mg$		隧道排水
新隧道北口		80.6	20.5	40	210.5	151	38.5	0.44	$HCO_3·SO_4$-Ca		
老隧道南口		84.5	27.5	40	287.6	120.1	40.8	0.46	$HCO_3·SO_4$-$Ca·Mg$		
新隧道南口		131.5	57.7	75.95	335	350	70	0.85	$SO_4·HCO_3$-$Ca·Mg$		

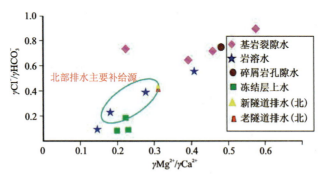

图 5-47 隧址区北部地下水及隧道排水主要离子特征

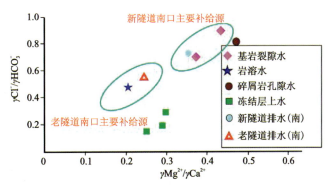

图 5-48　隧址区南部地下水及隧道排水主要离子特征

由水质分析可知，隧址区内地下水中 SO_4^{2-} 含量较高，因此在涌排水向洞口的排泄过程中，部分地下水中的硫酸盐可能与水泥混凝土产生反应，导致 SO_4^{2-} 等部分离子含量发生变化。但是总体来说，隧道涌排水的水化学组成主要还是取决于补给水源，特别是其中的 $\gamma HCO_3^-/\gamma Cl^-$ 和 $\gamma Mg^{2+}/\gamma Ca^{2+}$ 等主要阴阳离子比值、矿化度基本代表了不同水源之间的混合比。而氢氧同位素由于其化学性质较为稳定，向外排泄过程较短，同位素组成不会发生明显变化，由此涌排水中的同位素组成直接代表了补给源的性质。据此，可以利用水化学和同位素信息对隧道涌排水的来源进行计算和区分。

隧道涌排水的直接来源有岩溶水及基岩裂隙水，因此可采用两端元混合计算法，根据分水岭南北不同地下水类型中 $\gamma Cl^-/\gamma HCO_3^-$、$\gamma Mg^{2+}/\gamma Ca^{2+}$ 及氢氧同位素含量（表 5-41、表 5-42）分别得出不同类型的地下水所占比例。

$$\delta_{隧排} = X\delta_{岩溶水} + (1-X)\delta_{基岩裂隙}$$

式中：X 为裂隙岩溶水比例；$\delta_{岩溶水}$、$\delta_{基岩裂隙}$ 分别为岩溶水和基岩裂隙水的同位素组成。

表 5-41　隧址区地下水及隧道排水主要离子及元素平均含量

地貌单元	地下水类型或位置	$\gamma Cl^-/\gamma HCO_3^-$	$\gamma Mg^{2+}/\gamma Ca^{2+}$	δD	$\delta^{18}O$	^3H
分水岭北	岩溶水	0.287	0.361	−50.92	−8.13	12.37
	基岩裂隙水	0.421	0.664	−55.77	−8.61	9.07
	老隧道北口	0.310	0.425	−52.4	−8.3	11.6
	新隧道北口	0.314	0.424	−52.7	−8.3	11.3
分水岭南	岩溶水	0.206	0.468	−50.92	−8.13	12.37
	基岩裂隙水	0.404	0.835	−55.77	−8.61	9.07
	老隧道南口	0.244	0.542	−52.1	−8.2	12
	新隧道南口	0.359	0.731	−54.8	−8.5	10

表 5-42　不同指标计算出的隧道涌排水中岩溶水含量占比(%)

位置	$\gamma Cl^-/\gamma HCO_3^-$	$\gamma Mg^{2+}/\gamma Ca^{2+}$	δD	$\delta^{18}O$	^3H	同位素平均值
老隧道北口	83	79	69	65	77	70
新隧道北口	80	79	63	65	68	65
老隧道南口	81	80	76	86	89	84
新隧道南口	23	28	20	24	28	24

经计算得出老隧道北口涌排水中岩溶水的占比大致在 65%～83% 之间,新隧道北口涌排水中岩溶水的占比大致在 63%～80% 之间,与隧道经过区的水文地质条件较符合。考虑到同位素样品所计算出的结果受外界影响较小,取同位素指标计算的均值作为各排水口中裂隙岩溶水的占比,则老隧道北口的裂隙岩溶水资源量为 $1\,798.7\,m^3/d$,新隧道北口排出的裂隙岩溶水资源量为 $4.0\times10^4\,m^3/d$。整个关角日吉山北麓地区裂隙岩溶水的排泄量总和为 $4.53\times10^4\,m^3/d$,即裂隙岩溶水的天然资源量为 $4.53\times10^4\,m^3/d$。

(3)径流模数法。根据裂隙岩溶水的富水性分区及岩溶泉径流模数计算得出,关角日吉山地区内裂隙岩溶水的天然资源量为 $36\,304.7\,m^3/d$(表 5-43)。

表 5-43　关角日吉山北麓岩溶水系统资源量计算一览表

富水性分区	亚区	面积 /km²	径流模数 /(L/s·km²)	径流量 /(m³/d)
水量中等区	窝布敌鄂	9.87	4.2	3 581.6
	克德陇溶	54.31	4.2	19 708.0
	切格日绞合木	1.21	4.2	439.1
水量丰富区		21.28	6.84	12 576.0
合计				36 304.7

注:径流模数为各富水区岩溶长观泉计算后利用加权平均所得。

采用径流模数法计算出的裂隙岩溶水资源量要小于排泄量统计分析值,这可能与大面积的冻土分布区也存在裂隙岩溶水的径流有关。排泄量总和法中主要数据均来自实测,故选择 $4.53\times10^4\,m^3/d$ 作为关角日吉山地区的裂隙岩溶水天然资源量。

2. 青海流域其他地区资源量计算

整体来说青海湖流域的岩溶水研究工作程度较低,能够获取的水文地质参数有限,因此青海南山的天峻山和青海湖南以及布哈河北的阳康曲、峻河和沙柳河等岩溶水系统内赋存的裂隙岩溶水主要采用径流模数法进行天然资源量的计算。计算过程中各子系统中不同级别的富水区面积为本次结合地质背景条件综合分析研究后所取得的最新成果,各富水区的径流模数则主要参考了区域水文地质普查报告中的相关数值。最后采用大气降水入渗系数法对计算所得的天然资源量进行复核,具体计算见表 5-44。

表 5-44 青海湖流域其他地区不同岩溶水系统资源量计算一览表

岩溶系统	计算块段	富水性分区	亚区	面积	径流模数/(L/s·km²)	径流量/(m³/d)	降水量/mm	入渗系数	入渗量/(m³/d)
青海南山北麓	天峻山	水量丰富区	加木格日	31.41	6.84	18 562.6	1.045	0.43	14 120.6
青海南山北麓	天峻山	水量丰富区	哈熊沟	27.24	6.84	16 098.2	1.045	0.43	12 245.9
青海南山北麓	天峻山	合计				34 660.7			26 366.5
青海南山北麓	青海湖南	水量贫乏区		133.87	0.45	5 204.9	1.045	0.12	16 795.0
布哈河北	阳康曲	水量丰富区		8.82	6.84	5 212.4	1.045	0.43	3 965.1
布哈河北	阳康曲	水量中等区		49.52	2.43	10 396.8	1.045	0.24	12 425.3
布哈河北	阳康曲	合计				20 814.1			16 390.4
布哈河北	峻河	水量丰富区		11.77	4.36	4 433.8	1.045	0.43	5 291.3
布哈河北	峻河	水量中等区		52.45	2.43	11 012.0	1.045	0.24	13 160.5
布哈河北	峻河	水量贫乏区		221.55	1.09	20 864.7	1.045	0.12	27 795.1
布哈河北	峻河	合计				36 310.5			46 246.9
布哈河北	沙柳河	水量贫乏区		9.8	1.09	922.9	1.045	0.12	1 229.5
合计						97 913.1			107 028.2

根据计算结果,大气降水入渗系数法和径流模数法计算所得的裂隙岩溶水资源量较为接近,二者相对差值10%以内。但是考虑到大气降水中不同地区的降水量不同,而实际计算中取天峻县多年观测的降水量作为计算值,由此本次研究认为径流模数法计算结果更为可信。因此,青海湖流域的碳酸盐岩裂隙岩溶水总资源量为 $14.32 \times 10^4 \, m^3/d$。其中,关角日吉山岩溶水系统的天然资源量为 $4.53 \times 10^4 \, m^3/d$,天峻山岩溶水系统的岩溶水资源量约为 $3.47 \times 10^4 \, m^3/d$,峻河江河乡至舟群乡一带的岩溶水资源量约为 $3.63 \times 10^4 \, m^3/d$,沙柳河和青海湖南黑马河文不冬至苏吉塘一带的岩溶水资源量较少。各岩溶水系统内岩溶水资源分布不均匀,主要的岩溶水资源赋存于水量丰富区和水量中等区内。

第六章 岩溶找水前景区及技术方法

第一节 岩溶供水前景区

青海省东北部地区是该省主要的粮食、蔬菜及养殖基地,也是大型工矿企业的集中分布区,在青海省占有举足轻重的重要地位。伴随着"一优两高""乡村振兴"等发展战略的不断推进,区内社会经济发展迅速、工农业发展迅猛,在一些浅脑山区水资源供需矛盾显得更为突出,迫切需要通过开展一些地下水资源的调查勘查和综合研究工作,寻找到合适的水源。鉴于东部地区松散岩孔隙水研究程度较高,且湟水河谷区潜水含水层厚度薄,地下水富水性差,大多已无开发潜力。本次研究在系统梳理总结前人基岩山区开展的岩溶找水工作成果的基础上,结合当地的需求和岩溶水水文地质条件,以县域为单位提出下一步岩溶找水前景区,以期为各县城镇居民生活、工农业发展、资源开发利用等方面提供部分地下水资源保障。

一、前景区圈定原则

岩溶供水前景区的圈定应遵循如下原则。

1. 岩溶水资源丰富、水质良好

充足的地下水资源是开发利用的先决条件。丰富的水资源可用于下游及邻近地区的城镇生活用水、工矿企业生产用水等;良好的水质关乎地下水开发利用的成本和效果,Ⅰ、Ⅱ类水水化学组分含量低,可适用于各种用途;Ⅲ类水适用于集中式生活饮用水水源,Ⅳ类水适当处理后可作为饮用水和农业工业用水;Ⅴ类水不宜作为生活饮用水水源,用于其他用途需要做针对性的处理。部分岩溶水中还具有较高的锶、锂、偏硅酸等微量元素,是良好的天然矿泉水水源,具有较好的开发利用价值。

2. 用水需求迫切、开发利用意义显著

前景区下游及周边一定范围内分布有城镇、产业科技园、工矿企业等用水需求迫切的对象,开发利用前景区岩溶水资源能有效解决城镇生活用水、产业科技园、工矿企业的生产用水,为地方社会经济发展、生态文明建设提供地下水资源保障;此外,达到天然矿泉水标准的岩溶水可作为绿色、天然、健康的矿泉水资源进行开发利用,可助力地方经济发展和生态文明建设。

3. 交通、施工及水源保护条件便利

水源周边地区无工业分布,水源地建成后便于保护,地下水不易受污染。前景区有良好的交通条件和平坦开阔的场地,便于钻探、运输、施工等设备的出入,以及便于管道铺设和厂房修建等,能够满足分散式或集中式供水水源地的建设需求。

4. 岩溶水开采引起的生态环境影响小

前景区岩溶水开采能够实现可持续性,对岩溶水系统所在地表和地下的生态环境影响小,不会引起地质环境灾害和生态环境退化。

二、岩溶供水前景区

按照以上原则,在各岩溶水系统划分的基础上,从县域角度圈定出了合理的供水前景区,结合具体的水文地质条件和富水性成因,并提出合理的开发利用建议,为部分重点城镇、科技产业园及工矿企业等提供地下水资源保障。本次研究圈定了湟源县药水村及白水河,湟中区青石坡、门旦峡、贵德峡—华山村,大通县毛家沟—羊胜沟、互助县南门峡、佑宁寺、五峰寺以及松多山,天峻县切格日绞合木和克德陇溶作为岩溶水供水前景区。此外,在青海湖流域的天峻山加木格日沟以及舟群乡一带也可能赋存有丰富的岩溶水资源,但是由于这些地区的供水需求较少,本次未作为供水前景区。

(一)湟源县

湟源地区岩溶水主要分布在拉脊山北麓大华沟上游石崖湾至白水河上游金纺湾地区,区内海拔多在3000m以上,降水量充沛,为岩溶水的形成提供了充足的补给来源;受区域构造及长期水流的作用,蓟县系克素尔组灰岩节理裂隙发育,溶隙、溶孔、溶洞等岩溶地貌发育,为地下水赋存、径流及富集提供了有利的空间条件。受地形地貌、地层岩性、地质构造、气象水文等诸多因素的共同影响,区内岩溶水质优量丰,是良好的找水前景区,可为周边村镇、下游企业解决供水问题,带动天然矿泉水资源的开发利用,助力地方经济发展。

1. 药水村供水前景区

(1)地下水系统和边界。该前景区属于拉脊山北麓岩溶水系统的西段部分,该岩溶水系统南部及北部边界受北西向断裂控制,东边界为药水峡峡谷东岸,西边界向西延伸尖灭于北西、北北西断层的交互地段,储水类型上为复合构造控水型。靠近日月山,总体属于侵蚀剥蚀中山,地势西南高北东低,降水量充沛。裂隙岩溶水的含水层为中元古界蓟县系花石山群克素尔组(Jxk)灰白色结晶灰岩夹深灰色白云质灰岩,呈北西-南东向展布,地表出露宽度1~2km;因流水侵蚀、寒冻风化作用强烈,溶沟、溶槽、溶洞等岩溶地貌发育,岩体节理裂隙发育。区内主要的控水构造为大东岔复向斜和拉脊山北麓的多组北西向逆断裂。其中,大东岔复向斜呈北西向延伸,东起大东岔沟,向西延至白石崖;核部出露北门峡组,北翼依次出露克素尔组、青石坡组和磨沟组,倾角30°~75°;南翼因断层破坏,仅出露克素尔组,倾角67°~89°,褶曲幅度约 4km,属于宽缓的区域性大褶皱。北西向逆断裂即为拉脊山断裂带,地貌上负地形特征明显,断裂上盘为克索尔组灰岩,下盘为下元古界片麻岩,断面倾向西南,倾角 42°～50°,破碎带宽 20～50m,主要由碎裂岩化结晶灰岩、断层角砾岩、断层泥构成(图 6-1)。

(2)地下水的补径排条件。该前景区处于地下水的补给径流区,西南部中高山区的古老变质岩、岩浆岩和碳酸盐岩地层接受大气降水补给后,地下水经岩石层间裂隙、构造裂隙及溶隙溶孔入渗,向药水河河谷方向径流,在地势低洼处以下降泉的形式泄出,深部承压水受大东岔向斜影响,最终在向斜核部和北西断裂上盘汇集,形成富水区,并在药水村等地区以上升泉的形式泄出。

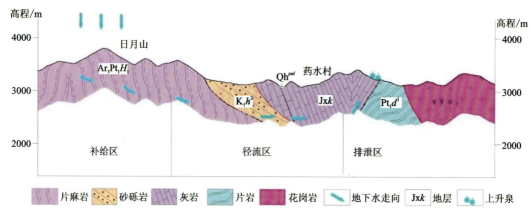

图 6-1　拉脊山北麓药水村段地下水补径排示意图(张磊等,2021)

(3)供水条件及开发利用建议。药水河供水前景区位于药水河河谷药水村至克索尔一带,长约 2800m,宽约 700m,距下游的小高陵约 8km,距湟源县城城关镇约 16km,宗家沟风景区就在区内,有国道 109、京藏高速 G6 及县乡公路与外界相连,交通便利。

采用补给带宽度法计算得出药水河一带埋藏型裂隙岩溶承压水的天然资源量为 22 507.87m³/d,采用抽水试验外推法计算出该地区的岩溶水可开采资源量 8 243.29m³/d(张磊等,2021)。现该地区的岩溶水未进行开发利用,基本处于天然状态,地下水资源开发潜力较大。供水前景区内地下水的矿化度 0.242～0.436g/L,总硬度 0.199～0.372g/L,pH 值为 7.51～8.37,水化学类型属 HCO_3-Ca 型、HCO_3-Ca·Mg 型,水质条件较好。供水前景区下游湟源县城的大华水源地由于气候变化导致区域地下水位下降,实际日最大供水能力仅 $0.6×10^4$ m³/d,达不到设计供水能力 $0.9×10^4$ m³/d,开发利用前景区的岩溶水可作为湟源县城及下游村镇的备用水源。岩溶水中的锶含量介于 0.31～0.40mg/L 之间,达到天然矿泉水的水质标准,也可建设大型的矿泉水水源地。

药水河河谷区地势较为平坦,河谷宽度 0.3～0.45km,大部分地区为农田或河滩地,地形上有利于建设集中式供水水源。根据地形、构造、施工条件等,前景区内可分散布置井采 3 眼,井深 200m,单井出水量 1500m³/d 左右。水源上游为牧业区,无工矿业污染,自然环境优美,植被覆盖度较高,水源涵养能力较强,水源保护区划定较为便利。水源地岩溶水水位埋深 1.1～7.64m,取用水方便且成本较低,地表高出湟源县城约 243m,可采用重力输水的方式向湟源县城城关镇及下游沿线各村镇供水,经济成本较低。

2. 白水河供水前景区

(1) 地下水系统和边界。该前景区位于白水河上游马场台村石崖湾,属于拉脊山北麓岩溶水系统的中段部分,该岩溶水系统南北边界受北西、北北西向断裂控制,东西侧以分水岭为界,储水类型属组合断裂控水类型。该前景区南依拉脊山,地势南高北低,降水充沛;地貌单元属于侵蚀剥蚀中山区,流水侵蚀作用强烈,山势陡峭,岩溶地貌发育,多见峰丛和溶洞。岩溶裂隙水的含水层岩性为蓟县系克素尔组(Jxk)白云质灰岩,块层状构造,节理裂隙、溶沟、溶槽和溶蚀孔等较为发育。区内北西向 F_6 逆断层和北东向顺沟的 F_{11} 走滑断层共同组成了控水组合构造。F_6 断层呈北西-南东向延伸,断面倾向西南,沿线山体多呈马鞍状形态,断层地貌明显,为逆断层,其上盘为蓟县系克素尔组白云质灰岩,下盘为长城系青石坡组砂岩板岩,为区域的控水断裂。据沟内的音频大地电磁测深剖面显示,F_6 断层倾向南西,倾角50°,破碎带宽度约100m,地下400m以浅岩体中节理裂隙、岩溶发育;受 F_6 断裂的影响,在断裂的上盘形成富水区。F_{11} 断层为走滑断层,呈北东-南西向展布,隐伏于北东向山间沟谷底部,地表未见断层破碎带,具有明显的导水断裂特征(图6-2)。

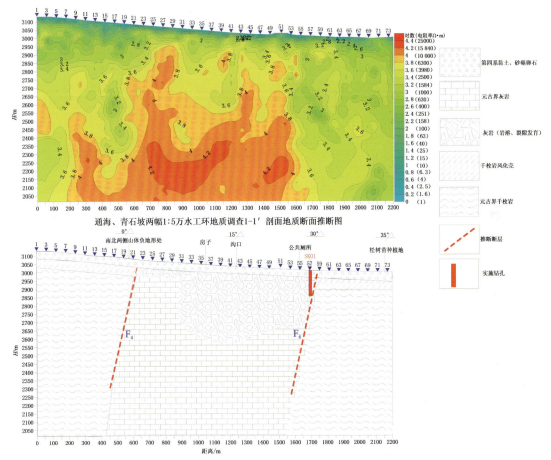

图6-2 白水河上游物探反演及地质断面推断图(吴艳军等,2021)

（2）地下水的补径排条件。该前景区处于地下水的补给径流区，地下水在接受南部中高山区大气降雨及冰雪融水的入渗补给后，沿岩石节理裂隙、层间裂隙、溶隙及 F_{11} 走滑断层破碎带向下游径流，浅层岩溶水在地势低洼处以下降泉的形式泄出，深层承压水受到 F_6 逆断层的阻水作用，地下水在上盘的灰岩地层中富集形成富水区（图 6-3）。

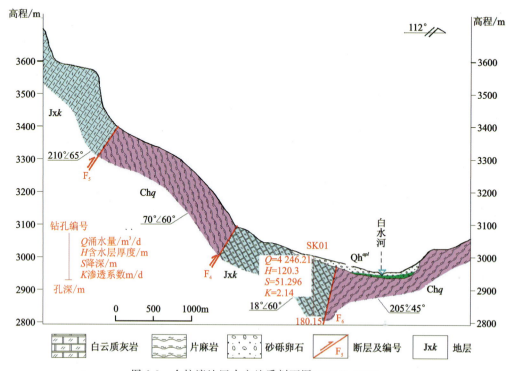

图 6-3　金坊湾地区水文地质剖面图（张磊等，2021）

（3）供水条件及开发利用建议。该前景区位于白水河上游石崖湾一带的河谷区，长约 1000m，宽约 100m，距小高陵约 8km，距湟源县城约 15km，有县乡公路与外界相连，交通较为便利。

采用补给带宽度法计算出白水河上游地区岩溶水地下水天然资源量为 11 863.84 m³/d，采用抽水试验外推法计算出该地区岩溶水可开采资源量为 5 931.92m³/d（吴艳军等，2021）。现该地区岩溶水基本处于天然状态，地下水资源开发潜力较大。供水前景区内地下水的矿化度 0.226~0.274g/L，总硬度 237g/L，pH 值 8.06，水化学类型为 HCO_3-Ca·Mg 型，水质优良，适用于各种用途，可作为下游村镇、湟源县城的后备水源。

供水前景区内河谷较为狭窄，宽 50~100m，多为农田和天然牧草地，水源地建设条件较为优越。根据灰岩呈带状的分布特点，结合地形、构造、施工条件等，前景区内可分散布置井采 3 眼，井深 200m，单井出水量 1500m³/d 左右。水源上游为山区，环境无污染，植被覆盖率较高，水源涵养能力较强，水源保护较为有利。水源地岩溶水承压自流，水头高出地表+5.4m，取用水方便且成本较低，地表高出小高陵村 227m、湟源县城 251m，可采用重力输水的方式进行供水，供水经济成本较低。

(二)湟中区

1. 青石坡供水前景区

(1)地下水系统和边界。该前景区属于拉脊山北缘岩溶水系统的中段部分,该岩溶水系统北边界受北西向断裂控制,南部及西部以甘河分水岭为界,东部以蓟县系灰岩与新近系泥岩的接触带为界。该前景区位于甘河上游青石坡村一带的沟谷区,地貌上处于甘沟上游侵蚀剥蚀中山区,靠近拉脊山分水岭,区内地形切割强烈,地势险峻,峰丛林立,沟谷极为发育,多为"V"形谷,石林、天生桥、溶洞、溶槽等岩溶现象发育;含水层为蓟县系克素尔组(Jxk)深灰色结晶灰岩,致密、性脆、隐晶—微晶结构,厚层状构造,岩体节理裂隙发育,溶沟、溶隙、溶孔等岩溶现象发育。区内主要构造为北西向的拉脊山北缘断裂和多组北东向的正断层。其中,拉脊山北缘断裂呈北西向展布,由数条大小不一、平行排列的断裂组成,断面北倾,为压扭性断裂,形成了区域内的阻水控水断裂,北东向正断层(F_3、F_4)为富水区内的导水断层。

(2)地下水的补径排条件。该前景区处于地下水的补给径流区,从拉脊山西段北麓中上部地段的基岩山区接受大气降水的补给,构成了甘河沟地表与地下径流的起点,地下水潜流方向总体由西南向东北方向运移。至骆驼槽附近受到透水性差的 F_1 压性断裂阻隔,形成了一道阻水屏障,由此上游地下水借助横切山体的沟谷,并伴随发育 F_3、F_4 次级张性断裂,地下水继续沿沟谷、次级张性断裂所形成的破碎带向下游方向排泄。在青石坡地区由于沟谷北侧山体的隆起,地下水一部分以泉的形式排泄于河谷,另一部分以侧向补给方式补给甘河河谷区地下水。根据顺沟谷方向开展的地球物理勘查资料,在甘河河谷西部300m以浅的岩溶较发育,300~700m为岩溶水强径流带,青石坡村发育一条断层,其上盘为古近系砂岩、泥岩,下盘为灰岩、白云质灰岩,古近系泥岩由于岩石的透水性差,相对阻水,在断层处形成一个天然跌水屏障,使得地下水在断层的南侧下盘即青石坡村上游一带形成富水区,另外河谷两侧基岩山区也会对甘河河谷区孔隙水和裂隙岩溶水进行有效补给(图6-4)。

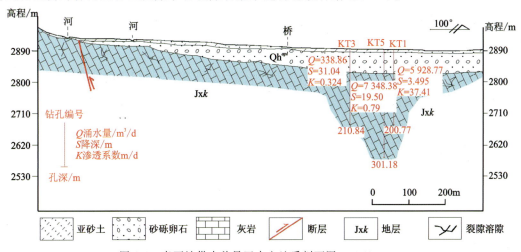

图6-4 青石坡供水前景区水文地质剖面图(彭亮等,2011)

(3) 供水条件及开发利用建议。该前景区位于甘河上游青石坡村地区,长约 1400m,宽约 230m,前景区下游 10km 处为省内主要的盐湖化工工业园——甘河工业园区,12km 处为湟中县城,24km 处为西宁城市副中心——多巴新城,下游地区工业和居民生活用水的水资源需求较大。

采用径流模数法计算出甘河上游青石坡地区岩溶水天然资源量 11 355.6 m^3/d。但是前人勘查发现前景区内沟谷区内的第四系松散岩类孔隙水与下伏的岩溶裂隙水是同一个地下水流系统,两者之间的水力联系密切,单独开采岩溶水的技术难度较大,因此该前景区主要采取岩溶水和第四系潜水的混合水,计算得出青石坡地区地下水天然补给量为 $3.39\times 10^4 m^3/d$,地下水可开采资源量为 $2.8\times 10^4 m^3/d$(彭亮等,2011)。现甘河水务公司在该前景区地下水开采量为 $1.1\times 10^4 m^3/d$,湟中自来水公司开采量为 $0.4\times 10^4 m^3/d$,地下水资源开采潜力尚有 $1.3\times 10^4 m^3/d$,该供水前景区内地下水的矿化度 188.1～209.0mg/L,总硬度 188.1～227.5mg/L,pH 值 7.96～8.69,为 HCO_3-Ca 型水,水质良好,可作为甘河工业园区的工业用水、湟中县城或多巴新城的城市后备水源。

供水前景区内地形平坦开阔,多为天然牧草地和河滩地,适合于集中井组开采;前景区上游自然环境优美、无环境污染,水源涵养能力强;该前景区高出甘河工业园区 270m、湟中县城 237m、西川-多巴新城 587m,可采用重力输水的方式进行供水,经济成本较低。

2. 门旦峡供水前景区

(1) 地下水系统和边界。该前景区属于拉脊山北缘岩溶水系统的中段部分。岩溶水系统的北边界受北西向 F_4 断裂控制,南侧、东西侧以分水岭为界。该前景区位于门旦峡上游的沟谷区,地貌单元属于侵蚀剥蚀中山区,构造活动及地形切割强烈,山势陡峭,"V"形谷极为发育,降水量丰富。岩溶裂隙水的含水层岩性为蓟县系克素尔组(Jxk)白云质灰岩、结晶灰岩,受历次区域构造运动的影响,地层变形强烈,岩体节理裂隙、溶洞溶隙较为发育。供水前景区内的主要控水构造为北西向 F_3 逆断层和北东向 F_{10} 导水断层。F_3 逆断层地表未出露断层破碎带,断层经过处,山体地形呈鞍部或山间沟谷形态,区域资料显示为逆断层。F_{10} 导水断层顺门旦峡河谷方向展布,走向约为 40°,断层破碎带宽度不详(图 6-5)。

(2) 地下水的补径排条件。该前景区处于径流区,门旦峡地区降水量丰富,为碳酸盐岩岩溶裂隙水提供了充沛的补给源。大气降水及冰雪融水沿碳酸盐岩裂隙、溶隙深入地下形成碳酸盐岩裂隙岩溶水。大部分碳酸盐岩裂隙岩溶水经短暂的地下运移,于山体坡脚处以下降泉的形式出露地表,大部分地下水会以地下径流的形式侧向补给河谷第四系潜水以及下部的裂隙岩溶水,并顺着沟谷方向向下游径流,F_{10} 为顺沟发育的导水断层,大量的地下水沿着 F_{10} 断裂形成的破碎带进入深循环,在由西南向北东径流的途径中,受 F_3 断层的阻挡,在断层上盘形成碳酸盐岩类裂隙岩溶承压自流水的富集区,赋存有较为丰富的碳酸盐岩类裂隙岩溶承压自流水。

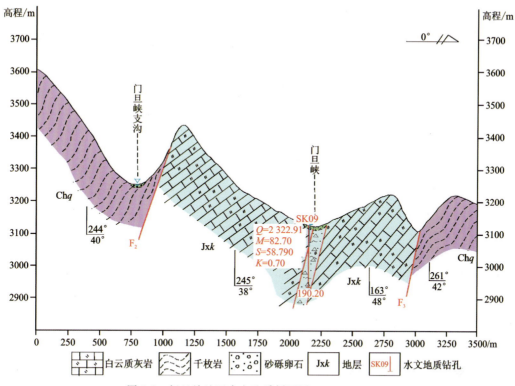

图 6-5 门旦峡地区水文地质剖面图(吴艳军等,2021)

(3)供水条件及开发利用建议。该前景区位于门旦峡上游的沟谷区,长约 600m,宽约 100m,距上新庄镇约 13km,距西宁南川工业园区约 15km,距湟中县城约 20km。近年来,南川工业园大力发展新能源产业,比亚迪等业内知名企业先后入驻园区,现有的南川水厂水资源供给能力不足的问题十分突出,已严重影响了工业园区的产业发展和布局。但是受南川河谷第四系厚度小、河水流量小等水文地质条件限制,南川水厂已无进一步扩采的能力,亟须寻找到新的水源,因此合理利用南川上游地区的岩溶水资源能从一定程度上缓解工业园区的用水需求。

采用补给带宽度法计算出门旦峡上游岩溶水天然资源量 4645m³/d,采用抽水试验外推法计算出该前景区岩溶水可开采资源量 2322.91m³/d(吴艳军等,2021)。现该地区的岩溶水处于天然状态,地下水资源开发潜力较大。该供水前景区内地下水的矿化度 0.298~0.502g/L,总硬度 0.445g/L,pH 值 7.07~8.19,其水化学类型属 HCO_3-Ca 型、HCO_3-Ca·Mg 型,水质良好,可适用于生活饮用水水源及工农业用水,可作为下游鲁沙尔镇和南川工业园区的补充水源。水源靶区靠近拉脊山北部分水岭,无工矿企业,植被覆盖率高,水源涵养能力强。

3. 贵德峡-华山村供水前景区

(1)地下水系统和边界。该前景区属于拉脊山北缘岩溶水系统的东段。岩溶水系统北侧边界为北西向断裂,南部以拉脊山分水岭为界,东部和西部为南川河的自然边界。该前景区临近拉脊山分水岭,属于侵蚀剥蚀中山区,降水充沛,流水侵蚀作用强烈,山体陡峭,沟谷深切,横断面多呈"V"形,陡崖发育,溶沟、溶槽、溶洞等岩溶现象较发育。岩溶裂隙水的含水层岩性为蓟县系白云岩、白云质灰岩,溶沟溶隙、溶孔溶洞发育。从储水类型来说,该前景区属于断裂组合控水类型,区内主要的控水构造为北西向拉脊山北缘断裂和近南北向顺沟平移断层。其中,拉脊山北缘断裂呈北西走向,断面倾向南西,属压扭性逆冲断裂,具有典型的阻水控水特征;顺沟分布的北东向断层具导水性质(图6-6)。

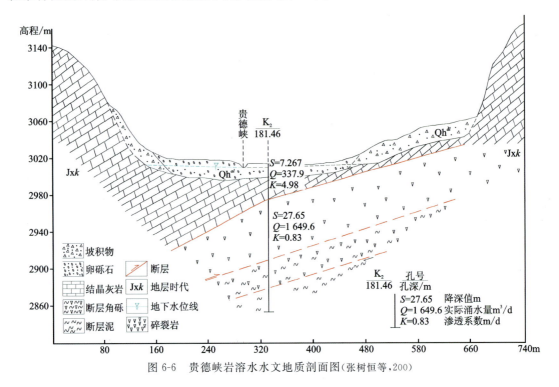

图6-6 贵德峡岩溶水水文地质剖面图(张树恒等,200)

(2)地下水的补径排条件。前景区处于地下水的补给径流区,地下水接受南部中高山区大气降水和冰雪融水的入渗补给后,沿岩体层间裂隙、构造裂隙、溶隙溶孔向下游径流,浅层岩溶水于地势低洼处呈下降泉泄出,深层岩溶水于北东向断裂破碎带内聚集,后沿破碎带向下游径流,遇到北西向断裂后径流受阻,在北西向断裂和北东向断裂交会处汇集,形成富水区。

(3)供水条件及开发利用建议。该前景区分别位于贵德峡的沟谷区,距上新庄镇约6km,距南川工业园区约20km,有G227、县乡公路与外界相连,交通便利,为岩溶水资源的开发利用提供了较有利的外部环境。

采用径流模数法计算出该前景区岩溶水天然资源量8 424.03m³/d,采用抽水试验外推法计算出可开采资源量2 637.0m³/d(张磊等,2021)。现该地区的岩溶水未进行开发利用,基本处于天然状态,地下水资源开发潜力较大。该前景区内地下水的矿化度0.336~2.178g/L,总硬度0.229~295g/L,pH值7.07~8.38,为HCO_3-Ca型、HCO_3-Ca·Mg型水,水质良好,适用于各种用途,可作为下游上新庄镇的乡镇供水备用水源,还可作为下游南川工业园区的工业供水后备水源。

此外,在南川河上游华山村一带断裂构造发育,顺马鸡河发育的北东向张(张扭)性断裂构成热矿水排泄的良好通道,北西西向压扭性断裂(拉脊山北麓深断裂的一个局部地段),在地貌上形成负地形,构成阻水构造,二者共同形成了开启型构造中的深循环地下热水系统。沿马鸡河断裂线状出露大量的上升泉,泉水温度7~24℃,钻孔揭露地下热水温度15~41℃,热矿水无色透明,地热流体中富含 CO_2、H_2S、Rn 等气体,水中偏硅酸、游离二氧化碳、锶、溶解性总固体含量达到饮用天然矿泉水标准,大部分泉水达到饮用天然矿泉水卫生标准。药水滩地区的地热资源量为 $8.19×10^{16}$ J,可开采量 $1.64×10^{16}$ J,散热量 $8.23×10^{13}$ J/a,可采年限为199a,可开采水量864m³/d(于漂罗等,2004),可作为理疗型天然矿泉水资源,建设疗养、旅游度假村等开发利用地热资源(图6-7)。

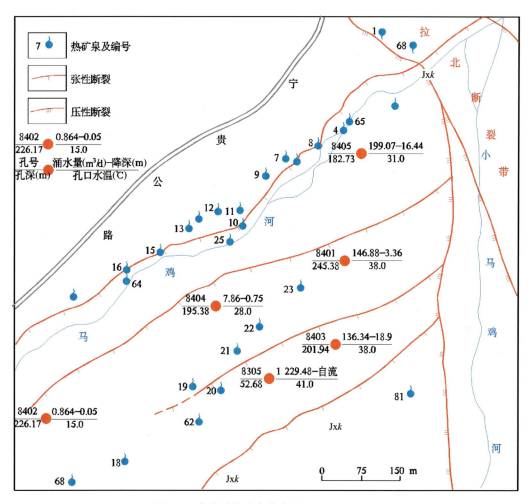

图6-7 药水滩热矿泉分布图(于漂罗等,2004)

(三)大通县

以毛家沟-羊胜沟供水前景区(图6-8)为例说明。

(1)地下水系统和边界。该前景区属于大坂山南麓中段岩溶水系统的西段部分,该岩溶水系统北部以分水岭为界,西侧以北东向F_3断裂为界,南侧以玄武岩接触带为界,东侧以近南北向F_{16}断层为界,其储水类型属于构造组合控水类型。该前景区靠近分水岭,降水充沛,地貌单元属于侵蚀构造中低山区,区内山势陡峻、沟谷狭窄,谷中多见跌水陡坎,岩溶地貌较为发育,表现为零星分布的岩溶石丛和小型的溶蚀洞穴。岩溶裂隙水含水层岩性为寒武系毛家沟组灰岩($\in_2 m$),受构造影响,岩体节理裂隙、构造裂隙及溶孔溶隙发育。区内断裂构造主要有北东向F_3逆断层,北西向F_{11}、F_{12}逆断裂,近南北向F_{16}逆断裂,以及玄武岩接触带。其中,F_3断裂分布于水泥厂矿山西侧,呈北东向展布,延伸约1.5km,断面东倾,为压扭性逆断裂,为阻水断裂。F_{11}逆断裂整体呈北西向展布,断面北倾,为逆断层,上盘为Jxk灰岩、下盘为毛家沟组上段板岩夹灰岩,具有上盘充水、下盘阻水的控水特征。F_{12}逆断层呈北西向展布,倾向北东,倾角30°~60°,为阻水逆断层;其上盘为Jxk灰岩,岩层倾角28°~48°,下盘为$\in_2 m$中段灰岩,为阻水断裂。F_{16}压扭性断裂沿羊胜沟近南北向展布,断面近直立,略向西倾,倾角78°~86°,长约4.5km,断层带宽10~20m,错断众多断裂,为压扭性断层,具导水特征。

(2)地下水的补径排条件。该前景区处于地下水的补给径流区,岩溶水接受大气降水和冰雪融水的入渗补给,沿岩体裂隙、溶隙及断层破碎带向深部、下游径流后,浅层岩溶水在地势低洼处呈岩溶泉形式泄出,深层承压水在北东向F_3断裂上盘、玄武岩阻水带北侧及近南北向F_{16}断裂上盘汇集形成富水区。

(3)供水条件及开发利用建议。该前景区位于毛家沟上游—羊胜沟上游一带,呈近东西向条带状展布,长约6500m,宽200~900m不等,下游的上丰积村和下丰积村存在较为严重的缺水问题。据统计,两村约2640人的人均用水量小于20L/d,大部分居民用水困难,属于大通县内严重的资源型缺水区,水资源需求较为强烈,开发利用岩溶水资源可以解决该地区的用水难题。

用径流模数法计算出该前景区岩溶水天然资源量为8061m³/d,现该地区的岩溶水未进行开发利用,基本处于天然状态,地下水资源开发潜力较大。为充分利用该地区内的岩溶水资源,结合具体的水文地质条件,可采用岩溶泉引流和机井开采两种方式进行岩溶水的开发利用。即对S10,S16两眼岩溶大泉直接引流,对S24岩溶泉进行扩泉引流,可进行引流的泉流量884.93m³/d。根据灰岩呈带状的分布特点,结合地形、构造、施工条件等,在便于施工的各支沟沟谷区内分散布置井采点5处,开采井6眼,井深设置200~300m,单井出水量预计可达500~1200m³/d,则可开发总量5 035.61m³/d,可建成5000m³/d备用水源地。从水质上来说,地下水矿化度366~626mg/L,总硬度287.73~450.36mg/L,pH值7.69~7.82,水化学类型属HCO_3-Ca·Mg型,水质良好,适用于各种用途。

第六章 岩溶找水前景区及技术方法

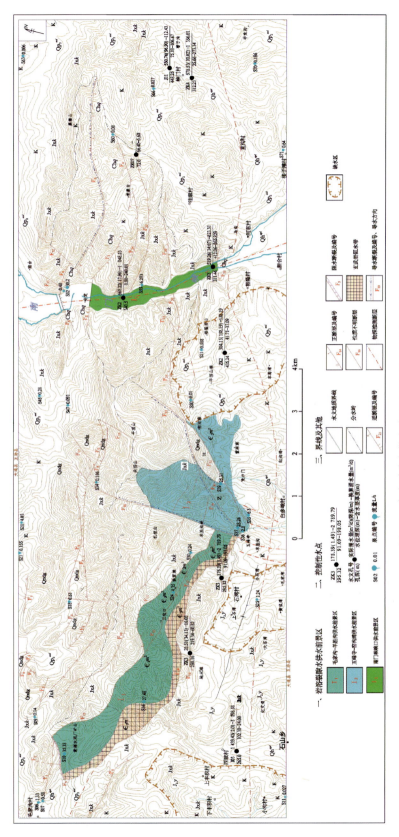

图 6-8 岩溶裂隙水供水前景区分布图（王俊等，2016）

(四)互助县

1. 南门峡峡谷供水前景区(图6-8)

(1)地下水系统和边界。该前景区位于南门峡峡谷安定至格隆村一带,属于大坂山南麓中段岩溶水系统的东段,岩溶水系统的南侧边界为峡口近东西向的 F_{26} 断裂,北侧以安定以南的 F_6 断裂为界,东西侧以沟域的分水岭为界。地貌上该前景区属于侵蚀构造中低山区的山间峡谷,南门峡峡谷近南北向展布,两侧地势陡峭,多发育陡崖峭壁,流水侵蚀作用强烈,岩溶地貌发育,且年降水量在600mm以上。岩溶裂隙水含水层岩性为蓟县系克素尔组(Jxk)白云岩、硅质白云岩、硅质条带状灰岩,灰白、灰黑色,隐晶质结构,块状构造;区内发育一系列北东向逆断层,除峡口 F_{26} 逆断层、安定 F_8 逆断层外,南门峡东西两侧汇水区尚分布有 F_6、F_{21}、F_{24}、F_{25}、F_{29} 逆断层和 F_{23}、F_{31}、F_{32} 压扭性断裂,这些断裂将东西两侧汇水区的地下水导向南门峡峡谷区汇集(图6-9)。

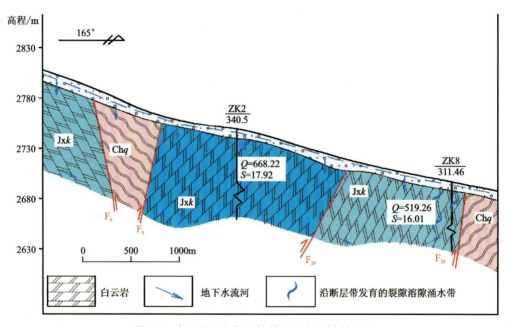

图 6-9 南门峡峡谷供水前景区水文地质剖面图

(2)地下水的补径排条件。该前景区处于地下水的补给径流区,岩溶水资源除接受大气降水渗入补给外,主要的补给来源为南门峡水库坝址以上的岩溶裂隙水径流补给和峡谷两侧山体的岩溶裂隙水侧向径流补给,少部分来源于峡谷区松散岩类孔隙水渗入补给。沟谷两侧基岩山区地下水在接受大气降水的补给后除少部分以泉的形式泄出外,大部分会向河谷方向径流排泄,加之河谷区地表水的大量渗漏补给地下水,使得南门峡河谷地带地下水资源较为丰富。又因河谷第四系厚度薄,大量的地下水又会沿着白云岩溶隙和构造裂隙等再次下渗补给河床底部的裂隙岩溶水,并受到下游的 F_{26} 阻挡,在断层的上盘形成相对的裂隙岩溶水富水区。

(3)供水条件及开发利用建议。该前景区长约3500m,宽200~500m,距下游台子乡约8km,距互助县城约12km,有威南公路、县乡公路与外界相连,交通便利,供水井施工较为便利。

该供水前景区内岩溶水分布于河谷第四系的下部,其富水性受到构造的控制,在部分断裂的上盘出露有两处流量较大的岩溶泉。为充分利用该地区内的岩溶水资源,结合具体的水文地质条件,可采用岩溶泉引流和机井开采两种方式进行岩溶水的开发利用。在岩溶泉引流方面主要为对S_{52},S_{55}岩溶泉的直接引流,引流量为2520 m^3/d。根据灰岩呈带状的分布特点,结合地形、构造、施工条件等,在F_8逆断层南侧和F_{23}断层北盘的白云岩区各布置1眼开采井,井深300m,预计单井出水量750 m^3/d。在峡谷区集中布置13眼开采井,井间距272~300m,井深300m,单井出水量平均850 m^3/d,则井采岩溶水的总资源量预计为12 550 m^3/d。在对岩溶大泉和井采位置进行系统规划后,可建成15 000 m^3/d的中型水源地,可以作为互助县及台子乡的后备水源。

2. 佑宁寺供水前景区

(1)地下水系统和边界。该前景区位于佑宁寺寺滩村沟谷一带,属于松多岩溶水系统的西段,岩溶水系统东部大致以沟口F_7断裂为界,西以F_8断裂为界,南北分别以沟域分水岭为界。该前景区靠近大坂山分水岭,处于侵蚀构造中山区的山间沟谷中,降水充沛。含水层岩性为蓟县系克素尔组结晶灰岩,岩体致密、性脆、层状构造,节理裂隙发育,区内石笋、溶洞、溶槽、溶隙等岩溶地貌较为常见,在高程3000~3300m溶洞较为发育,分布密度大致25个/km^2,溶洞的发育规模受断裂、岩层走向控制明显。供水前景区内的主要控水型构造为F_7及F_8断层。区域调查及物探解译结果显示,沟口的F_7断层呈北东走向,断面倾向东南,结晶灰岩逆冲于古近纪泥岩之上,断层带宽度50~120m,为阻水断层。沟谷中部的F_8断层走向北东,断面倾向东南,上盘岩性主要为灰岩夹碳质板岩,下盘岩性主要为灰岩。在F_7及F_8断层之间存在宽约600m的岩溶裂隙强发育带,特别是在F_8断层下盘附近65m范围内的岩溶裂隙十分发育,为岩溶水强径流段(图6-10)。

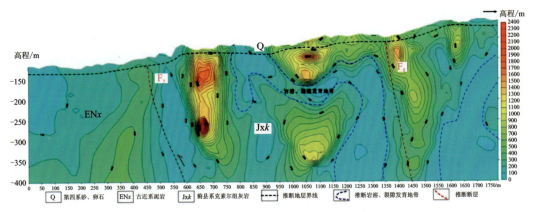

图6-10 佑宁寺沟谷纵向EH-4反演图及地质解译推断图(贾小龙等,2017)

(2)地下水的补径排条件。该前景区处于地下水的径流区,佑宁寺东北部中高山区的基岩裂隙水及碳酸盐岩岩溶裂隙水在接受大气降水和冰雪融水补给后,沿基岩裂隙、岩溶溶隙向西南下游方向流动,部分地下水在经过短暂的径流后,因地形切割至含水层而以泉的形式排泄于沟谷,形成地表径流。另一部分地下水则继续沿着顺沟形成的断裂破碎带向西南部沟口径流,在沟口地区受到F_7断层下盘古近系泥岩的阻水作用,地下水沿断层破碎带及溶隙、裂隙富集,在F_7和F_8断层之间形成富水区(图6-11)。

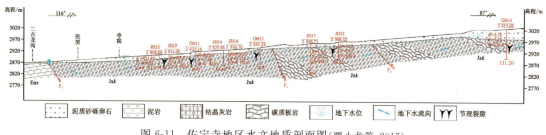

图6-11 佑宁寺地区水文地质剖面图(贾小龙等,2017)

(3)供水条件及开发利用建议。该前景区位于红崖子沟上游佑宁寺东侧,长约1000m,宽约200m,距下游五十镇约6km,距青海省零碳产业示范园15km,有县乡公路与外界相连,交通较为便利。零碳产业示范园近期取水量$5.0\times10^4 m^3/d$,远期总需水量为$12.0\times10^4 m^3/d$,水资源需求较为强烈。根据群孔抽水试验利用补给带宽度法计算出该前景区内地下水天然补给量为$3.87\times10^4 m^3/d$,采用孔组抽水试验结果,可开采资源量为$0.64\times10^4 m^3/d$(贾小龙等,2017),目前该地区岩溶水利用基本处于天然状态,仅个别泉点作为周边居民的生活用水,岩溶水资源开发利用潜力较大。水化学分析结果显示前景区地下水矿化度0.616~0.688g/L,pH值7.69~7.93,水化学类型为$HCO_3 \cdot SO_4$-Ca型,水质良好,适用于各种用途,勘查孔进一步利用后可直接作为取水井,能够建设小型水源地1处,近期能够作为零碳产业示范园的水源之一,开发利用的经济成本相对较低。

3. 五峰寺-窑沟滩供水前景区

(1)地下水系统和边界。该前景区位于互助县五峰镇白多峨村五峰寺至平峰村窑沟滩一带,属于大坂山岩溶水系统,其北部和东部大致以分水岭为界,西部以羊胜沟F_{16}断裂为界,南部以五峰寺-萱麻窝山前隐伏断裂为界。岩溶水含水层包括了蓟县系克素尔组白云岩、硅质条带状灰岩,震旦系白云岩和寒武系毛家沟组灰岩。前景区内地构造复杂,主要为走向北东-南西、近南北向断裂,其中F_{19}、F_{20}、F_{22}为压扭性断层(走向北东-南西),F_{21}为逆断层(走向北东-南西,倾向北西),东侧F_{16}压扭性断层(走向近南北);山前隐伏断裂走向北东-南西,倾向北西,在这些断裂的共同作用下地下水向五峰寺一带汇集,形成富水区(图6-12)。

(2)地下水的补径排条件。岩溶裂隙水主要接受大气降水入渗补给,受西部F_{16}断裂和东部北段F_{22}断裂控制,汇水区的岩溶水大部分沿这两条断裂带由北向南或由北东向南西径流汇集形成富水区,部分地下水在五峰寺-萱麻窝山前隐伏断裂阻水和内部F_{19}、F_{20}压扭性断裂北盘导水作用下以泉的形式排泄。

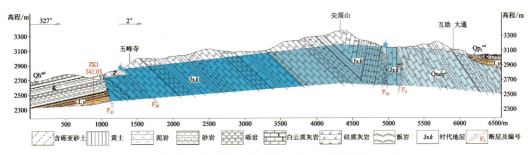

图 6-12　五峰寺-窑沟滩供水前景区水文地质剖面图（王俊等，2016）

(3) 供水条件及开发利用建议。该前景区长约 3500m，宽 200～500m，距下游五峰镇约 4km，有县乡公路与外界相连，交通便利，供水井施工较为便利。

岩溶水富水性受到构造的控制，根据岩溶水的埋藏特征可采用岩溶泉引流和机井开采两种方式进行岩溶水的开发利用。供水前景区内 3 处流量较大的岩溶泉可直接进行引流，引流的泉流量 1100m³/d。根据前景区内的地形、构造、施工条件等，分别在 F_{19} 断裂的北部，龙口门沟中上游和窑沟滩沟中上游施工 1 眼开采井，井深 300m，单井出水量 1500m³/d，在萱麻窝东侧支沟、山前隐伏断裂北侧的灰岩区布置 1 眼开采井，井深 200m，单井出水量 500m³/d，则井采岩溶水的总资源量预计为 3500m³/d。在对岩溶大泉和井采位置进行系统规划后，可建成 4600m³/d 的小型水源地，作为五峰镇的后备水源。

4. 松多乡北岔沟供水前景区

(1) 地下水系统及边界。该前景区属于松多岩溶水系统的东段部分，该岩溶水系统北边界为近东西向的 F_1 奎浪断层，东西侧以分水岭为边界，南边界至北岔沟沟口，其储水类型为断裂控水类型。该前景区临近大坂山分水岭，降水充沛，其地貌单元属侵蚀构造中高山区，区内古冰川活动及现代寒冻风化剥蚀作用强烈，保存有较为完好的齿状山脊、鳍脊、角峰、冰斗、冰川谷等，石河、石川、石海等地貌景观瞩目皆是，山势陡峻，沟谷狭窄，群峰林立，山谷多呈"V"形，岩溶地貌较为发育，可见溶洞和溶隙。岩溶裂隙水的含水层岩性主要为蓟县系克素尔组结晶灰岩、大理岩及硅质灰岩；受历次构造运动的影响，岩体节理裂隙、构造裂隙、溶隙发育。区内主要构造为奎浪断层（F_1）和北岔沟 F_2 断层。奎浪断层（F_1）近东西向展布，延伸长度达 30 余千米，为压性断层，东段主断面倾向北，倾角 65°，北盘逆冲于南盘之上；西段主断面倾向南，倾角 70°，南盘逆冲于北盘之上。构造破碎带宽百余米，碎裂岩和小褶皱颇为发育，断层线呈波状弯曲等现象，石英闪长岩体沿断层呈串珠状分布，F_1 断层形成区域的控水构造。北岔沟断层（F_2）呈北东向展布于北岔沟内，走向 10°～50°，断面倾向东南，倾角 60°～70°，为平移走滑断层。其上盘为砂质板岩、千枚岩等，属软质岩体，在断层面附近多形成以断层泥为主的破碎带，相对阻水；而其下盘为结晶灰岩，属脆性岩体，在断层面附近断层破碎带、节理裂隙、溶隙溶孔较发育。

根据北岔沟Ⅱ—Ⅱ′地球物理勘探剖面反演及地质推断图（图 6-13），剖面上电阻率在 300～2500Ω·m 之间，数值差别较为明显；其中，水平方向上南部地区小于 500Ω·m 的低电阻地层分布区明显多于北部，垂直方向随埋藏深度的增加，岩石的电阻率有明显的增加，2700m 高程以下的岩石电阻率大于 $1000\Omega \cdot m$，但是在个别地区深部也存在一些低阻体，其深部可能存在较为明显的岩溶裂隙发育带，地球物理勘查结果反映碳酸盐岩在水平和垂直方向的破碎程度不均一，裂隙、溶隙的发育程度存在较大的差异。

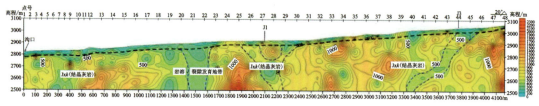

图 6-13　北岔沟地球物理勘探剖面反演及地质推断图(吴艳军等，2017)

（2）地下水的补径排条件。北岔沟沟域汇水面积相对较大，广大的中高山补给区海拔高，大气降水相对丰沛，地下水补给条件较好。北岔沟为流域的排泄基准面，整个沟谷上游的地下水接受补给后大部分沿岩层节理裂隙经短暂运移以下降泉或地下径流的形式排泄于北岔沟。顺沟发育的 F_2 断层破碎带形成了区域地下水的另一重要导水通道。地下水在沿 F_2 断裂向沟谷下游径流排泄的过程中因受到沟口出露的砂质板岩、千枚岩阻挡，使得大量的地下水富集于北岔沟沟口 F_2 断裂的下盘，形成富水区(图 6-14)。

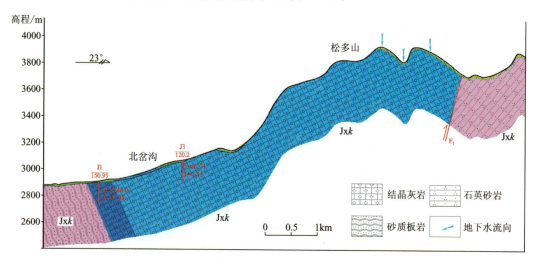

图 6-14　松多地区北岔沟水文地质剖面图

（3）供水条件及开发利用建议。该前景区位于水磨沟上游北岔沟沟口，长约 1000m，宽约 150m，距松多乡政府所在地约 5km，有县乡公路与外界相连，交通较为便利。

采用补给带宽度法计算出该前景区岩溶水天然资源量为 $6480m^3/d$，采用抽水试验外推法计算出区内岩溶水可开采资源量为 $4549.88m^3/d$(吴艳军等，2017)。岩溶水的矿化度为 $0.466\sim0.570g/L$，为 $HCO_3 \cdot SO_4$-Ca 型、$SO_4 \cdot HCO_3$-Ca·Mg 型水，水质良好，岩溶水中锶含量 $0.44\pm0.02mg/L$，达到天然饮用矿泉水标准(表 6-1)。供水前景区地处松多乡北岔沟中上游地区，属于祁连山脉，仅有少量的牧民村户，基本处于天然状态，水源周边及上游地区无环境污染，水源涵养能力强，有利于锶型天然矿泉水的开发利用，项目建成后可以促进松多乡的高原美丽乡村建设，极大地提高了当地的社会经济发展水平。

表 6-1 松多乡北岔沟供水前景区岩溶矿泉水水质一览表

泉点编号	界线指标/(mg/L)							测试时间/年.月
	Li	Sr	Zn	偏硅酸	Se	游离二氧化碳	溶解性总固体	
限量	≥0.20	≥0.40	≥0.20	≥30.0	≥0.01	≥250	≥1000	
北岔沟泉水	0.02	0.44	0.021	9.75	<0.000 25	0.00	506	2017.1

(五)天峻县

1. 切格日绞合木沟供水前景区

(1)地下水系统和边界。该前景区位于关角日吉山切格日绞合木沟谷地区,属于关角日吉山岩溶水系统的西段,大致以切格日绞合木沟谷四周的周边的分水岭为界,北部以山前断裂为界。该前景区地处布哈河南岸构造剥蚀中高山区的山间沟谷中,上游补给区的汇水面积较大,具有较好的补给条件。岩溶裂隙水的含水层岩性为三叠系结晶灰岩,灰白色,隐晶结构,厚层状构造。沟内植被稀疏、基岩大面积裸露,岩体风化破碎,石林、溶洞、溶槽及壁龛等岩溶地貌发育,广泛发育的岩溶裂隙为岩溶水的赋存提供了较好的赋存空间。达尔角合-克德陇溶向斜和山前F_6断裂为供水前景区的主要控水构造。其中达尔角合-克德陇溶向斜位于该地区的中部,是较好的储水构造,由于北部山前F_6断裂下盘砂岩及砂板岩的阻水作用,断裂上盘的结晶灰岩层形成良好的富水区。据在顺沟开展的高频大地电磁测深(EH-4)物探剖面资料,从上到下电阻率呈现逐渐增大的电性特征,上部电阻率较低,为第四系砂卵砾石,在裂隙发育的灰岩段电阻率处于中间值,大致为400~800Ω·m,完整的灰岩段电阻率一般大于1000Ω·m。断层破碎带处电阻率等值线在水平方向上不连续,垂向上陡立密集,推测其倾角大约65°,与地表出露比较一致。物探结果表明,整个剖面地下50~100m深度内灰岩节理裂隙较发育,在山前F_6断裂上盘的灰岩地区裂隙带深度可达200m,长度可达800m(图6-15)。

(2)地下水的补径排条件。关角日吉山地区降雨丰富,为碳酸盐岩岩溶裂隙水提供了充沛的补给源。大气降水及冰雪融水沿碳酸盐岩裂隙、溶隙深入地下形成碳酸盐岩裂隙岩溶水,接受山区补给的碳酸盐岩裂隙岩溶水在由西南向东北径流的途径中,受到F_6断裂下盘砂板岩及所形成的断层泥破碎带的阻挡,在F_6断层的上盘形成碳酸盐岩裂隙岩溶水的富集区。

(3)供水条件及开发利用建议。该前景区位于切格日绞合木沟上游,长约500m,宽约50m,距下游新源镇12km,有G315、县乡道路与外界相连,交通较为便利。

采用径流模数法计算出该前景区的岩溶水天然资源量12 576m³/d,但是由于该地区沟谷狭窄,适宜布井的地区较少,据勘查资料计算20m降深条件下,开采井的影响半径可达1447m,故此沟谷区内仅能施工1眼开采井,出水量可达5132m³/d(彭红明等,2017),现该地

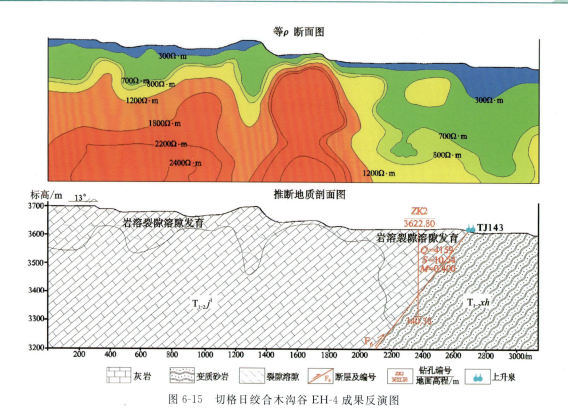

图 6-15 切格日绞合木沟谷 EH-4 成果反演图

区地下水尚未开发利用,处于天然状态,后续开发可以直接利用勘查期间的勘查孔,建成 1 处水量 5000m³/d 的小型水源地,地下水资源开发潜力较大。岩溶水的矿化度 0.400～0.581g/L,总硬度 0.390～0.440g/L,pH 值 7.53～7.86,为 HCO_3-Ca·Mg 型水,水质良好,可适用于各种用途,其中的锶含量 0.70mg/L,亦可作为锶型天然矿泉水水源地进行开发(表 6-2)。从开采条件来说,钻孔揭露的水位埋深仅 8.7m,供水靶区下游约 300m 即为天峻县新源村引水管道,上游为天然牧草,无任何工业,管井内抽出的地下水,仅需 300m 长的连接管道即可以直接引入现在的新源管道引水工程,能够满足管道下游沿线牧民及天峻县城居民的用水需求,开采利用条件十分便利。

表 6-2 切格日绞合木沟岩溶矿泉水水质一览表

泉点编号	界线指标/(mg/L)							测试时间/年.月
	Li	Sr	Zn	偏硅酸	Se	游离二氧化碳	溶解性总固体	
限量	≥0.20	≥0.40	≥0.20	≥30.0	≥0.01	≥250	≥1000	
切格日绞合木沟泉水	<0.01	0.70	0.004	8.71	<0.000 025	0.00	581	2017.4

2. 克德陇溶沟供水前景区

(1) 地下水系统和边界。该前景区位于克德陇溶沟谷下游，属于天峻关角日吉山岩溶水系统的东段部分，西南基本以克德陇溶沟分水岭为界，南北分别以克德陇溶向斜的两翼为界，西侧以分水岭为界，东至克德陇溶沟沟口，属向斜储水构造类型。岩溶裂隙水的含水层岩性为三叠系结晶灰岩，节理裂隙和岩溶均较发育。垂直于沟谷的两条高频大地电磁测深(EH-4)物探剖面解译资料显示，区域的储水构造克德陇溶向斜核部位于沟谷中，向斜核部分为两层，上部为 $T_{1-2}j^2$ 砂岩、板岩，厚度大于500m，下部为 $T_{1-2}j^1$ 结晶灰岩。在自然条件下，向斜南北两翼基岩山区所形成的地下水均向向斜核部(克德陇溶沟)排泄，由于隧道的开挖，隧道影响范围以内，且隧道底标高(3379m)以上的地下水沿隧道排泄，隧道底标高以下的地下水仍然汇集于沟谷核部，并在核部形成富水区(图 6-16)。

图 6-16 克德陇溶沟供水前景区位置示意图

(2) 地下水的补径排条件。供水前景区位于克德陇溶沟沟谷中，流域的汇水面积较大，补给条件较好。克德陇溶沟谷两侧的中高山区地下水在接受大气降水和冰雪融水补给后，均排泄至克德陇溶沟内，并大致向东径流，在径流过程中一部分地下水沿关角日吉山隧道开挖形成的排泄通道泄出,其余则汇集于克德陇溶沟内,受地形的影响,部分以泉的形式泄出,部分则以地下径流的形式排泄出区外。

(3)供水条件及开发利用建议。根据物探结果克德陇溶沟谷中上游地区向斜核部的$T_{1-2}j^2$砂岩、粉砂岩厚度可达300m以上,开采岩溶水的经济成本较大,因此仅建议对克德陇溶沟沟谷下游至沟口一带的岩溶水进行开采,供水前景区长约2000m,宽约1200m,面积大致为4.5km^2,距新源镇20km,距青藏铁路天棚火车站和天峻煤化工业园区约10km,有G315、县乡道路与外界相连,交通较为便利。

采用径流模数法计算出该前景区岩溶水天然资源量为19 708.0m^3/d,现该地区的岩溶水未进行开发利用,基本处于天然状态,开发潜力较大。根据勘查期资料,区域内可布设开采井12眼,设计孔深为120m,成井口径为254mm,预计单井出水量850m^3/d,可建设10 200m^3/d的中型水源地1处(彭红明等,2017)。该供水前景区内地下水的矿化度0.400g/L,总硬度0.440g/L,pH值7.53,为$HCO_3 \cdot SO_4$-$Ca \cdot Mg$型水,水质良好,可作为新源镇7社冬季人畜用水的集中供水点,也可作为天峻煤化工业园区的备用水源,开采利用条件较为便利(图6-17)。

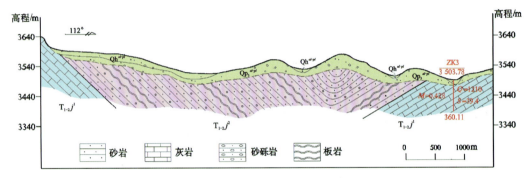

图6-17 克德陇溶水文地质剖面图

第二节 岩溶找水技术方法

由于研究区内溶蚀作用主要沿构造裂隙发育,岩溶富水性不均一,表现为典型的"岩溶裂隙型"特征。地下水的运移、储存严格地受到构造裂隙的控制,一些大的断裂构造带、构造复合部位、裂隙密集区往往成为有利的富水带。岩溶找水需要根据区域地质特征及岩性,结合古岩溶发育特征,再使用地质学、地球物理、地球化学多种方法和手段综合使用,对数据结果进行综合判断,才能有效找到岩溶水资源的位置。遵循的技术原则如下:

(1)在区域地层、构造条件分析的基础上,将地表岩溶现象和地下岩溶现象相结合,查明岩溶发育的地层空间、展布、岩溶裂隙和孔隙的发育特征。

(2)以岩溶泉或地下暗河作为岩溶水集中排泄点,从水量、水质、同位素、年龄等信息中解读、核实岩溶水系统的补给、径流、排泄过程。

(3)以岩溶水系统为基础,观察和监测岩溶水量和水质的动态变化,结合构造发育特征和水文地质参数,圈定岩溶水靶区。

(4)对岩溶水靶区开展进一步的精细工作,开展大比例尺水文地质调查、水文地球化学、地下水动态监测、水文地质钻探等工作,辅以地球物理勘探,确定开采井位置。

可以采用的技术方法主要有资料收集、综合研究、遥感地质解译、水文地质测绘、动态观测、地球物理勘探、水文地质钻探、抽水试验及水质测试等;将上述方法有效衔接,循序渐进地布置,便形成一套完整的岩溶找水技术方法(图 6-18)。

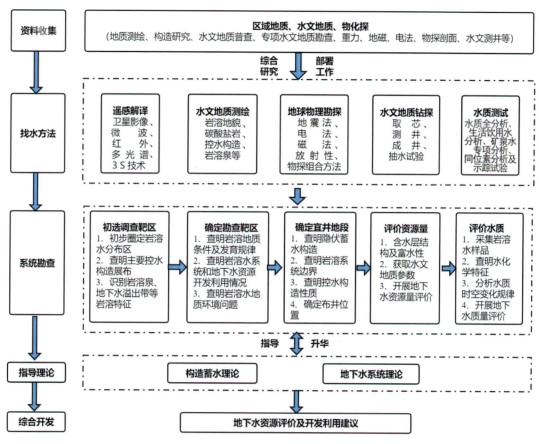

图 6-18 岩溶找水技术路线图

一、资料收集

资料收集是岩溶找水的基础前提性工作。在开展找水工作前,率先全面、充分地搜集整理已有地质资料,综合研究,进行二次开发,深入掌握研究区地质背景、地质研究程度和最新勘查成果认识,以便合理、高效地部署勘查工作。主要包括以下内容。

1. 区域地质

区域地质资料包括 1∶100 万、1∶50 万、1∶20 万、1∶5 万区域地质调查、区域构造研究等;旨在查明工作区地形地貌、地层岩性、地质构造等基础地质条件,尤其是碳酸盐岩和岩溶发育分布情况、断裂、褶皱等构造展布情况。

2. 水文地质

水文地质资料包括1∶100万、1∶50万、1∶20万、1∶5万区域水文地质普查、专项水文地质勘查等;旨在查明岩溶水分布范围、含水层岩性、控水构造、地下水补径排条件及水化学特征等,尤其是地下水溢出带、岩溶泉、控水构造等分布情况。

3. 物化探

物化探资料包括重力、航磁、地磁、电法、典型物探剖面、水文测井成果等;初步掌握隐伏岩体、隐伏构造、深部地层岩性组成、岩溶发育分布特征,以及各岩性的物性特征等,尤其是不同物探方法对工作区岩溶水探测的适用性。

根据区域地质背景,结合已有资料搜集整理和综合研究及工作区实际,充分研究分析碳酸盐岩分布范围、构造展布特征、岩溶地貌发育特征、岩溶泉、暗河及地下水泄出带等岩溶水露头,梳理岩溶水赋存规律及找水方向,推测潜在的找水前景区,针对性地选择适用、经济、高效的技术方法,做出岩溶找水部署。

二、遥感地质解译

遥感地质解译具有视域宽广、信息丰富、周期性短、多时相、多期次,以及不受地形限制等特点,是现今岩溶找水的有效地质调查手段之一。特别是青海地区,岩溶往往分布于盆地边缘的中高山区,海拔高度大,地质构造复杂,地面工作开展难度大,遥感解译工作能极大地提高工作效率和质量。

通过遥感影像解译,结合野外验证,建立地形地貌、地层岩性、线性构造、水系等解译标志,进而推断圈定岩溶找水的控水构造及潜在靶区;通过多期次的影像解译工作,高效地识别动态稳定、常年存在的岩溶水点;可与其他地质工作互补,从宏观尺度协助其他工作进行深入的地质认识与工作部署,能有效提高勘查工作程度、缩短勘查周期和减少地面工作量等,节省人力、物力、财力,具有很高的经济效益和社会效益。

1. 技术方法

遥感技术可从各种记载地物光、电磁、辐射、温度等信息特征的遥感资料中提取地形地貌、地质、水文地质等信息,主要包括:①峰丛、溶丘、干谷、洼地、石芽及石林等岩溶地貌;②断裂、褶皱等构造、线性隐伏构造的展布情况;③岩溶泉、暗河、地下水溢出带等;④地表水体的分布特征;⑤以碳酸盐岩为主的各类岩性分布范围等。目前,应用于岩溶找水的遥感方法主要有卫星影像、微波、可见光、近红外、热红外、多光谱及3S技术等,每种方法都有各自的优势(表6-3)(刘汉湖等,2007;周燕,2008;程洋,2013)。

表 6-3 遥感技术方法特征统计表

遥感方法	优势	用途
卫星影像	宏观、直观、实时	提取与地下水富集相关的地表含水断层、裂隙、线性构造等信息
微波	全天候、高精度、有一定的穿透能力	探测断裂构造、富含地下水的古河道等，寻找地下潜水层
热红外	夜间扫描、不受太阳阴影干扰	提取河流、湖泊、水库等水体信息；解译带状出露的泉水、导水和阻水断裂带及地下水溢出带
IRS 卫星	具可视化功能	识别岩石、构造特征和地形地貌，提取地下水
3S 技术	具空间叠加分析功能	推断地下岩溶发育带和地下水强径流带
多光谱遥感	高分辨率、信息丰富	解译地表地形地貌、地层岩性及地质构造等

2. 遥感技术的运用实例

受海拔、气候、地形、交通及地质工作程度等多方面影响，遥感地质解译在青海岩溶找水中有其独特的适用性和突出作用。

青海地处青藏高原东北缘，海拔高，气候恶劣，区域构造运动活跃，地形切割强烈，山高沟深，通行困难，且碳酸盐岩多分布于中高山区，给传统的水文地质测绘带来了难度和挑战；此外，受区位条件、自然地理等多方面因素影响，青海高原地质工作程度普遍较低，存在大面积、大范围的地质空白区。而遥感技术能很好地完成中高山区、大范围水文地质空白区的地形地貌、地层岩性及地质构造等方面的地质解译工作，极大地缩减水文地质测绘的工作量，加快工作进度，提高勘查工作效率。在青海天峻关角日吉山岩溶水勘查中，运用遥感技术，通过地形地貌、水系等标志，识别了中高山区角峰、峰丛、崖壁等岩溶地貌，划分了岩层走向、组成，以及线性构造的延展情况；快速圈定了具有控水特征的线性构造、地下水泄出带、岩溶泉等；解决了诸多中高山区的岩溶地质调查工作，为岩溶找水工作提供便利，取得了较好的效果（图 6-19，图 6-20）。

尽管遥感图像的光谱分辨率、空间分辨率、辐射分辨率和时间分辨率不断提高，且具有一定穿透能力的雷达遥感技术不断成熟，但由于遥感本身的局限性，遥感只是近地表的反映，只能提取与地下水富集相关的地貌、构造等信息，不能透视地下。因此，需要水文地质测绘、地球物理勘探及地质钻探等其他技术手段的验证和进一步查明。

三、水文地质测绘

水文地质测绘是查明研究区地形地貌、地层岩性、地质构造、水文地质条件等的一项传统的、直观的技术方法，在遥感解译工作的基础上开展，其目的主要是：①查明岩溶地貌形态的特点、空间分布及各地貌单元间的接触关系；②碳酸盐岩的类型、分布、结晶程度及表层岩溶

图 6-19 关角日吉山中高山区的遥感影像(彭红明等,2016)

图 6-20 依据地下水溢出点排列、河谷山脊、岩性变化等标志解译的断层(彭红明等,2016)

带、裂隙和洞穴的形态特征及分布规律;③主要断裂、褶皱等构造的性质、产状、规模、分布及其水文地质意义;④岩溶泉的位置、出露条件、含水层、补径排条件、流量、水质等。传统的水文地质测绘具有现象直观客观、野外工作详细、研究程度深等特点,但受海拔、气候、地形等的限制,观察面小、工作量大、周期长、耗费相当的人力、物力、财力,容易受人为因素的干扰。所以在遥感解译工作的基础上开展水文地质测绘工作,能有效缩小工作范围,减少野外工作量,缩短工作周期,有效提高勘查工作效率,为后续的地球物理勘探和水文地质钻探提供依据。

（一）调查方法

为查明岩溶地层分布、含水层特征或地质构造展布等情况，常采用路线穿越法和界线追溯法，沿垂直岩层和构造线走向，或沿地貌形态变形显著和地下水露头较多的方向开展水文地质测绘；调查点宜布置在地层界线、断层、典型露头、岩性和岩相变化带、地貌分界线、自然地质现象发育处以及井、泉、钻孔和地表水体等有地质、水文地质意义的地点。

（二）调查内容

岩溶水的赋存条件与分布规律主要受地形地貌、地层岩性、地质构造等自然因素的影响和制约。

1. 岩溶地貌的调查

在长期流水侵蚀的作用下，碳酸盐岩地区发育有诸多类型的岩溶地貌，对其调查应详细查明地貌发育类型、分布规律、空间形态以及与地下水的时空关系等特征。岩溶地貌类型可分为宏观、个体及微形态；其中，宏观形态主要有峰丛、石林、角峰、峡谷、槽谷及地下暗河等；个体形态主要有溶洞、溶沟、溶槽、溶孔、溶隙、雨痕、落水洞及岩溶泉等；此外还有泉华、石钟乳、石笋等微形态。

2. 碳酸盐岩的调查

碳酸盐岩岩体特征关乎岩溶水的富水性和赋存运移规律，对其调查应重点查明碳酸盐岩的形成时代、岩性类型、结构特征、结晶程度等因素。碳酸盐岩的形成时代按我国初步划分，主要有前古生代、下古生代、中古生代、上古生代和新生代5个阶段；岩性分类按矿物成分主要可划分为石灰岩类、白云岩类、泥灰岩类和砂质灰岩4个类型；其结构主要有石质、生物碎屑、鲕状、团状、生物骨架和化学泥晶6种类型；其结晶程度按矿物结晶大小，可分为粗晶质（以直径大于1mm晶粒为主）、中晶质（以直径为0.5～1mm晶粒为主）、细晶粒（以直径为0.1～0.5mm晶粒为主）和隐晶质（晶粒小于0.1mm）。

3. 控水构造的调查

断裂、褶皱等构造控制着岩溶水的分布、富水性及补径排条件，对其调查应详细查明构造的活动强度、空间形态、展布规律、岩层分布特征等。断裂控水类型主要表现为压扭性断裂阻水、张性断裂导水、断裂组合控水等；褶皱控水类型主要有单斜蓄水、背斜蓄水构造和向斜蓄水构造等。此外，侵入岩接触带也有控水特征，处于地下水下游的侵入岩渗透性差，相对阻水，在接触带附近形成富水区。

四、地球物理勘探

地球物理勘探是通过探测岩溶作用引起的物理场异常现象，来勘察、推测岩溶发育及分布情况，是岩溶水勘查中最经济、适用的技术手段；地球物理勘探在遥感地质解译和水文地质测绘圈定的潜在找水地段布置开展,应用于岩溶找水开始于20世纪90年代初,主要包括地面物探和物探测井两个方面。

(一)地面物探

地面物探用于查明地下水潜在富集区域的控水、导水断裂、溶隙、裂隙的分布规律,初步圈定富水靶区,为水文地质钻探布置提供依据。地面物探在岩溶水勘查中的应用主要体现在两个层面:一是宏观结构性探测,即断裂、褶皱等控水构造的探测;二是确定勘探孔的具体位置,即地下岩性组成、地下水分布等。

目前常用的物探方法主要有地震法、电法、磁法、放射性方法和多种物探方法的组合,探测岩溶的有效性主要取决于岩溶与围岩的物性差异、探测深度、分辨率和信噪比。

1. 地震法

地震法的技术原理是根据地震波在不同物理特性的地层界面构造及介质中传播的运动学和动力学特征差异,勘探地层结构构造及岩体埋深等,利用剖面反映的折射波及反射波特征判定断层、溶洞、塌陷的存在并确定其产状等基本参数。地震法勘察岩溶的依据是碳酸盐围岩与岩溶体之间地震波传播速度或吸收系数的差异。地震波在致密碳酸盐围岩石中传播速度较快、吸收系数较小;在充填有空气、水或沉积物的岩溶体中传播速度相对围岩明显变慢,其吸收系数也明显变大。目前,采用的地震方法主要有反射波法和微动探测。

(1)反射波法。反射波法是利用介质的弹性差异探测地下目标物的一种物探方法,通过检波器接收人工激发的地震波(包含振幅、时间、波形等信息)在地下不同弹性的地层界面上产生的反射信号,测定地震波反射到地面的旅行时间,反映地下地层的构造形态,从而达到划分地质层位或断层、采空区和岩溶等地质情况(图6-21)。反射波法克服了折射波法和面波法勘探具有的缺陷,更适合岩溶勘探(邓超文,2007;王学习等,2018)。

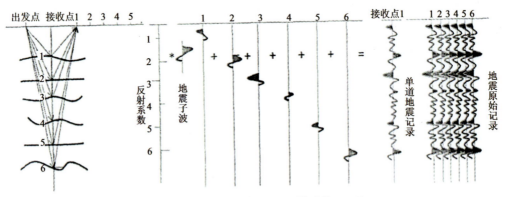

图6-21 地震反射基本原理(王学习等,2018)

在宜万铁路岩溶探查中采用了反射波法,取得了较好的效果。在岩溶不发育地段,整个地震道为单一的直达波反映。岩溶发育地段在相同的参数设置条件下,地震道上具有明显的反射信号特征,主要为强振幅、低频率表现,溶洞规模越大,充填物越疏松,强振幅、低频率特征越明显(图6-22)。由于岩溶探查不具有连续的反射界面,不能进行连续的相位追踪,而所有的地震道都具有直达波信号,在岩溶埋深较小时,反射信号叠加在直达信号上,不能反映岩溶界面的反射时间,因此只能定性地确定岩溶体的埋深(李越兴等,2007)。

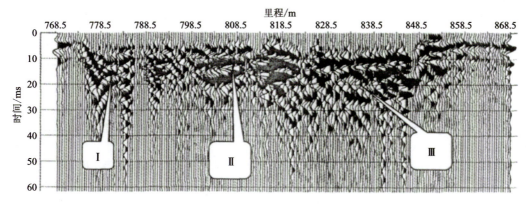

图6-22　地震反射时间剖面图(李越兴等,2007)

(2)微动探测。微动是地表的一种微弱震动,它来源于自然界和人类的各种活动,微动没有特定的震源,振动波来自观测点的四面八方,携带有丰富的地球内部信息,而微动探测就是以微动信号作为场源的一种勘探方法,该方法受场地限制较小,无须人工震源,对环境无破坏,广泛应用于各种工程勘查中。在福建永安大湖盆地覆盖区岩溶探测中,采用微动探测探明了隐伏溶洞的空间形态和位置,并通过钻孔得到了验证(黄光明等,2016;图6-23)。

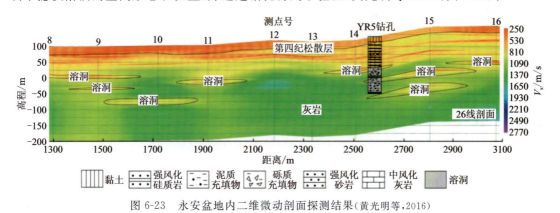

图6-23　永安盆地内二维微动剖面探测结果(黄光明等,2016)

2. 电法

电法是目前岩溶勘查的最主要物探方法,其依据是完整的碳酸盐围岩和岩溶之间的电性差异。完整的碳酸盐围岩电阻率普遍较高,当遇到岩溶时,电阻率与围岩差异明显(若岩溶充填介质为空气时,呈现高阻,若充填介质为水、其他沉积物时,则呈现低阻)。目前,常用的电法主要有高密度电阻率法、高频大地电磁测深法(EH-4)和瞬变电磁法。

(1)高密度电阻率法。高密度电阻率法是一种常见的物探方法,广泛应用于地质找矿、水文地质、采空区及岩溶等探测工作。高密度电阻率法探测岩溶是基于岩溶与周围岩体电阻率差异的物理特性来确定某一区域岩溶发育情况。主要原理为当人工向地下 A、B 电极加载直流电场 I 时,通过测量预先布置 M、N 极间的点位差 ΔV,求出此预先布置点间的视电阻率值,通过研究地下一定范围内大量丰富的空间电阻率变化,来探测地质结构及地下岩溶发育情况(图 6-24)。

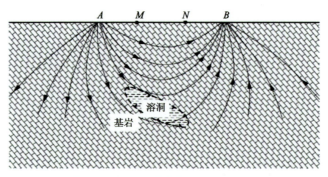

图 6-24　高密度电阻率法岩溶探测原理示意图(郑志龙等,2021)

在勘探测量时,除常用的温纳、对称四极、施伦贝尔、偶极=偶极、三极等装置外,为了提高分辨率和探测深度,还常采用三电位装置、聚焦装置等(高阳等,2016);其中,偶极=偶极装置对岩溶具有较好的分辨率(夏波等,2022)。

将高密度电阻率法应用到渝东南地区岩溶找水工作中运用高密度电阻率法,总结了浅表层横向条带状低阻异常、"U"形和"V"形低阻异常、团状或囊状低阻异常、串珠状低阻异常和对应的岩溶储水构造地质模型,明显提高岩溶石山地区找水的成井率,取得了良好的岩溶找水效果(高阳等,2016;图 6-25~图 6-28)。

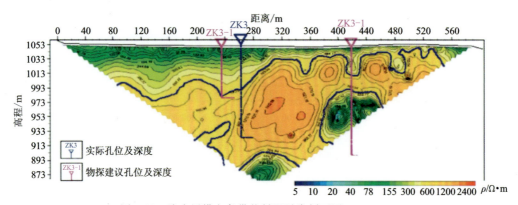

图 6-25　浅表层横向条带状低阻异常剖面图(高阳等,2016)

(2)高频大地电磁测深法(EH-4)。大地电磁测深法利用天然的或人工的电磁场信号作为激发场源,在地下激发产生感应电磁场。感应电磁场的强度除了与激发电磁场的强度有关外,主要与地下地质体的电阻率有关,电阻率越低,激发产生的感应电磁场信号就越强。根据激发场源的不同,可分为天然场源和人工场源两种大地电磁方法,接收机通过埋设在地面的电极和磁棒接收由激发电磁场和感应电磁场叠加后的磁场分量和电场分量,来观测、研究分析地下岩石电阻率的分布规律,根据岩体与岩溶洞穴的电阻率差异,推测岩溶或暗河发育的空间位置。

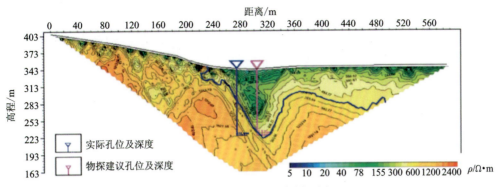

图 6-26 "U"形和"V"形低阻异常剖面图(高阳等,2016)

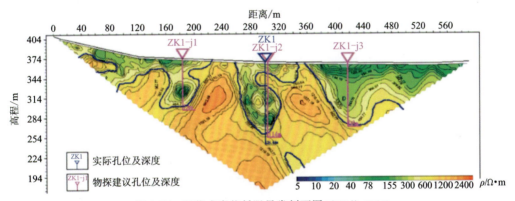

图 6-27 团状或囊状低阻异常剖面图(高阳等,2016)

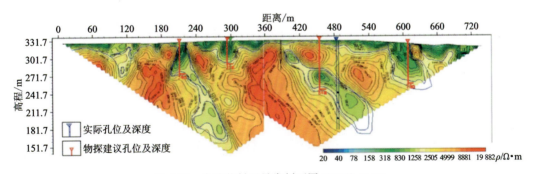

图 6-28 串珠状低阻异常剖面图(高阳等,2016)

在宜万铁路隧道岩溶探测中,采用了高频大地电磁测深法,根据视电阻率异常区和反演结果,圈定了隐伏的深大岩溶,钻探揭露的较大型溶洞暗河都位于大地电磁测深的低阻异常范围内,探测结果对施工过程中地质灾害的预防和处理起着很大的指导作用(姜鹰等,2006)。

高频大地电磁测深法在青海省天峻县关角日吉山岩溶水勘查中较好地探测识别了断裂、向斜等控水构造,查明了控水构造特征、岩溶发育深度及岩溶水赋存情况,为水文地质钻探孔位选择提供了翔实可靠的剖面数据,取得了客观的岩溶找水成果(图 6-29)。

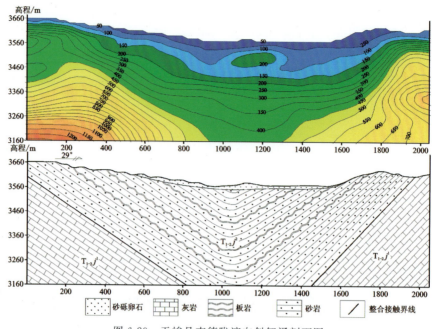

图 6-29 天峻县克德陇溶向斜解译剖面图

(3)瞬变电磁法。瞬变电磁法又称 TEM 法，属于时间域电磁感应类探测方法，利用一个不接地回线向地下发射脉冲电磁波作为激发场源，脉冲电磁波结束后，导电介质在阶跃变化的电磁场下产生涡流场效应，利用接收回线观测由地下地质体产生的感应二次场随时间的变化。由于二次场来源于地下地质体内的感应电流，它包含着与地质体有关的地质信息，通过观测二次场随时间的变化，并对所观测的数据进行分析和处理，从而研究浅层或中深层的地电结构(图 6-30)。

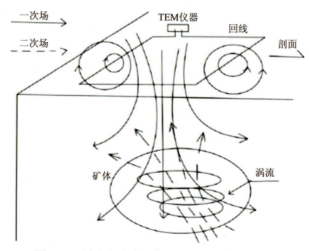

图 6-30 瞬变电磁法工作原理图(蒋邦远,1998)

在周围环境因素干扰强等常规物探方法无法开展的情况下，采用等值反磁通瞬变电磁法能有效地查明地下溶蚀发育情况。例如贵州正安旦坪铝土矿区中的隐伏岩溶探测工作中采用瞬变电磁法,较好地识别了岩溶空洞,指导钻探施工有效避开岩溶,降低了卡钻、漏浆等事故风险,减少损失,提高勘查效率,达到铝土矿勘探定孔的目的(图6-31、图6-32)。

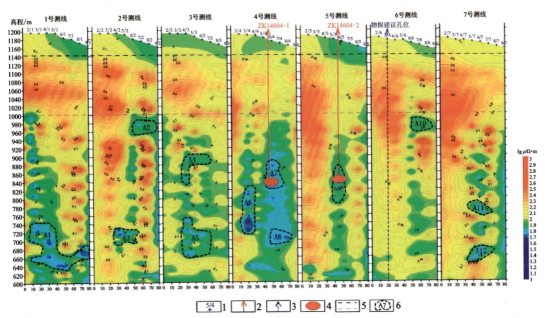

1.物探点号/线号;2.原施工钻孔;3.物探建议孔位;4.钻遇岩溶;5.岩层电性分层线;6.物探异常及编号

图6-31 TEM视电阻率断面图(蒙应华等,2021)

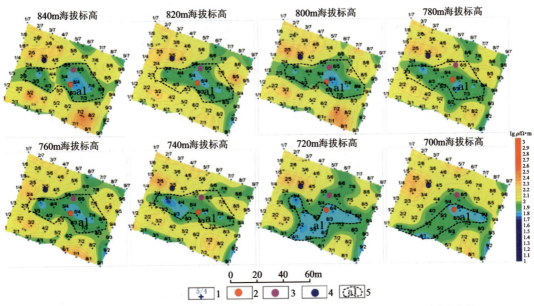

1.物探点号/线号;2.钻遇溶洞孔位1;3.钻遇溶洞孔位2;4.物探建议孔位;5.物探异常及编号

图6-32 TEM视电阻率平面切图(蒙应华等,2021)

3. 磁法

磁法是通过不同地层间的磁性差异,分析地下地质结构的一种物探方法,主要有地质雷达和核磁共振法。

(1)地质雷达。地质雷达是一种应用电磁波的探测技术,基于对地下介质的电性差异,向地下发射高频电磁波信号,并接受地下介质反射的电磁波进行处理、分析、解释的一种物探技术。不同地下介质介电常数的差异决定了反射系数的大小,且与之成正比,即差异越大,反射系数越大,越容易被探测到。介质中不同深度的反射波返回主机,然后进行信号放大、采集整理、过滤杂波和数字叠加等分析处理,就能把雷达波反射的时间曲线直观地显示出来。通过连续探测就构成了地质雷达成果剖面图,从而进一步可以推断地下目标体的位置、规模和影响范围(图6-33)。该方法具有便于操作、灵活快捷、剖面图分辨率高、去噪简易、数据处理迅速等优点,但其预报距离较短,无法满足对地层深处数十米岩溶埋藏状态及产状的勘探要求。

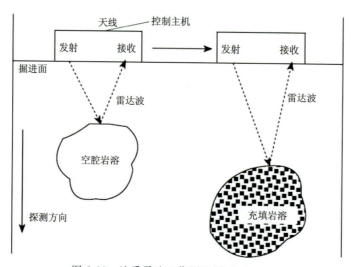

图 6-33 地质雷达工作原理图(李斌,2021)

李斌等(2021)在贵州毕节阳山隧道施工区前方岩溶、空腔等不良地质体探测中,采用地质雷达,取得了较好的探测效果,并通过了钻探的验证,得出了地质雷达在岩溶发育地段具有精度高、效率高、干扰少的特点,是隧道施工过程中超前地质预报环节的重要方法,具有很好的实用性(图6-34)。

(2)核磁共振法。地面核磁共振测深(Sur-face Nuclear Magnetic Resonance,SNMR)是近30年发展起来的地球物理高新技术,是目前唯一能够直接探测地下水的地球物理方法,具有灵敏、高效、无损的特点。与医学磁共振成像(MRI)原理类似,地面核磁共振测深通过对地面线圈供入拉莫尔频率的交变电流,产生激发磁场激发地下水中的氢核发生能级跃迁,同时接收能级自发跃迁产生的磁共振信号,从而达到探测地下水的目的。

在武汉市岩溶区地面塌陷探测工作中采用了地面核磁共振,反演出了不同深度的含水量,可辅助划定含水层顶底板埋深,确定含水层厚度,并量化含水层富水性特征;弛豫时间参数指示了含水层孔隙度大小,可为盖层结构分析、岩溶发育程度以及岩溶裂隙充填情况等提供参考(图6-35)。

第六章　岩溶找水前景区及技术方法

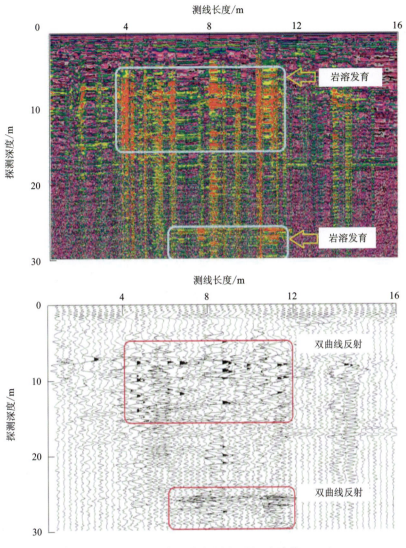

图 6-34　阳山隧道地质雷达剖面图（李斌等，2021）

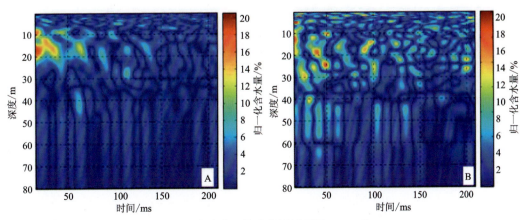

图 6-35　武汉市岩溶区核磁共振剖面图（刘道涵等，2022）

4. 放射性

放射性探测找水的基本原理:在地球化学作用下,水把铀、钍、钾等放射性物质沿裂隙或断层带运移到浅层,当地下水与可溶岩层长期作用,岩石中放射性元素不断地溶解,水中放射性元素不断增多,地下水沿裂隙或断层带上升到浅层或地表后,水中放射性元素不断地析出,在岩石或土壤中得到局部富集,出现正异常。在岩溶洞穴发育地区,岩体裂隙发育,大气降水通过裂隙、断层带、溶洞及地下河等排泄,地表水对表层放射性元素的冲刷、溶解更强烈,致使放射性元素流失,形成相对应的局部负异常。

在广西都安清水工程坝区使用FD-31、FD-71和成都理工大学研制的TFS-1 3种辐射仪,采用天然放射性γ探明了工程区地下岩溶洞穴、地下河、构造破碎含水带,并得到了钻探验证,取得了较好的探测效果(图6-36;张保贤,1985)。

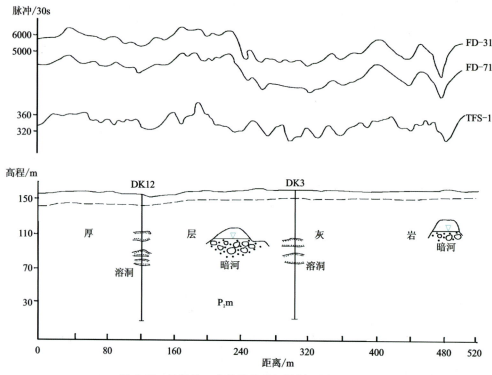

图6-36 放射性γ曲线及地质解译剖面图(张保贤,1985)

邹力等(1985)采用静电α卡法找寻水库漏水处及地下暗河,取得了良好的效果(图6-37)。放射性方法可用于岩溶水年龄、沉积物沉积速率的测定,可为近百年来环境污染历史以及环境变化的研究提供可靠的年代系列数据(王华等,2008)。此外,放射性方法在岩溶裂隙热储层中地热流体运移规律的追踪方面也具有良好的效果(曾梅香等,2007)。

5. 物探方法组合

多种物探方法的有效组合可明显提高勘查精度和效率。方法组合要考虑各类方法对储

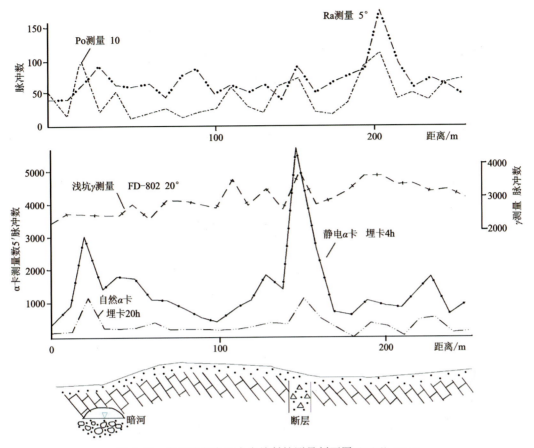

图 6-37 贵州普定青山水岸放射性测量剖面图(邹力等,1985)

水构造的分辨能力、方法的技术特点,尽量选择不同种类方法的组合:地震类方法+电法类方法组合;高分辨率+高效率方法组合;电法类方法+放射性方法组合;电法类组合;直流+交流方法组合;抗电磁干扰+高分辨方法组合等。利用多种方法的组合测量,以确定被探测的表层岩溶水的准确位置,为钻孔定位提供参考。

(1)高密度电法与地质雷达组合。高密度电法对深层的大型溶洞具有较好的分辨能力,而地质雷达对于浅层的中大型溶洞能够较好地探测,两者方法相结合能够较全面地探测出场地底部的岩溶发育情况。于江龙等(2022)为确保拟建电厂的建设运营安全稳定,采用高密度电法与地质雷达组合探测电厂底部的岩溶发育情况,取得了较好的勘探效果(图6-38、图6-39)。

(2)微动探测和高密度电阻率法。高密度电阻率法对碳酸盐岩中的溶洞具有明显的显示;微动探测对基岩面有明显的反映,且具有受场地限制较小、无须人工震源、对环境无破坏等优势。在广东某矿山地下空洞探测中,采用微动探测和高密度电阻率法组合确定了工区基岩面的深度和岩溶引起的空洞,取得了较好的实践效果(图6-40、图6-41)。

(3)电磁法、放射性、高密度电法组合。在广西岩溶找水中,充分应用各物探方法的优势,结合工作区实际情况,采用电磁法+核磁共振法、电磁法+放射性、高密度电法+放射法和高密度电法+充电法等多种组合方法,取得了良好的勘探效果(黄国民等,2012)。

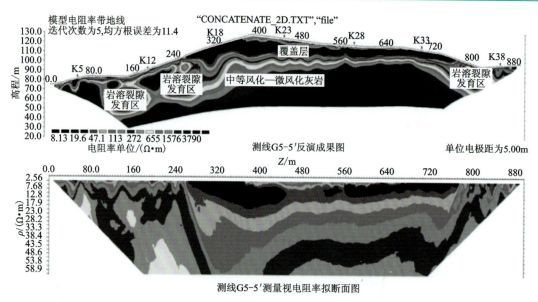

图 6-38　高密度电阻率法成果图(于江龙等,2022)

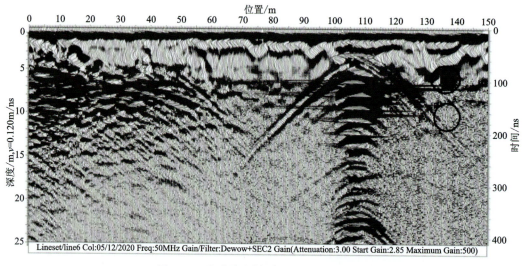

图 6-39　地质雷达剖面图(于江龙等,2022)

在隆安县丁当镇布洞屯岩地区,考虑到水位埋藏较深、地表较平的实际情况,投入了勘探深度较大的电磁法(EH-4)和在地表平坦情况下易开展的核磁共振法的物探组合,先通过电磁法的低阻异常找到岩石破碎带,然后用核磁共振法探测破碎带含水量。最终高效圈定了地下 60~110m 的岩体破碎、岩溶发育的找水靶区,探获了 $200m^3/d$ 的岩溶水资源。

在隆安县丁当镇陇花屯地区,考虑到地下水埋藏较深而地表覆盖层厚度小的特点,投入了电磁法(EH-4)和放射性法的物探方法组合。首先,通过电磁法的低阻异常找到岩石破碎带。其次,在破碎带上地表探测氡气是否有异常(如有异常,说明地下水活动频繁),从而达到找水目的。最后,在圈定的岩石破碎带上地表发现放射性氡气高值异常,经水文地质钻探,实现了 $190m^3/d$ 的找水突破。

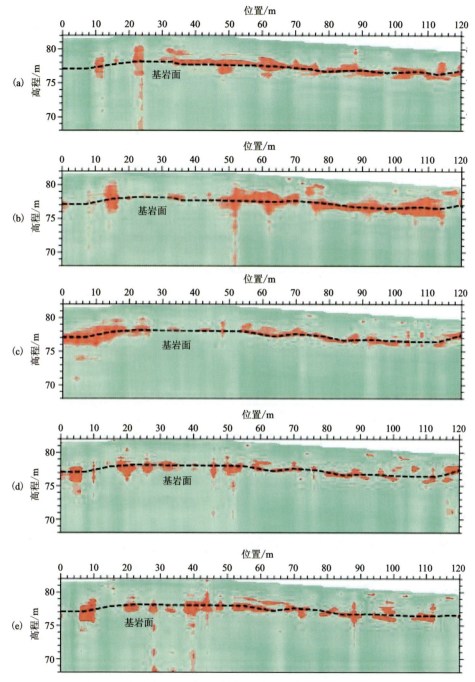

图 6-40 微动法 HV 谱比峰值标高等值线断面图（彭海洋等，2021）

在扶绥县山圩镇那任村定广屯地区，考虑到地下水埋藏较浅、地表较平坦且地表覆盖层厚度小等特点，采用了高密度电法探测地下岩石破碎带及其倾向，然后用放射性法探测氡气是否有异常，从而推断是否有岩溶水。经实地勘探，圈定了找水靶区，并探获了 $240 m^3/d$ 的岩溶水资源。

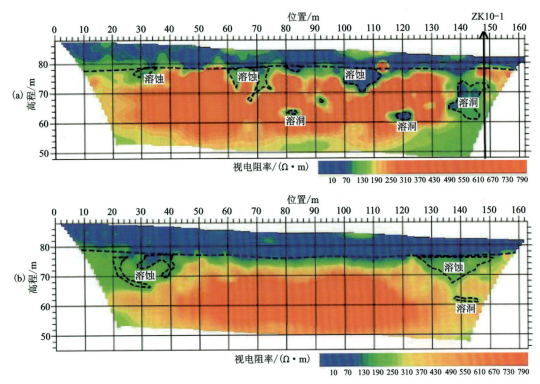

图 6-41　高密度电法二维电阻率反演等值线断面图(彭海洋等,2021)

在武鸣县双桥镇管塘屯地区,为追溯地下暗河的延伸方向,采用了高密度充电法和高密度电阻率法开展工作,结果在布置的物探剖面上高密度电阻率法显示的低阻点和充电法电位梯度零值点相吻合,由此确定了地下暗河的延伸方向,并通过钻探揭露到了地下暗河,达到了找水目的,很好地验证了该物探方法组合的可靠性。

(二)物探测井

物探测井基于物理学的原理和方法,使用专门的仪器设备,沿钻孔孔壁测量孔内围岩的物性参数,包括电阻率、波速、岩石密度、井径及井温等参数,以了解孔内、孔间的岩性组成、裂隙孔隙、岩溶发育情况,及地下水的赋存特征,为水文地质参数计算及资源量评价提供基础资料。常用的仪器设备有JDX-2D电极系测井仪、JMZ-2D密度组合测井仪、JSS-3声速声幅组合测井仪、高精度测斜仪、井温测井仪、JJY-1D数字井径仪等。此外,应用于岩溶探测的物探测井方法主要有无线电波透视法和电磁波CT层析成像法等。

1. 无线电波透视法

无线电波透视法是一种以高频电磁波作为一次场源的地下物理勘探方法,可用来探测钻孔间、隧道间的岩溶分布。理论依据是利用介质的电磁学特性的差异对电磁场分布产生有规律的影响,通过对其影响规律的研究来达到解决地质问题的目的。该方法的具体做法是将高频电磁波辐射源和接收装置分别放置在两个相距一定距离的钻孔中,以研究和测定高频电磁波在地下岩石介质中传播的场强变化规律,确定钻孔间与围岩有明显电性差异的异常体。具有明显电性差异的不同介质对穿透其间的电磁波能量的吸收,也存在明显的差异;完整灰岩具有高电阻特性对电磁波能量的吸收相对较弱,在透视测量中反映为高场强值,而在灰岩中发育的溶洞和溶蚀裂隙密集带则为低电阻特性,对电磁波能量产生强烈的吸收作用,在透视测量中反映为低场强值。故此,灰岩中发育的溶洞和溶蚀裂隙密集带表现为吸收型低场强值透视异常(秦林,1992)。

2. 电磁波 CT 层析成像法

电磁波 CT 层析成像法技术可准确地确定岩溶的空间分布,是基于电磁场理论和天线理论的一种物探方法。在数据采集时,将对称偶极天线分别置于两个相邻的钻孔中,在一个钻孔中自下而上等间距发射电磁波,相邻钻孔中自下而上等间距接收。同时,将两个钻孔之间的地质体划分成 N 个细小单元,通过复杂计算,得到每个单元的吸收系数,并生成反映剖面地层特性的吸收系数影像。根据影像特征可以识别不良地质体和划分地层(图 6-42;朱鑫磊等,2022)。

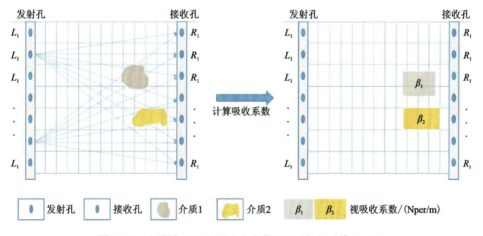

图 6-42　电磁波 CT 法测试及成像原理(朱鑫磊等,2022)

黄宏(2018)在岩溶区桩基施工中,采用电磁波 CT 层析成像法,结合地面地质调查、高密度电法、钻探等方法,查明了岩溶发育特征、地下岩溶管道走向等,为研究岩溶塌陷处治及桩基施工提供了地质依据,取得了较为理想的勘察效果(图 6-43)。

五、动态观测

地下水动态观测是通过选择有代表性的钻孔、机民井、泉水等构建地下水观测网,按照一定的时间间隔和技术要求对特定地区的地下水水位、水温、泉水流量、自流井涌水量、水质等物理化学指标进行观测,以统计分析地下水的动态及变化规律,求取有关的水文地质参数,为地下水资源评价、水源地设计提供依据。地下水动态观测常采用的仪器设备有电子水位仪、流速仪、三角堰、温度计等。观测持续时间一般最少为一个水文年,观测时间间隔一般为 2 次/月或 1 次/月。

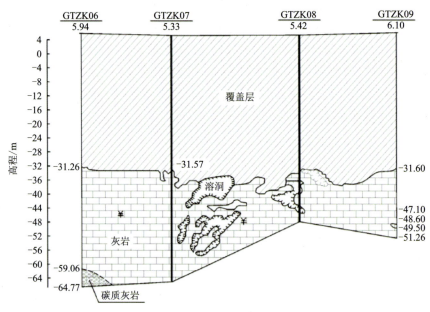

图 6-43　电磁波 CT 剖面图(黄宏,2018)

在岩溶水勘查中,动态观测的重要目的在于筛选出流量可观、动态稳定的常年性岩溶泉,一方面可作为控水构造的追溯判别依据,另一方面通过扩泉引流具有显著的供水意义。

六、水文地质钻探

水文地质钻探是岩溶水勘查最直接、最常用的勘查技术手段,目的是验证地质和物探推断,查明富水地段地层结构、岩溶发育特征及其富水性,确定含水层水力性质及水力联系。水文地质钻探在遥感地质解译和地球物理勘探圈定的富水靶区内实施,勘探深度以揭露岩溶发育带为准,可为抽水试验和样品采集测试提供条件,为岩溶水勘查提供了水文地质资料。

因碳酸盐岩地区地层破碎、裂隙溶洞发育等特点,水文地质钻探中常遇到掉钻、卡钻、漏浆及塌孔等现象,存在钻探事故多、生产效率低、钻孔和成井质量差等实际问题,加大了钻探及成井难度,提高了施工成本。为有效回避和处理这些难题,可通过钻探工艺和钻井液选择等方面的改进,提高钻进效率,保证钻探及成井效果。

(一)钻探工艺

针对岩溶地区溶蚀、坍塌和漏失等问题,目前较为适用的钻探工艺有气举反循环、气助正循环、贯通式空气潜孔锤反循环等钻进方式。

1.气举反循环钻进

该工艺是利用气举泵的工作原理,使泥浆介质连续循环达到冷却钻头排除岩粉目的的一种钻进方法。气举反循环钻进具有以下优点:①能及时排出孔内岩屑,减少重复破碎,提高了机械钻速,钻头寿命长;②气举反循环钻进时,岩屑通过钻杆柱直接排出孔外,与井壁不接触,不会堵塞含水层,与泥浆正循环相比,减少了洗井工作量而且能提高水井出水量;③与泵吸反循环相比,气举反循环钻进适用孔深大,适合钻进深水井;不易受孔内液面高度的影响,钻进比较稳定;钻具内各处压力均大于大气压,对钻具密封要求较低;不存在损坏水力机械的气蚀现象(张金昌等,2005)。

2. 气助正循环钻探

该工艺在牙轮正循环钻进的基础上,继承了传统牙轮正循环钻进和气举反循环钻进的优点,施工队伍易于接受和掌握、操作简便、工艺变换容易,而且具有钻孔环空上返流速快、钻井液循环压力小、有利于提高钻头寿命、成井质量好、适应性强等一系列优点。气助正循环钻探技术有利于提高钻进效率、减少孔内事故、降低施工成本、提高正循环钻井的适应性,是解决岩溶地区和涌水漏失层的深水文水井钻进难题行之有效的新技术方法,对推动我国西部岩溶地区水文水井钻探技术的发展和"多工艺空气钻进技术体系"的进一步完善意义重大(张金昌等,2005;中国地质科学院勘探技术研究所,2009)。

3. 贯通式潜孔锤反循环钻进

该工艺碎岩原理与潜孔锤正循环相同,只是压缩气体途经路线与正循环不同,其空压机输出的压缩空气经双通道气水龙头、双壁钻杆环状通道进入潜孔锤,驱动冲击器活塞冲击钻头碎岩岩体,钻进中产生的气液渣混合物经钻头底端进入钻具的中心通道上返,经双通道气水龙头中心孔及鹅颈弯管、排渣胶管排出地表。因压缩气体是在钻具内完成循环,故孔壁与钻具的外环状间隙无高压、高速流动介质,避免了对孔壁冲刷和钻后扰动,有利于孔壁的稳定,同时可避免正循环钻进中的岩渣堵塞含水层通道,有利于增大出水量。该工艺在贵州、广西地区岩溶地区钻探中取得了良好的效果,有效解决了以往空气潜孔锤钻进在裂隙、破碎、断层和岩溶发育等复杂地层中钻进存在的钻探效率低和难以通过等技术难题(谢常茂等,2004;张林等,2013)。

(二)钻井液选择

钻井液具有护壁、清洗岩粉、冷却钻头及润滑钻具等作用,其选择关乎钻进效率及成本。植物胶冲洗液属于天然高分子聚合物,具有溶剂单一、润滑减振作用强及生态环保的优势,具有植物胶泡沫泥皮防塌、网状结构防漏、低失水性、黏弹性与低密度防漏以及低速塞流与岩屑聚结堵漏等效果(王建军,2012;胡俊凯等,2018)。微泡沫泥浆具有流动润滑性能、携带岩粉能力强、可循环使用及成本和维护费用低等优势,具有良好的防堵堵漏、护壁效果(董震垄等,2014)。

(三)孔内探测

观测孔内情况能实时掌握钻遇地层、节理裂隙、岩层破碎程度、含水情况等信息。钻孔电视技术能通过全景摄像头对钻孔侧壁岩体的完整状态、节理裂隙、岩溶发育情况及裂隙内的充填物情况等进行观测,能清晰、直观地获取钻孔侧壁信息,具有全景观察的能力,且范围广、距离远,可为碳酸盐岩地区钻探提供一些便利(图6-44、图6-45;龙举等,2020)。

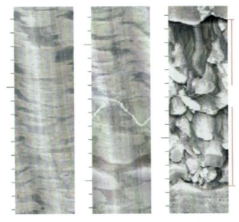 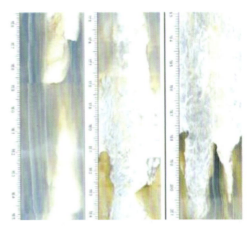

图 6-44　钻孔电视观测显示的岩层破碎带　　　　图 6-45　孔内摄像成果

七、水质测试

水质测试内容主要有水质简分析、水质全分析、生活饮用水分析、矿泉水专项分析、同位素分析及示踪试验等;旨在查明区域地下水的补给来源、循环条件、含水层之间的水力联系等问题;查明各垂向含水系统地下水质的时空变化规律、地下水化学特征及年龄,并为岩溶水资源评价提供依据。

主要参考文献

保广普,薛万文,唐录明,2018.青海首例喀斯特地下洞穴特征与旅游价值研究[J].青海国土经略,(4):60-62.

崔之久,高全洲,刘耕年,等,1996.夷平面、古岩溶与青藏高原隆升[J].中国科学(D辑:地球科学),(4):378-386.

陈梅芬,杨丙章,1993.青海高原高寒干旱型岩溶发育的某些特征[J].青海地质科技情报,(2):15-22.

陈宏峰,张发旺,何愿,等,2016.地质与地貌条件对岩溶系统的控制与指示[J].水文地质工程地质,43(5):42-47.

程洋,2013."3S"技术在岩溶水资源勘查评价中的应用研究[D].北京:中国地质大学(北京).

地质矿产部,1990.中国北方岩溶地下水资源及大水矿区岩溶水的预测、利用与管理的研究项目总体研究报告[R].

邓超文,2007.浅层地震反射波法在岩溶区公路桥位勘察中的应用[J].湖南交通科技,(3):71-73+191.

董震堃,胥虹,聂洪岩,等,2014.微泡沫泥浆在贵州岩溶裂隙地层钻探施工中的应用[J].探矿工程(岩土钻掘工程),41(10):5-8.

高全洲,崔之久,刘耕年,等,2001.晚新生代青藏高原岩溶地貌及其演化[J].古地理学报,(1):85-90+102.

高全洲,陶贞,崔之久,等,2002.青藏高原古岩溶的性质、发育时代和环境特征[J].地理学报,(3):267-274.

高阳,熊华山,彭明涛,等,2016.渝东南岩溶储水构造高密度电阻率法异常特征[J].物探与化探,40(6):1108-1115.

谷洪彪,迟宝明,王贺,等,2017.柳江盆地地表水与地下水转化关系的氢氧稳定同位素和水化学证据[J].地球科学进展,32(8):789-799.

韩宝平,1992.美国岩溶水及勘查技术简介[J].勘察科学技术,6:20-22.

贺可强,刘炜金,邵长飞,2002.鲁中南岩溶水资源综合类型及合理调蓄研究[J].地球学报,(4):369-374.

郝呈禄,陈光庭,赵楠,2020.青海省盘道地区高原岩溶地貌特征、演化及对比浅析[J].青海国土经略,(6):57-64.

胡泉旭,2018.青藏高原东北部末次盛冰期以来黄土碳酸盐氧同位素与气候变化[D].南京:南京大学.

华兴,乔卫涛,2021.新构造运动对乌江上游岩溶发育影响分析[J].工程技术研究,6(5):239-241.

华兴国,2015.四川成都红层区浅层地下水水化学特征分析:以新津县为例[J].地下水,37(1):24-26.

黄宏,2018.综合勘察方法在某岩溶塌陷勘察中的应用[J].路基工程,(S1):137-140.

黄光明,赵举兴,李长安,等,2019.岩溶区地下溶洞综合物探探测试验研究:以福建省永安大湖盆地为例[J].地球物理学进展,34(3):1184-1191.

黄国民,黄昌先,李世平,2010.综合物探方法在岩溶地下水勘查中的应用效果[J].南方国土资源,(11):23-25.

胡俊凯,何鑫,2018.植物胶冲洗液在岩溶区复杂地层钻探中的应用[J].建材与装饰,(40):220-221.

蒋忠诚,袁道先,曹建华,等,2012.中国岩溶碳汇潜力研究[J].地球学报,33(2):129-134.

姜鹰,曹哲明,刘铁,2006.高频大地电磁法在宜万铁路隧道岩溶的应用[J].工程地球物理学报,(3):206-210.

李朝君,王世杰,白晓永,等,2019.全球主要河流流域碳酸盐岩风化碳汇评估[J].地理学报,74(7):1319-1332.

李大通,罗雁,1983.中国碳酸盐岩分布面积测量[J].中国岩溶,(2):61-64.

李德文,崔之久,刘耕年,1999.青藏高原古岩溶的存在及其与东邻地区岩溶的对比[J].中国岩溶,(4):25-34.

李德文,崔之久,2004.岩溶夷平面演化与青藏高原隆升[J].第四纪研究,(1):58-66+134.

李水新,闫志为,劳文科,等,2014.巧家县荞麦地河流域与金沙江右岸岩溶水水化学特征[J].水利科技与经济,20(2):5-9.

李吉均,文世宣,张青松,等,1979.青藏高原隆起的时代、幅度和形式的探讨[J].中国科学,(6):608-616.

李越兴,曹哲明,2007.地震反射波法在宜万铁路岩溶探查中的应用[J].工程地球物理学报,(2):105-108.

李斌,2021.地质雷达在阳山隧道岩溶发育段的应用研究[J].能源与环保,43(6):144-148.

罗建宁,王小龙,李永铁,等,2002.青藏特提斯沉积地质演化[J].沉积与特提斯地质,(1):7-15.

吕金波,卢耀如,郑桂森,等,2010.北京西山岩溶洞系的形成及其与新构造运动的关系[J].地质通报,29(4):502-509.

梁永平,申豪勇,高旭波,2022.中国北方岩溶地下水的研究进展[J].地质科技通报,41(5):199-219.

梁杏,张婧玮,蓝坤,等,2020.江汉平原地下水化学特征及水流系统分析[J].地质科技通报,39(1):21-33.

刘建立,朱学愚,钱孝星,2000.中国北方裂隙岩溶水资源开发和保护中若干问题的研究[J].地质学报,(4):344-352.

刘凯,刘颖超,孙颖,等,2015.北京地区地热水氡过量参数特征分析[J].中国地质,42(6):2029-2035.

刘存富,1990.地下水^{14}C年龄校正方法:以河北平原为例[J].水文地质工程地质,(5):4-8.

刘光亚,1978.基岩蓄水构造[J].河北地质学院学报,(1):19-39.

刘汉湖,杨武年,夏涛,2007.高精度卫星遥感图像在岩溶地区岩溶漏斗调查中的应用[J].工程勘察,(7):68-72.

刘星,张笑可,2015.地质雷达结合地质钻探法在某隧道隐伏岩溶探测中的应用[J].铁道建筑技术,(10):49-51.

刘道涵,张欣,何军,等,2022.地面核磁共振测深方法在武汉市岩溶地面塌陷探测中的应用研究[J].中国岩溶,41(1):13-20.

龙举,杨义林,2021.钻孔电视在碳酸盐岩地区岩土工程勘察的应用[J].山西建筑,47(17):51-53.

马剑飞,李向全,张春潮,等,2023.青藏高原东部典型构造岩溶地下水补给来源、模式及开发利用潜力[J/OL].中国地质:1-20[2023-02-09]. http://kns.cnki.net/kcms/detail/11.1167.P.20220822.1417.016.html.

马斌,梁杏,林丹,等,2014.应用^{2}H、^{18}O同位素示踪华北平原石家庄包气带土壤水入渗补给及年补给量确定[J].地质科技情报,33(3):7.

蒙应华,张西君,刘俊,等,2021.瞬变电磁法确定隐伏岩溶在贵州正安旦坪铝土矿勘探定孔中的应用[J].贵州地质,38(2):177-183.

倪新锋,张丽娟,沈安江,等,2009.塔北地区奥陶系碳酸盐岩古岩溶类型、期次及叠合关系[J].中国地质,36(6):1312-1321.

彭海洋,李建平,赵俐红,等,2021.微动探测法和高密度电法在广东某矿山地下空洞探测中的应用研究[J].河北地质大学学报,44(6):79-83.

青海省地质矿产勘查开发局,2007.青海省区域地质概论[M].北京:地质出版社.

青海省地质矿产勘查开发局,2007.青海省板块构造研究[M].北京:地质出版社.

青海省地质矿产勘查开发局,1997.青海省岩石地层[M].武汉:中国地质大学出版社.

邱爱莉,2020.CO_2分压和降水量对岩溶演化影响的数值模拟分析[D].北京:中国地质大学(北京).

任美锷,刘振中,王飞燕,等,1979.中国岩溶发育规律的若干问题[J].南京大学学报(自然科学版),(4):95-108.

隋明浈,张瑛,徐庆,等,2020.水汽来源和环境因子对湖南会同大气降水氢氧同位素组成的影响[J].应用生态学报,31(6):1791-1799.

仝晓霞,刘存富,2018.西北干寒区冰雪融水氢氧同位素水文地质意义[J].环境科学与技术,41(1):57-63.

王宇,李丽辉,2005.德国岩溶水勘查技术与开发利用概况[J].水文地质工程地质,6:91-95.

王焰新,2022.我国北方岩溶泉域生态修复策略研究:以晋祠泉为例[J].中国岩溶,41(3):331-344.

王富葆,1991.青藏高原喀斯特的若干问题[J].山地研究,(2):65-72+137.

王维泰,梁永平,王占辉,等,2012.中国北方气候变化特征及其对岩溶水的影响[J].水文地质工程地质,39(6):6-10.

王锦国,赵洪达,周云,等,2021.云南鹤庆西山地质构造对岩溶发育的控制作用分析[J].河海大学学报(自然科学版),49(3):241-248.

王黎栋,万力,于炳松,2008.塔中地区T74界面碳酸盐岩古岩溶发育控制因素分析[J].大庆石油地质与开发,(1):34-38.

王冬银,谢世友,章程,2009.典型岩溶区不同土地利用方式下雨季、旱季岩溶作用研究[J].生态环境学报,18(6):2366-2372.

王学习,2018.地震反射法在岩溶勘探中的应用[J].内蒙古石油化工,44(7):122-124.

王华,李强,覃嘉铭,等,2008.Pb测年方法在岩溶碳酸盐沉积物中的应用研究[J].地球学报,29(6):719-724.

王建军,2012.植物胶泡沫钻井液在裂隙岩溶地层中的应用研究[D].长沙:中南大学.

吴华武,李小雁,赵国琴,等,2014.青海湖流域降水和河水中$\delta^{18}O$和δD变化特征[J].自然资源学报,29(9):1552-1564.

夏波,周佩华,李文滔,等,2022.高密度电阻率法不同装置在岩溶勘探中的应用效果研究[J].四川地质学报,42(3):514-519.

谢嘉,刘洋,李兴强,等,2021.等值反磁通瞬变电磁法在岩溶塌陷区探测应用[J].煤田地质与勘探,49(3):212-218+226.

谢常茂,2004.岩溶石山区水文水井钻探技术研究和应用[R].桂林:广西壮族自治区地质调查研究院.

许欣雨,陈清华,孙珂,等,2022.断裂对石马山地区岩溶发育的控制[J].中国石油大学学报(自然科学版),46(1):1-12.

奚德荫,1988.鲁中南地区岩溶水文地质条件及其特征[J].中国岩溶,(3):43-48.

袁道先,1997.现代岩溶学和全球变化研究[J].地学前缘,(Z1):21-29.

袁道先,蒋勇军,沈立成,等,2016.现代岩溶学[M].北京:科学出版社.

袁道先,等,1993.中国岩溶学[M].北京:地质出版社.

袁道先,等,2014.西南岩溶石山地区重大环境地质问题及对策研究[M].北京:科学出版社.

袁道先,2010.我国北方岩溶研究的形势和任务[J].中国岩溶,29(3):219-221.

袁道先,蔡桂鸿,2007.岩溶环境学[M].重庆:重庆出版社.

姚檀栋,孙维贞,蒲健辰,等,2000.内陆河流域系统降水中的稳定同位素:乌鲁木齐河流域降水中 $\delta^{18}O$ 与温度关系研究[J].冰川冻土,(1):15-22.

于江龙,周星志,2022.高密度电法与地质雷达在岩溶勘察的综合应用[J].红水河,41(1):108-113.

赵伟河,张中欣,熊玉强,等,2014.青山省级地质公园岩溶地貌成因分析及保护开发[J].长江大学学报(自然科学版),11(16):32-34.

章程,肖琼,孙平安,等,2022.岩溶碳循环及碳汇效应研究与展望[J].地质科技通报,41(5):190-198.

章典,师长兴,2002.青藏高原的大气 CO_2 含量、岩溶溶蚀速率及现代岩溶微地貌[J].地质学报,(4):566-570.

章新平,施雅风,姚檀栋,1995.青藏高原东北部降水中 $\delta^{18}O$ 的变化特征[J].中国科学(B辑:化学 生命科学 地学),(5):540-547.

赵大咏,刘石年,2022.从古大西洋扩张看青藏高原强烈隆升的时代成因[J].四川地质学报,42(3):355-364.

钟大赉,丁林,1996.青藏高原的隆起过程及其机制探讨[J].中国科学(D辑:地球科学),(4):289-295.

曾帝,吴锦奎,李洪源,等,2020.西北干旱区降水中氢氧同位素研究进展[J].干旱区研究,37(4):857-869.

曾梅香,阮传侠,田光辉,2007.井间示踪技术在岩溶裂隙热储层采灌系统中的应用——以天津市王兰庄地热田回灌井HX-25B示踪试验为例[C]//中国地热资源开发与保护——全国地热资源开发利用与保护考察研讨会论文集,2007:84-91.

邹力,葛君伟,方方,等,1985.静电α卡法在贵州普定找寻水库漏水处及地下暗河的试验[J].成都地质学院学报,(3):93-99.

朱学稳,1992.澳大利亚岩溶以及几个有关岩溶问题的思考[J].中国岩溶,6(11):346-355.

朱德浩,1984.试论热带岩溶地貌研究中不同观点分歧的实质:以桂林地区为例[J].中国岩溶,(2):79-82.

朱鑫磊,杨磊,冯光福,等,2022.地磁波CT和微动技术在盾构穿越岩溶地层中的综合应用研究[J].工程地球物理学报,19(5):619-629.

周晓光,2013.黔张常铁路大堡梁隧道岩溶发育规律及控制因素分析[J].铁道工程学报,(10):16-21.

周仰效,1986.山西娘子关泉流量的滑动平均模拟[J].中国岩溶,(2):29-36.

周燕,2008.遥感影像在岩溶石山区找水研究中的应用[D].昆明:昆明理工大学.

庄金银,黄永亮,2008.影响岩溶发育因素的几点探讨[J].西部探矿工程,(1):127-128.

张婷婷,侯利朋,王万平,等,2016.青海玛沁野马滩构造岩溶泉成因及开发利用分析[J].青海环境,26(3):119-123.

张英骏,何才华,熊康宁,1988.英国岩溶地貌及洞穴发育的基本特征[J].贵州师范大学学报(自然科学版),12(2):1-9.

张瑞成,田级生,1989.古环境对河北古岩溶发育影响[J].中国岩溶,(3):35-43.

张应华,仵彦卿,2007.黑河流域中上游地区降水中氢氧同位素与温度关系研究[J].干旱区地理,(1):16-21.

张福存,王新峰,李伟,等,2022.缺水基岩山区蓄水构造类型划分及其属性分析[J].水文地质工程地质,49(2):7-16.

张保贤,1985.放射性探测岩溶的初步应用[J].水文地质工程地质,(4):51-52+62.

张林,吉勒克补,赵华宣,等,2013.贯通式空气潜孔锤反循环钻进技术在岩溶地区水井钻探施工中的参数特征及应用[J].贵州地质,30(4):302-308+320.

张金昌,宋志彬,冯起增,2005.岩溶地区水文水井钻探新技术[J].西部探矿工程,(S1):243-245.

中国地质调查局,2012.水文地质手册[M].北京:地质出版社.

黄忠民,等,1982.中华人民共和国区域水文地质普查报告天峻幅(J-47-28)[R].西宁:中国人民解放军〇〇九二九部队.

黄春阳,等,1965.西宁幅J-47-36 1/20万区域地质调查报告[R].西宁:青海省区域地质综合调查大队.

罗银飞,等,2016.青海湖流域1:25万生态环境地质调查报告[R].西宁:青海省环境地质勘查局.

李长松,等,1980.青海省湟水流域地下水资源分布规律及开发利用研究报告[R].西宁:青海省第二水文地质队.

彭红明,等,2020.青海省西宁市城市地质调查评价[R].西宁:青海省环境地质勘查局.

彭红明,等,2017.青海南山关角日吉山地区岩溶水勘查报告[R].西宁:青海省环境地质勘查局.

彭红明,等,2013.青藏高原柴达木盆地重点地区水文地质环境地质调查(天峻县)报告[R].西宁:青海省环境地质勘查局.

彭亮,等,2011.青海省湟中县甘河工业园区供水青石坡水源地水文地质勘查报告[R].西宁:青海省水文地质工程地质勘察院.

祁生胜,等,2019.青海省区域地质志[R].西宁:青海省地质调查院.

沈宝坪等,1965.湟源幅J-47-30 1:20万地质图矿产图及说明书[R].西宁:青海省区综大队.

谈善金,等,1986.乌兰幅J-47-27 1:20万区域水文地质普查报告[R].西宁:地矿部906大队.

王俊,等,2016.青海省湟水流域北部山区岩溶水勘查报告[R].西宁:青海省环境地质勘查局.

王永贵,等,1994.阳康幅J-47-21 1:20万区域水文地质普查报告[R].西宁:青海省第二水文地质队.

吴艳军,等,2021.青海省湟中县地区:通海(J47E021022)、青石坡(J47E022022)两幅1:5万水工环地质调查报告[R].西宁:青海省水文地质工程地质环境地质调查院.

吴艳军,等,2017.青海省互助县松多地区岩溶水供水水文地质勘查报告[R].西宁:青海省水文地质工程地质环境地质调查院.

谢从晋,等,1987.织合玛幅J-47-22 1∶20万区域水文地质普查报告[R].西宁:青海省第二水文地质队.

于漂罗,等,2004.青海省湟中县拉鸡山断裂带地下热水及饮用天然矿泉水水源评价报告[R].西宁:青海省水文地质工程地质勘察院.

杨尊西,等,1969.天峻幅J-47-28 1∶20万区域地质测量报告[R].西宁:青海省区综大队.

张树恒,等,2006.青海东部湟水流域地下水资源调查评价报告[R].西宁:青海省水文地质工程地质勘察院.

张磊,等,2021.青海省东部城市群后备水源地(湟源-民和)水文地质勘查报告[R].西宁:青海省水文地质工程地质环境地质调查院.

中国地质科学院勘探技术研究所,2009.岩溶地下水勘察气助正循环钻探技术应用[R].

AL-CHARIDEH A,KATTAA B,2016. Isotope hydrology of deep groundwater in Syria: renewable and non-renewable groundwater and paleoclimate impact[J]. Hydrogeology Journal,24(1):79-98.

CRAIG H,1961. Isotopic variations in meteoric waters[J]. Science,133(3465):1702-1703.

DANSGAARD W,1964. Stable isotopes in precipitation[J]. Tellus,16(4):436-468.

FORD D,WILLIAMS P,2007. Karst Hydrogeology and Geomorphology[M]. Chicheste: John Wiley & Sons Ltd.

FORD D,WILLIAMS P,1989. Karst Geomorphology and Hydrology[M]. Boston: Unwin Hyman.

JIANG G H,ZHAO C,CHAIPORN S,2020. The karst water environment in Southeast Asia: characteristics,challenges,and approaches[J]. Hydrogeology Journal.

HAN D,KOHFAHL C,SONG X,et al.,2011. Geochemical and isotopic evidence for palaeo-seawater intrusion into the south coast aquifer of Laizhou Bay,China[J]. Applied Geochemistry,26(5):863-883.

HENDRY M J,BARBOUR S L,NOVAKOWSKI K,et al.,2013. Paleohydrogeology of the Cretaceous sediments of the Williston Basin using stable isotopes of water[J]. Water Resources Research,49(8):4580-4592.

NICO G,ZHAO C,AUGUSTO S A,et al.,2020. Global distribution of carbonate rocks and karst water resources[J]. Hydrogeology Journal,28:1661-1677.

ROZANSKI K,1985. Deuterium and oxygen-18 in European groundwaters—Links to atmospheric circulation in the past[J]. Chemical Geology Isotope Geoscience,52(3-4):349-363.

LIU Z H,WOLFGANG D,WANG H J,2010. A new direction in effective accounting for the atmospheric CO_2 budget: Considering the combined action of carbonate dissolution, the global water cycle and photosynthetic uptake of DIC by aquatic organisms[J]. Earth Science Reviews,(3).

ZHAO C,AUGUSTO S,AULER,et al.,2017. The world karst aquifer mapping project:concept,mapping procedure and map of Europe[J]. Hydrogeology Journal,25:771-785.